航空器适航技术系列教材

通用航空安全工程

王华伟　吕德峰　姜　雨　张云鹏　编著

北京航空航天大学出版社

内 容 简 介

通用航空业是以通用航空飞行活动为核心,涵盖通用航空器研发制造、市场运营、综合保障以及延伸服务等全产业链的战略性新兴产业体系,具有产业链条长、服务领域广、带动作用强等特点。通用航空业要实现健康发展,安全既是基础,又是持续发展的动力。本书是交通运输工程、民航工程相关专业的教材,重点介绍了与通用航空安全相关的政策、法规、安全工程及管理的专业基础知识,内容包括通用航空概论、通用航空安全系统工程、通用航空政策与规章体系、通用航空器适航管理、通用航空飞行安全、通用机场安全、面向低空空域的通用航空空管安全、通用航空维修保障与运行安全及通用航空安全监管等九部分。

本书可作为高等院校民航专业的高年级本科生和研究生的教材,也可供从事通用航空工作的人员参考。

图书在版编目(CIP)数据

通用航空安全工程 / 王华伟等编著.-- 北京 : 北京航空航天大学出版社,2019.11

ISBN 978 - 7 - 5124 - 3024 - 2

Ⅰ.①通… Ⅱ.①王… Ⅲ.①航空安全－安全工程

Ⅳ.①V328

中国版本图书馆 CIP 数据核字(2019)第 122200 号

通用航空安全工程

王华伟 吕德峰 姜 雨 张云鹏 编著

责任编辑 江小珍

*

北京航空航天大学出版社出版发行

北京市海淀区学院路 37 号(邮编 100191) http://www.buaapress.com.cn

发行部电话:(010)82317024 传真:(010)82328026

读者信箱:goodtextbook@126.com 邮购电话:(010)82316936

北京九州迅驰传媒文化有限公司印装 各地书店经销

*

开本:710×1 000 1/16 印张:15.25 字数:325 千字

2020 年 1 月第 1 版 2020 年 1 月第 1 次印刷 印数:1 000 册

ISBN 978 - 7 - 5124 - 3024 - 2 定价:49.00 元

前　言

　　通用航空和运输类航空是航空业的两翼。早在 2005 年,我国运输航空的运输总量就仅次于美国,当前我国运输航空的运输总量及安全水平也处于全球领先地位。但是在通用航空领域,美国发展早、进步快,目前拥有 30 多万架通用航空飞行器、5 000 多个通用航空机场和 2 万多个起降点,而我国与美国尚有较大的差距,但这同时也说明我国通用航空的发展潜力和发展空间巨大。2016 年 5 月 13 日,国务院出台了促进通用航空发展的政策性文件——《关于促进通用航空业发展的指导意见》。截至 2016 年底,我国有 320 家通用航空企业获得通用航空经营许可证,比上一年增长 13.9%,其中,有 224 家拥有实际作业量,201 家拥有 CCAR-91 部 H 章运营许可,32 家拥有 CCAR-91 部 K 章运营许可,46 家拥有 CCAR-135 部经营许可。目前,我国境内共有 CCAR-141 部飞行学校 20 家,各类通用航空产业园区达 140 余家。截至 2016 年 9 月 30 日,我国获得颁证的通用航空机场达 70 个,已建并运行成熟的航空固定运营基地(FBO)有 13 家,已建及在建的飞行服务站(FSS)共 10 个。由此,足可见我国通用航空产业促进政策的效果明显,相对于运输航空而言,通用航空运输的发展空间更是巨大,前景也很广阔,被认为是未来最有希望达到亿万元规模的产业。到 2020 年,我国将建成通用机场 500 个以上,基本实现地级以上城市拥有通用机场或兼顾通用航空服务的运输机场,覆盖农产品主产区、主要林区和 50% 以上的 5A 级旅游景区;通用航空器达到 5 000 架以上,年飞行量达 200 万小时以上,培育一批具有市场竞争力的通用航空企业;通用航空器研发制造水平和自主化率有较大提升,国产通用航空器在通用航空机队中的比例明显提高;通用航空业经济规模超过 1 万亿元,初步形成安全、有序、协调的发展格局。

　　相关数据表明,我国通用航空在快速发展的同时,安全生产作业飞行小时数反而下降了,安全态势严峻,如不采取有效措施扭转这种安全态势,将对我国通用航空发展产生一定的影响。针对我国通用航空面临的情况,2017 年 2 月 3 日,国务院办公厅印发了《安全生产“十三五”规划》,其中关于通用航空的部分明确指出“规范通用航空作业管理,完善安全管理机制”。中国民用航空局局长冯正霖指出,通用航空发展工作部署的思路就是“坚持安全第一,放管结合,让通用航空器飞起来”。未来,相关的审批必然以完善的安全管理为前提,如果缺乏了这个前提,将有可能失去发展机会。通用航空安全技术与管理人才直接关系到通用航空产业的健康发展,因此,我国未来对这方面的人才将有迫切的需求。

通用航空安全与运输航空安全有较大的区别。这种区别一方面是由于对通用航空行业的安全管理明显不同于运输类航空,即采用"放管结合、以放为主"的形式;另一方面是由通用航空企业自身的特点决定的,其主要表现为通用航空企业规模较小、抗风险能力低、通用航空作业环境复杂且涉及的安全问题众多。我国目前鲜有结合通用航空产业规律及特点、介绍通用航空安全知识的教材,而这一状况显然无法适应我国通用航空产业快速发展的需要。

本教材立足于培养服务于通用航空领域、掌握通用航空安全知识和技能的专门人才。全书共有9章,由王华伟、吕德峰、姜雨和张云鹏四位同志协力完成。王华伟同志负责撰写第一、二、四、八章,并负责全书的策划、校对与审定工作;吕德峰同志负责撰写第三章和第九章,姜雨同志负责撰写第六章和第七章,张云鹏同志负责撰写第五章。博士研究生倪晓梅、车畅畅、付强,硕士研究生于思旋、张明洁、孙忠冬、严晓婧、李勇博、赵建华、熊明兰和徐怡参与了资料收集及文字录入工作。

作者在撰写本书的过程中参考了国内外的大量教材与专著,在此一并向原作者表示深深谢意。

通用航空安全工程是一门新兴的学科,伴随着通用航空产业的成长而发展。要想解决通用航空发展过程中遇到的安全问题,还有许多课题需要进一步研究。由于针对通用航空的政策在不断发布,有关规章体系仍处在不断更新及修订过程中,这使得通用航空安全工程自身的内涵与外延也在不断变化。另外,由于作者知识和认识的局限性,本书中会存在一些缺点和错误,敬请读者批评指正。

编　者
2019 年 9 月

目　　录

第1章 绪 论

通用航空业是以通用航空飞行活动为核心,涵盖通用航空器研发制造、市场运营、综合保障以及延伸服务等全产业链的战略性新兴产业体系,具有产业链条长、服务领域广和带动作用强等特点。预计到 2020 年,我国将建成 500 多个通用机场,基本实现地级以上城市拥有通用机场或兼顾通用航空服务的运输机场,覆盖农产品主产区、主要林区、50％以上的 5A 级旅游景区;通用航空器达到 5 000 架以上,年飞行量 200 万小时以上,培育出一批具有市场竞争力的通用航空企业;通用航空器研发制造水平和自主化率有较大提升,国产通用航空器在通用航空机队中所占的比例明显提高;通用航空业经济规模超过 1 万亿元,初步形成安全、有序、协调的发展格局。

"安全第一,创新驱动",通用航空要处理好安全与发展的关系。通用航空业要实现健康发展,安全既是基础,又是持续发展的动力。通用航空产业的安全问题,涉及不同领域、不同环节,要实现通用航空安全,显然是个系统工程,须根据通用航空安全问题的严重性和紧迫度,有条不紊地进行,发展的问题要在发展中解决。

1.1 通用航空概述

1.1.1 通用航空的定义

通用航空是我国民用航空的重要组成部分,不同文件对通用航空的定义的表述,存在着一定差异。

1. 国际民用航空组织(ICAO)对通用航空的定义

《国际民用航空组织用语及定义(第 2 卷)》中对通用航空的定义:定期航班和用于取酬或租用合同下进行的不定期航空运输以外的任何民用航空活动。

2.《通用航空飞行管制条例》对通用航空的定义

《通用航空飞行管制条例》的第 3 条规定:通用航空是指除军事、警务、海关缉私飞行和公共航空运输飞行以外的航空活动,包括从事工业、农业、林业、渔业、矿业、建筑业的作业飞行和医疗卫生、抢险救灾、气象探测、海洋监测、科学试验、遥感测绘、教育训练、文化体育、旅游观光等方面的飞行活动。

3.《飞行的组织与实施》对通用航空的定义

根据《飞行的组织与实施》(杜实、张炳祥、高伟编写,兵器工业出版社,2004 年7 月出版)一书中的表述,通用航空飞行主要是指为工业、农业、林业、牧业、渔业生产服务的作业飞行和医药救护、抢险救灾等飞行。

本书沿用《通用航空飞行管制条例》中对通用航空的定义。这是一种相对比较狭义的通用航空定义，是从民用航空部门的角度出发的，不考虑非民用航空部门的飞行活动。

1.1.2 通用航空的种类

通用航空应用范围广泛，按照不同的分类标准，可以有不同的分类方式。

1. 按照经营项目分类

按照《通用航空经营许可管理规定》(CCAR-290-R1，交通运输部颁发，2019年1月1日实施)，通用航空可以分为四大类34项：

（一）甲类：通用航空包机飞行、石油服务、直升机引航、医疗救护、商用驾驶员执照培训；

（二）乙类：空中游览、直升机机外载荷飞行、人工降水、航空探矿、航空摄影、海洋监测、渔业飞行、城市消防、空中巡查、电力作业、航空器代管、跳伞飞行服务；

（三）丙类：私用驾驶员执照培训、航空护林、航空喷洒(撒)、空中拍照、空中广告、科学实验、气象探测；

（四）丁类：使用具有标准适航证的载人自由气球、飞艇开展空中游览；使用具有特殊适航证的航空器开展航空表演飞行、个人娱乐飞行、运动驾驶员执照培训、航空喷洒(撒)、电力作业等经营项目。

2. 按照飞行用途分类

① 作业飞行：作业飞行又可以细分为工业飞行、农业飞行、林业飞行、渔业飞行、矿业飞行和建筑类飞行。

② 公务飞行：公务飞行包括警用巡逻、抢险救灾、气象探测、抗震救灾、防汛救灾、医疗卫生、应急救援与海洋监测等。

③ 商业飞行：商业飞行包括公务包机、私人飞行、短程运输、教育培训与水上飞行。

④ 其他飞行：文化、体育方面。

3. 按照飞行效益分类

① 商业性飞行：商业性飞行是以获得经济效益为主要目的的通用航空飞行，如航空播种、海上石油运输等飞行活动。

② 公益性飞行：公益性飞行是以获得社会效益为主要目的的通用航空飞行，如抢险救灾、抗震救灾、医疗卫生、应急救援等飞行活动。

4. 按照经营性质分类

① 私人航空：私人航空是指飞机所有权属于个人的航空，包括飞机拥有者驾驶自己的飞机，或者是商业企业按照需要提供航空运输。

② 公务航空：公务航空又称"社团航空"，是指由专业飞行员驾驶单位(企业或事业单位)自备的飞机进行为单位本身业务服务的航空活动。原则上这些航空活动不

得进行商业性飞行。公务航空为大型企业及跨国公司提供了灵活和快速的交通手段,已成为通用航空的重要组成部分。

1.1.3 通用航空产业链

通用航空的适用范围很广,它的产业链如图 1.1 所示。

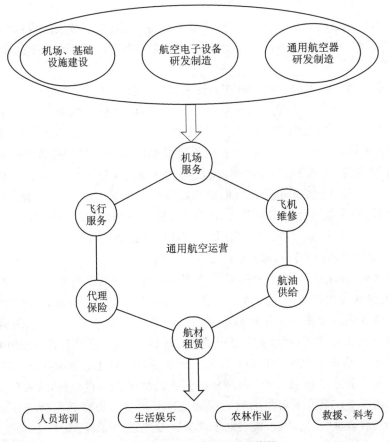

图 1.1 通用航空产业链结构图

产业链的上游包括通用航空器以及相关的航空电子设备的研发制造以及通用航空机场的基础设施建设;中游围绕着通用航空运营的一系列配套体系,包括了飞行服务、机场服务、维修服务、航油供给等;下游包括了飞行员的培训、航空观光游览、工农业生产、医疗救援、科学研究等。

1.1.4 我国通用航空的发展历程

1. 开创发展期(1952—1977 年)

为了适应国民经济发展的需要,1952 年成立了中华人民共和国通用航空队伍,这标志着我国通用航空的诞生。

1951 年 5 月,我国首次使用 C-46 机型执行防治蚊蝇危害的飞行任务。当时的航空专业人员与通用航空设备数量都较少,多数飞行任务都是属于为农林业服务的飞行。1952 年,经国务院批准,中国民航组建了第一支通用航空飞行队,并在天津设立了基地。机队中配备了数十架爱罗-45 型飞机。此后,我国开展了多种通用航空作业项目,并得到了当时苏联政府的支持与帮助。

通用航空建设起来后,承担了一些重要的任务,也取得了较大的成就,并且从原有的农林业飞行一枝独秀变成了航空摄影飞行、航空探矿飞行、航空测量飞行等百花齐放。

在开创时期,中国民用航空局(在人民军事委员会下设民用航空局,受空军领导,简称航空局)*发布了一些重要的规章制度。1956 年,民航局制定了《农业中应用安二飞机进行航空化学工作细则》。1962 年 1 月 10 日,民航总局(1958 年,划归交通部主管,1962 年更名为中国民用航空局,简称民航总局)颁布了《民航省(区)局专业飞行工作暂行规定(草案)》。1962 年,民航总局颁布了《航测领航事故差错标准》。1963 年 8 月 7 日,民航总局颁发了《航空摄影飞行规定》。1965 年,民航总局颁发了《中国民用航空农业飞行工作细则》。1972 年,民航总局颁发了《航空物探测量飞行工作细则》。1974 年 2 月,民航总局颁发了《航空摄影规范(试行)》。

2. 恢复发展期(1977—1991 年)

此段时期,我国经济百废待兴,虽然补充了各类通用航空技术人员,更新了部分飞机、直升机和专用设备,但通用航空生产能力仍有限,加强业务建设、改善经营管理和提高队伍素质等方面的工作仍显不足。1978 年 12 月,中共十一届三中全会召开后,在正确方针的指引下,通用航空出现了新的转机。在这一时期,我国通用航空得到了全面恢复,平均每年完成作业飞行 39 400 小时,累计飞行小时数达到 551 513 小时。

我国先后引进了安-12、安-30、米-8、云雀等型飞机和直升机,从而使开展复杂地区的通用航空作业有了可靠的物质保证。这些机型大都以涡轮喷气发动机为动力,马力大、载重量大、油耗低,机载电子设备比较先进,升限范围大,机动性好,一部分机型还配有自动驾驶仪,大大降低了飞行员的劳动强度,同时也扩大了通用航空的应用范围,服务对象遍及农业、林业、牧业、渔业、测绘、水利、电力、地矿、冶金、核工业、煤炭、石油、铁路、交通、邮电、城建、环保、气象、文教、体育、卫生和科研等几十个部门和行业,作业项目增加到 10 大类 100 多项。自 1979 年开始,民航局又先后购置了国外产的双水獭、空中国王 B200、贝尔-212、拉玛、海豚等新型飞机和直升机,以及国产的运-12、直-9 型飞机和直升机,基本上满足了高、中、低空和复杂地区航空摄影、航空遥感和航空探矿的需要。

---

* 中国民用航空局历经中国民用航空总局和中国民用航空局名称的调整,本书针对不同时期,分别使用对应名称,中国民用航空总局简称民航总局,中国民用航空局简称民航局。

在恢复发展期,民航局颁布了一些重要的规章制度。1981 年 4 月,颁布了《双水獭飞机探矿飞行暂行规定》;1981 年 12 月 10 日,颁发了《民航专业航空工作人员服务守则》;1982 年 4 月 1 日,以政干科字第 3 号下发了《航空摄影技术干部考核标准(试行)》;1983 年 2 月,颁发了《民航农业航空作业质量技术标准与要求》;1984 年 12 月 24 日,国务院、中央军委重新颁布了《关于使用飞机执行各项专业任务的规定》;1986 年 1 月 8 日,国务院颁发了《关于通用航空管理的暂行规定》,进一步规范了我国通用航空事业的各项管理;1989 年 1 月 18 日,民航局下发了《关于经营空中游览业务的暂行规定》。

3. 持续发展期(1992 年—　　　)

从 20 世纪 80 年代开始,中国的航空运输业进入持续快速发展的时期,到 1991 年,航空运输总周转量已达 32 亿吨公里,为 1978 年的 10.7 倍,平均每年递增 20%。改革开放带动航空运输的迅猛发展,民航局直属航空公司购置大量运输机,通用航空为航空运输培养、储备和输送了大批空地勤专业骨干和管理人才。这一阶段,虽然通用航空也有较大发展,但从趋势上看已发生了严重下滑:作业量下降较多;相应机型没有更新,飞机数量减少,整体实力日益下降。1994 年,通用航空的年作业飞行小时数仅为 30 743 小时,比历史最高水平的 1991 年下降了 37.3%。特别是通用航空的作业量,从 1984 年开始平均每年以 18% 的速度下降。通用航空生产水平下降的原因有四点:第一,生产项目受国家宏观政策调控,削减了部分航空作业项目,如航空探矿,由 20 世纪 80 年代初的年均作业 7 000 小时以上削减到每年 2 000 小时;第二,通用航空内部管理体制落后,管理水平低下,管理人员没有意识到运输航空跟通用航空的差别,没有针对运输方式的不同而采取相应的管理手段;第三,通用航空机械设备陈旧落后,没有及时引进先进的设备,特别是农业航空方面,统计数据显示,农业型运 5 飞机由 1984 年的 204 架,直接减少到 1994 年的 92 架,减少了 54.9%,其中可用的只有 67 架;第四,专业人员大幅度缩减,很多通用航空专业人员转而从事公共运输航空,导致为通用航空服务的专业人员数量骤减。

针对这些情况,1995 年 12 月民航总局召开了全国民航通用航空工作会议,做出《中共民航总局党委关于发展通用航空若干问题的决定》。

此后,我国通用航空进入了持续发展的时期。2009 年 12 月,民航局下发了《关于加快通用航空发展的措施》,围绕“改善通用航空发展环境,增强通用航空的作业服务能力”这两个方面,提出了共 15 条具体措施,这是民航局历史上第二次在通用航空事业发展的关键时期出台重要的政策。提出的主要措施有:① 科学规划通用航空发展;② 落实通用航空的资金扶持政策;③ 推动空域保障环境的改善;④ 加快通用航空机场(起降场)的布局与建设;⑤ 进一步放宽通用航空市场准入;⑥ 支持、规范通用航空器引进;⑦ 扩大通用航空技术人员队伍的培养能力与培养渠道;⑧ 改善通用航空油料保障能力;⑨ 改革通用航空价格管理模式;⑩ 完善通用航空行业信息统计工作;⑪ 拓宽通用航空服务领域;⑫ 促进航空应急救援能力提升;⑬ 继续推进通用航空试点工作;⑭ 积极协调国家有关部门落实对通用航空的政策支持;⑮ 建立工作协调机制,完善组织保障。

这些政策的出台,为大力发展我国通用航空事业奠定了良好基础。截至 2017 年底,我国共有 270 家实际在运行的通用航空企业(获得通用航空经营许可证的企业有 365 家),2 984 架通用航空器(其中固定翼飞机 1 865 架、旋翼机 1 017 架),从业飞行人员 3 326 名(中国籍飞行员 3 266 人,外籍飞行员 60 人),完成通用航空生产飞行 83.75 万小时。

1.2　通用航空与运输航空的区别

通用航空是我国民用航空的重要组成部分,它与运输航空共同构成了民航体系,所以它具有民用航空的基本特点。但相比运输航空而言,通用航空还有着自身的独特性。这些特点的存在也意味着不能一味按照运输航空的安全管理方法去管控通用航空,要形成区别于运输航空且有着通用航空自身特点的安全管理方法。通用航空与运输航空的区别主要包括以下几个方面:

1. 机型复杂

通用航空作业类型多样,所以不同用途的机型数量也多,一般都是小型的飞机或者是活动翼的飞机,相比运输航空所使用的机型,机身自身安全性能较差,而且飞机老旧经常更新。在机型种类方面,据统计,截至 2017 年 6 月 30 日,我国(不含港澳台地区,后同)通用航空固定翼飞机共计有 1 759 架(含公务机),涵盖 142 种机型;民用直升机共计有 909 架,涵盖 70 种机型;公务机共计有 203 架,涉及 42 种机型。运输航空方面,截至 2017 年 12 月 31 日,我国共计拥有运输飞机 3 326 架,涉及 40 种机型,其中波音公司和空中客车公司生产的飞机共计 3 107 架,占比 93.4%,而其他飞机制造厂商(如中国商用飞机有限责任公司、巴西航空工业集团和庞巴迪公司等)生产的飞机仅有 219 架,占比 6.6%。表 1.1 是我国通用航空与运输航空部分常用机型表,通用航空机型众多这一特点,给前期的统一管理与后期的维修保障都带来了一定的困难。

2. 运行环境

通用航空作业的飞行高度大多在 3 600 米以下,属于低空或者超低空飞行。低空飞行的环境更复杂,受天气和地形制约大,出现低空风切变和高山撞击的可能性也更大,而且通用航空的飞机很多都没有安装仪表飞行装置,需要以目视飞行为主,这更增加了飞行的难度。通用航空飞行的特点包括飞行的点多、线长、面广、流动性大、时间不确定且高度分散,作业区域多是在野外等偏远地区,供通用航空飞机起降的机场设备与运输航空的相比也相对简陋。在通用航空飞行作业中,作业现场千变万化,航路结构的难易程度、作业现场的净空条件及通用航空作业的复杂程度等,都会直接影响到飞行安全。

表 1.1 我国通用航空与运输航空部分常用机型

通用航空			运输航空	
固定翼飞机	塞斯纳飞行器公司	塞斯纳 172R、塞斯纳 172S	波音公司	B737 系列：B737 - 600、B737 - 700、B737 - 800
	钻石飞机公司	钻石 DA40D、钻石 DA40		B747 系列：B747 - 400、B747 - 400F、B747 - 400ER
	石家庄飞机工业有限责任公司	运 5、运 5B、小鹰 500	空中客车公司	A320 系列：A319 - 100、A320 - 200、A321 - 200
	西锐飞机设计制造公司	西锐 SR20		A330 系列：A330 - 200、A330 - 300
	派珀飞机公司	派珀 PA - 44 - 180		A340 系列：A340 - 300、A340 - 600
旋翼机	昌河飞机工业集团有限责任公司	直 8、直 11、S92、CA109、S300C、S76C	庞巴迪公司	CRJ - 200、CRJ - 700、CRJ - 900
			中国商用飞机有限责任公司	ARJ21 - 700
	哈尔滨飞机工业集团有限责任公司	直 9、直 15、运 12、H410、H425、EC120	巴西航空工业集团	ERJ190

3. 维修保障

飞行安全是通用航空运营的根本,而维修保障是飞行安全的基石。通用航空作业类型多样、作业地点分散,这些特性都对通用航空公司的机务保障和维修能力提出了更高的要求。相比运输航空,通用航空的维修保障情况目前表现为以下几点:

① 尚未形成完善的通用航空维修保障体系。我国通用航空目前没有形成完整的市场,大部分的通用航空器维修设备需要依赖国外进口,维修保障工作也需要国外生产商来完成,维修保养技术落后,缺乏有效的工程技术与航材支持。据不完全统计,截至 2014 年,我国国内 370 家维修单位中只有 97 家是专门从事航线维修的单位,截至 2017 年底,已投产的通用航空器制造厂家也只有 63 家(不含无人机),因而造成通用飞机大修或发动机修理必须送到海外工厂完成的局面,这无疑增加了通用航空器的维修成本,在很大程度上也限制了通用航空的进一步发展。

② 维修人员水平与通用航空运营要求不匹配。在维修专业人才方面,通用航空面临着高素质人才短缺的困境。按照通用航空最佳人员配置比,通用航空器与维修人员的最佳配比为 1∶3,即一架通用航空器应配备 3 名专业的维修人员。而 2017 年的统计数据显示,我国的通用航空器总数为 2 984 架,与之相对应的维修专业人员应该达到 8 952 人,但目前却只能达到一半,这说明维修专业人才十分紧缺。目前,不少通用航空运营公司为了降低运营成本,缺乏对维修人员的专业培训,而且由于通用航空机构的维修量少导致了维修人员缺少实际操作的锻炼机会。除此之外,拥有执照

的专业维修人员也在不断地流失。统计数据显示,截至 2017 年初,我国已有 200 多家通用航空公司在正常运营。但是,这 200 多家通用航空公司中只有 40% 的维修人员获得了相应的维修执照,是真正意义上的专业航空维修人员。而且,进一步的调查发现,这仅占 40% 的专业航空维修人员中已有超过 20% 的人由于觉得通用航空薪酬不高、待遇不好而且人才培养机制存在漏洞而选择跳槽去了运输航空公司。这些都造成了维修人员的水平与通用航空企业对工程管理、维修控制、质量管理及航材保证等方面的高要求存在严重的不匹配,会直接威胁到通用航空的运行安全。

③ 工程技术与航材支持缺乏。维修设施设备和工具在航空器维修过程中起着至关重要的作用,针对不同机型、不同项目,所需的设施设备和工具也不尽相同。与运输航空相比,我国通用航空企业的机型多较为复杂且单一机型维修量少,而要配备完善的维修设施设备和工具则需要较高的投入,这导致不少通用航空企业对维修设施设备和工具的投入非常谨慎,如此难免会影响到维修质量。

4. 安全管理

与运输航空严谨的安全管理体系不同,通用航空不论是在安全管理的政策环境、安全监管手段还是安全管理专业人员的水平方面都严重滞后。因为没有针对通用航空的特点建立区别于运输航空安全管理标准的体系,从而导致通用航空的安全监管一直脱离实际,安全管理水平也停滞不前。在政策环境上,据不完全统计,2017 年我国共发布了 60 份通用航空类的政策和管理文件,但没有形成良好的政策管理体系,都是零零散散的管理要求,很多现行的管理文件还未与运输航空类的分开,而且其中关于安全管理类的政策文件偏少。图 1.2 与图 1.3 是 2012—2017 年通用航空政策数量图与 2016—2017 年通用航空政策分类图。

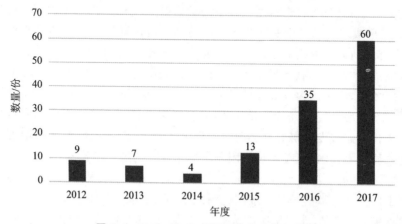

图 1.2　2012—2017 年通用航空政策数量图

与严谨的运输航空安全管理体系相比,目前针对我国通用航空的法规制度还亟待完善,安全保障体系和机制还不健全,安全监察人员缺乏,安全监管能力不足,安全管理水平低下。这是因为在之前的很长一段时间里,通用航空的发展没有得到足够

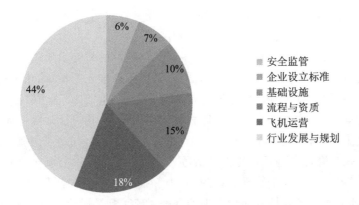

图 1.3 2016—2017 年通用航空政策分类图

的重视,因而导致本应与其同步协调发展的安全管理水平严重滞后。1986 年,国务院发布了《国务院关于通用航空管理的暂行规定》,这是我国第一份指导通用航空业发展的根本性法规;为了规范通用航空飞行秩序,国务院和中央军委在 2003 年 5 月联合颁布了《通用航空飞行管制条例》,该条例从整体上规范了通用航空的审批手续和运营时间等宏观方面的事项,但仍缺少对通用航空飞行的具体要求及实施细则。长期以来,我国民用航空业发展不均衡,致使通用航空的发展远远落后于运输航空的发展,从而形成了一个"腿长"、一个"腿短"的畸形发展格局。究其原因不难发现,指导和规范通用航空发展的法律法规及标准体系滞后是造成我国目前通用航空畸形发展的重要原因。我国现有的通用航空法律法规以及制度规定都是以红头文件的形式制定的,各个地方民用航空管理部门制定的规章、制度以及标准存在着较大差异,因此指导我国通用航空发展的文件零零散散、不成体系,许多现行的规章制度干脆与运输航空规章制度混在一起,因此很难单独针对通用航空的特点来指导和规范我国通用航空业的发展。

从上述两图可以看出:一方面,促进通用航空业发展的政策性文件在逐年增多,这说明国家正在大力发展通用航空产业;但另一方面关于通用航空安全监管的政策文件所占的比例却不高,这表明通用航空的安全监管还有很长的路要走。与运输航空协调同步发展,不等同于用运输航空的安全管理方法去管控通用航空,而是要加快形成适合通用航空各类作业特点的管控办法。

5. 放管结合

近年来,虽然我国通用航空逐渐受到了重视,现在正处在高速发展的阶段,但是相比于多年来蓬勃发展的运输航空,通用航空仍然是短板,与社会经济发展态势不够相称,与发达国家的通用航空发展水平之间尚存在较大的差距。截至 2017 年底,我国运输航空的总周转量已经连续 13 年位居世界第二,而通用航空机队的规模却仅为美国的 1%。为了打破运输航空与通用航空一个"腿长"、一个"腿短"的畸形发展格局,2016 年 5 月 13 日,国务院办公厅发布了第一个促进通用航空产业发展的纲领性文件——《关于促进通用航空业发展的指导意见》,在文件里面明确提出了通用航空要坚持按照安全第一、放管结合的原则去发展。

通用航空的放管结合,实行"以放为主,先放后管"的战略。所谓"放"就是尽可能地放开通用航空市场,激发社会资本的活力,采取降低准入门槛、简化审批程序、放开低空区域、升级配套设施等激励手段去促进通用航空的发展。所谓"管"就是发布一系列安全管理政策,完善安全监控手段去管控通用航空,尽可能地降低通用航空运行过程中的安全风险,提高通用航空的安全水平。民航局出台的《通用航空经营许可管理规定》,进一步降低了通用航空企业的准入门槛。对商业运行要区分载客运行与非载客运行,对载客运行加强管理。以"飞起来"为牵引,重点关注售票的空中游览、公务飞行、通勤运输等经营性载人通用航空飞行,出台相关管理办法,强化管理。对于农林喷洒、电网巡线等非载客飞行,能放开的坚决放开,可放可不放的可先放开,切实促进通用航空的发展。修订《非经营通用航空登记管理规定》,调整监管思路,放松对非经营性通用航空活动的管制。针对通用航空的不同运行类型、不同机场等级,制定分类安检制度与程序。简化审批流程,提高运行效率。缩减通用航空从任务申请至获准运行的报批程序。对通用航空器降低设施设备配备要求,对从事工业、农业、林业等非载客的作业飞行适当降低运行标准。取消国内通用航空企业赴境外执行通用航空任务审批。简化通用航空飞行计划审批程序。继续对执行应急救援、抢险救灾、医疗救护与反恐处突等紧急、特殊通用航空任务的飞行计划实施随报随批。简化外籍飞行员、机务人员资质认定等程序。扩大适航委任范围,分类下放审批职能。

目前,政策的着力点在促进通用航空市场放开搞活上,更注重"放",实行"以放为主"的政策,让通用航空"飞起来、热起来"。但在放的过程中也会出现问题。放管结合到底应该怎么放,放到哪种程度;管要怎么管,该如何针对通用航空运行的复杂问题进行分类管理,以使安全监管的力度不至于打压促进通用航空飞行的积极性,这个分寸的把握仍然值得商榷。一旦平衡不了"放"与"管",就可能导致因放得太过无法进行有效监管,从而使通用航空市场安全水平急剧下降;或者因管得太死,使通用航空市场无法得到发展。

1.3　中国通用航空安全概况

安全一直是人们最为关注的话题,也是保障通用航空发展的根本。我国的通用航空产业在过去的十几年里有了较大的发展,但与之相应的安全问题也不断地暴露出来。随着推动通用航空发展的政策的出台,通用航空运输量得到了大幅度提升,更有可能使原来潜在的安全问题显性化,还有可能激发和触发新的安全问题。据不完全统计,中国民用航空业自1949年成立到2012年,共发生150多起重大飞行事故,损失的飞机中,用于通用航空的达到了93架。2014—2016年3年间,我国通用航空安全事故频发。2014年,我国发生了6起通用航空坠机事故;2015年发生了11起;

在 2016 年,通用航空事故更是高达 23 起。3 年内共致 44 人遇难,事故发生同比增长 96%。通用航空事故高速递增,安全问题不容忽视。通用航空器种类多,作业环境复杂,飞行时间不定都造成了事故频发。因此说,通用航空所使用的航空安全问题既是航空安全问题的体现,又有其特殊性。

1.3.1　通用航空安全的影响因素

政府和市场在通用航空领域一直采取大力促进发展的政策和举措,放开的发展思路以及宽松的制度环境必然会导致通用航空安全问题。在推动通用航空蓬勃发展的同时,安全保障工作是一个必要的环节,而做好安全保障工作首先需对通用航空安全的影响因素进行分析。

1. 法规的适应性

世界通用航空强国的经验表明,健全、完善、适用的法律法规体系是通用航空产业安全、持续、健康、快速发展的制度保障。通用航空具有服务领域更为广泛、运行类别更加多样、运行环境更加复杂的特点,通用航空法律法规体系有别于一般运输类航空法律法规体系,因此不能一概而论,而应将通用航空法律法规体系从现有的航空规章体系中剥离出来。但是,目前我国并没有形成针对通用航空的法律法规体系,这在一定程度上增加了安全风险。

目前与通用航空相关的行政法规有《国务院关于通用航空管理的暂行规定》和《通用航空飞行管制条例》,这两部行政法规主要是在原则层面对通用航空的发展做了规定,但在具体的保障措施、实施细则上并无明确指导性意见,详细程度不够。

适航是确保通用航空器达到最低安全水平的有力保障,也是通用航空产业发展的关键环节之一。目前我国还没有形成完善的通用航空适航体系,大部分是借鉴运输航空的适航规范,而实际上通用航空的适航审定标准和管理程序与运输航空的有很大的区别。

2. 通用航空制造水平

我国通用航空器的发展水平仍然处于刚起步的阶段,虽然我国在生产通用飞行器方面与其他国家进行了合作,但是仍然没有进行大批量的生产,并且直升机的生产数量也不多。通用航空制造自主研发、创新驱动的产业体系仍处于起步阶段,仅有小型通用航空飞机组装、无人机航模生产企业。我国与通用航空产业息息相关的制造业相对还比较落后:在大功率高性能涡扇发动机方面,无法进行整机制造的国产化;在通用航空零部件制造方面,虽然在细分领域不断取得突破,但整体上仍缺乏有效的整合,难以实现零部件的集成和模块化;在整体设计、系统集成方面还与发达国家存在差距;在整机制造方面,国内通用航空制造业发展较快的领域为门槛相对较低的直升机和中小型固定翼飞机,但规模尚小,整体仍处于起步培育阶段。目前,通用航空机队中进口通用航空器约占机队总量的 3/4,国产机型的性能亟待改善。在运营服务方面,获得运营许可的通用航空公司受制于各方面因素,飞行作业量普遍不大,缺乏飞机销售、租赁、托管、维修、金融保险等服务体系的支撑和保障,以致通用航空方便、快捷的优势发挥不出来。

3. 通用航空服务保障能力

为保证通用航空的运行安全,必须做好相关的服务保障工作,而现阶段我国的通用航空服务保障能力还难以与快速发展的通用航空业相匹配。

近年来我国正在加紧基础设施建设,但目前通用航空机场数量有限,通用航空企业会选择使用一般的运输机场,这就增加了潜在的碰撞风险。除此之外,还存在着空管设备不健全,飞机服务站建设刚刚起步,航油及维修服务保障不能满足所需等问题。

4. 通用航空从业人员素质及人为因素

由于还没有出台相对完善的通用航空飞行员培训标准,因而在飞行员培训过程中没有严格的控制标准,训练时长也达不到要求,这导致了部分飞行员技术不成熟,低空和超低空作业技术不精湛。另外,通用航空企业缺少管理经验,安全工作未引起行业警觉,机组人员纪律松散,存在飞行操作不严谨甚至违章行为,这些必然都会对通用航空安全生产影响。

发生的通用航空事故中,人为因素占据了事故原因的很大一部分。许多通用航空事故都是由于驾驶员对作业环境不熟悉或自身经验不足,因而不能对突发情况及时做出反应导致的。目前,通用航空飞行员的数量难以满足飞行作业量的需求,许多通用航空企业为增加公司的效益,不顾飞行员的身体状况,要求其连续作业、长时间飞行,这会导致飞行员面对突发情况时不能及时做出有效反应。

1.3.2　通用航空安全指标分析

1. 通用航空事故万架次率

图 1.4 显示的是 2000—2015 年我国通用航空事故万架次率、五年滚动指标值以及十年滚动指标值。从图中可以看出:

① 2000—2010 年,我国通用航空万架次数呈缓慢上升趋势,且逐年稳定递增,到了 2010 年之后,通用航空得到了大力发展,通用航空万架次数这一指标增速明显加快。

② 除去 2000 年的高峰值,通用航空事故万架次率这一指标在 2001—2015 年十五年间不断波动,并分别在 2008 年、2013 年达到了顶峰。尽管在达到顶峰之后因政府采取监控措施降低了事故万架次率,但是一旦政府放松了监管,这一指标就又呈现出上升趋势,但总体来说,波动的幅度在逐渐减小,这说明政府在不断地管控通用航空安全,并且取得了一定成效。

③ 分析通用航空事故万架次率滚动指标(五年、十年),可看出这几个滚动指标相对稳定,波动不大,整体呈现下降趋势,这说明从长期看,通用航空事故的数量与往年相比有所减少。

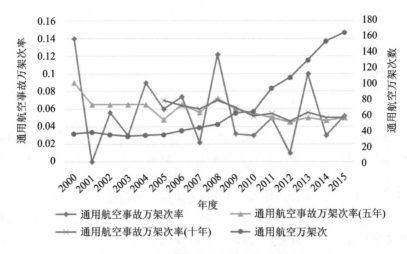

图 1.4 我国通用航空事故万架次率分析

2. 通用航空死亡事故万架次率

图 1.5 显示的是 2000—2015 年我国通用航空死亡事故万架次率、五年滚动指标值以及十年滚动指标值。从图中可以看出：

① 2000 年以来,通用航空死亡事故万架次率波动剧烈,2000 年通用航空死亡事故率为近十六年内最高,为 0.085,有三年(2001 年、2003 年、2006 年)未出现通用航空死亡事故。

② 从 2008—2012 年,通用航空死亡事故率呈现下降趋势;而从 2012 年开始,通用航空死亡事故万架次率又有所增长,五年滚动指标值和十年滚动指标值都呈现出上扬趋势;2013 年该指标达到局部极值点;到 2014 年,该指标值又开始呈现下降趋

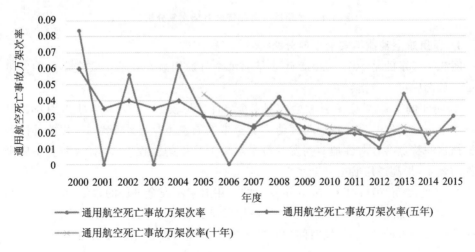

图 1.5 我国通用航空死亡事故万架次率分析

势,到2015年再次上升。尽管这些指标波动明显,并在2012年与2014年出现了不同程度的上扬,但总体来说滚动指标均呈下降趋势,这说明通用航空死亡事故在逐渐减少,安全水平得到了一定程度的提高。

3. 通用航空事故征候万架次率

图1.6显示的是2009—2015年中国通用航空事故征候万架次率指标值。从图中可以看出:

① 尽管在2013年和2014年这一数据相比2012年有些许回升,但通用航空事故征候万架次率这一指标总体上呈下降趋势,特别是2011年相比2010年下降幅度最为明显。

② 2009年和2010年这两年为一个档,通用航空事故征候万架次率这一指标数据较为接近,保持在0.2与0.25之间。2011—2015年这五年为一个档,通用航空事故征候万架次率这一指标数据较为接近,保持在0.1与0.15之间,且2011—2015年这五年相对于2009年和2010年这两年事故征候万架次率有了明显的下降。

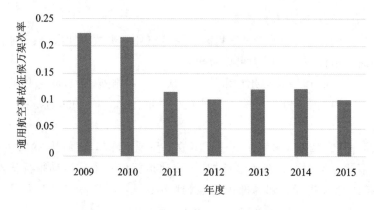

图1.6　通用航空事故征候万架次率分析

4. 通用航空其他不安全事件分析

图1.7显示的是2012—2015年4年间每个月通用航空其他不安全事件的发生数量。从图中可以看出:

① 每年的1月、2月、9月发生的不安全事件数量较少,而3月、4月、8月都为其他不安全事件高发月份。这说明其他不安全事件的发生是有季节性的,相关部门可以根据这一特点有针对性地对高发月份采取更为严格的监控措施,有效防止不安全事件的发生,提高通用航空安全水平。

② 除此之外,2014年和2015年发生的通用航空不安全事件的数量与2012年和2013年相比增加了很多,这可能是因为通用航空正面临着快速发展,在通用航空万架次数快速增长的情况下,短时间内其他不安全事件的数量也不可避免会上升。

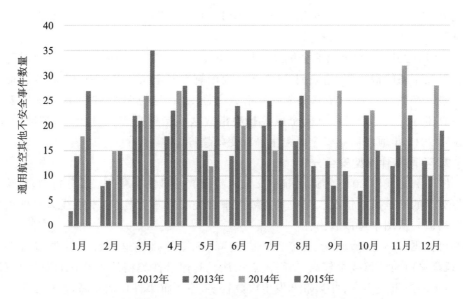

图 1.7　通用航空其他不安全事件数按月同比分析图(2012—2015 年)

1.3.3　通用航空安全风险分析

1. 安全风险指数与趋势指数分析

图 1.8 是 2007—2015 年 9 年间我国通用航空总体安全风险指数与风险趋势指数分析图。安全风险趋势指数是指单位运行小时安全风险变化率,在运行量增大的

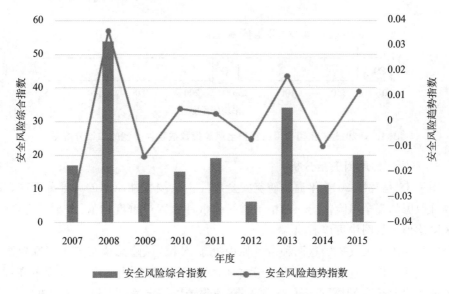

图 1.8　通用航空安全风险指数与趋势指数分析对比(2007—2015 年)

情况下,该指数越大说明安全风险增大趋势越明显,该指数越小说明安全风险变小趋势越明显。从图 1.8 可以看出:

2007—2015 年 9 年间安全风险指数波动较大。2008 年的通用航空安全风险指数为近九年来的最高值,这说明 2008 年的通用航空安全风险水平相对其他年份而言比较差。2012 年的通用航空安全风险指数为最低值,这说明 2012 年通用航空安全水平总体好于其他年份。从安全风险趋势指数这一指标来看,2015 年的指数较大,这说明 2015 年通用航空安全风险水平有变差趋势。

2. 不同事件类型安全分析

图 1.9 是我国 2015 年通用航空安全风险指数按事件类型的二维分析图,反映了事件类型的安全风险情况。图中垂直线为事件类型严重度均值,水平线为事件类型风险均值。从图中可以看出:

可控飞行撞地/障碍物、失控/失速、迫降、跑道外接地这四种事件类型处于 A 区,风险总值与严重度都较高,值得重点关注。其他事件类型处于 B 区,风险总值较高,但平均严重度不高;此类事件发生次数较多,但严重事件比例不高,值得予以一定关注。

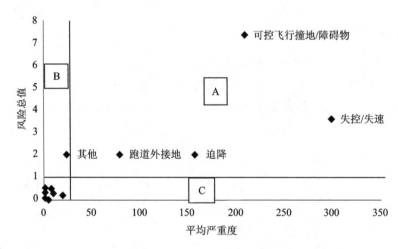

图 1.9　2015 年我国通用航空安全风险指数按事件类型的二维分析图

3. 不同事件原因安全分析

图 1.10 是我国 2015 年通用航空安全风险指数按事件原因的二维分析图,反映了事件原因的安全风险情况。图中垂直线为事件原因严重度均值,水平线为事件原因风险均值。从图中可以看出:

机组原因与天气原因这两种事件原因处于 A 区,风险总值与严重度都较高,值得重点关注。机械这一事件原因处于 B 区,风险总值较高,但平均严重度不高;此类事件发生次数较多,但严重事件比例不高,值得予以一定关注。机务这一事件原因处于 C 区,平均严重度较高,但风险总值不高;此类事件发生次数较少,但严重事件比例较高,也值得予以一定关注。

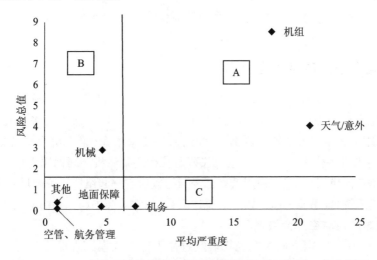

图 1.10　2015 年我国通用航空安全风险指数按事件原因的二维分析图

4. 不同飞行阶段安全分析

图 1.11 是我国 2015 年通用航空安全风险指数按飞行阶段划分的二维分析图,反映了不同飞行阶段的安全风险情况。图中垂直线为通用航空各飞行阶段严重度均值,水平线为通用航空各飞行阶段风险均值。从图中可以看出:

紧急下降阶段、低空飞行阶段与其他阶段这三个飞行阶段处于 A 区,风险总值与严重度都较高,值得重点关注。起飞阶段、巡航阶段与未知阶段这三个飞行阶段处于 B 区,风险总值较高,但平均严重度不高;此类飞行阶段安全事件发生次数较多,但严重事件比例不高,值得予以一定关注。

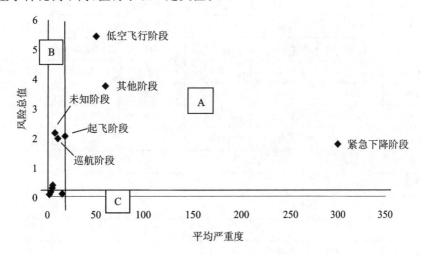

图 1.11　2015 年我国通用航空安全风险指数按飞行阶段划分的二维分析图

1.4　欧美通用航空安全概况

1.4.1　美国通用航空安全概况

通用航空是航空运输的基础。进入 21 世纪后,美国已经把发展通用航空运输作为架构世纪空中高速路的规划和新的民航运输发展战略,并认为这将是高速交通旅行的第四次革命(自 1905 年开始至 20 世纪末有 3 次革命:第一次汽车替代马车;第二次螺旋桨飞机替代汽车;第三次喷气飞机替代螺旋桨飞机。第四次为小飞机运输系统的建立和广泛应用)。美国通用航空已经与运输航空一起组成了美国最安全、最有效的航空运输系统,维系着民航运输业的总体平衡,编织着美国与世界的交通桥梁网络。

1. 美国通用航空安全数据分析

2010—2014 年 5 年间,美国通用航空致命飞行事故率一直保持在一个相对稳定的状态,每 10 万飞行小时致命事故率稳定在 1.1 左右,年均致命飞行事故 265 起,年均死亡 453 人。据统计,美国目前拥有 22.4 万架通用航空飞机、38 万名通用航空飞行员,每年通用航空飞行量达 2 480 万飞行小时,其中 1 700 多万小时的飞行是载人运输飞行,约占总飞行小时的 70%。表 1.2 是美国 1990—2012 年的部分通用航空安全指标数据。

表 1.2　美国通用航空事故、死亡事故和死亡人数数据表(1990—2012 年)

年　份	飞行小时	事故总数	死亡事故数	死亡人数	事故比率	死亡比率
1990	28 510 000	2 242	444	770	7.85	1.55
1991	27 678 000	2 197	439	800	7.91	1.57
1992	24 780 000	2 110	450	866	8.51	1.81
1993	22 796 000	2 064	401	744	9.03	1.74
1994	22 235 000	2 021	404	730	9.08	1.81
1995	24 906 000	2 056	412	734	8.21	1.63
1996	24 881 000	1 908	361	636	7.65	1.45
1997	25 591 000	1 840	350	631	7.17	1.36
1998	25 518 000	1 902	364	624	7.43	1.41
1999	29 246 000	1 905	340	621	6.50	1.16
2000	27 838 000	1 837	345	596	6.57	1.21
2001	25 431 000	1 727	325	562	6.78	1.27
2002	25 545 000	1 716	345	581	6.69	1.33
2003	25 998 000	1 741	352	633	6.68	1.34

年　份	飞行小时	事故总数	死亡事故数	死亡人数	事故比率	死亡比率
2004	24 888 000	1 619	314	559	6.49	1.26
2005	23 168 000	1 671	321	563	7.20	1.38
2006	23 963 000	1 523	308	706	6.35	1.28
2007	23 819 000	1 654	288	496	6.94	1.20
2008	22 805 000	1 569	277	496	6.87	1.21
2009	20 862 000	1 480	275	479	7.08	1.32
2010	21 688 000	1 440	270	457	6.63	1.24
2011	21 488 000	1 470	266	448	6.84	1.24
2012	21 697 000	1 471	271	432	6.78	1.24

美国联邦航空局(FAA)对 2001—2013 年美国通用航空死亡事故原因进行过调查和统计,以下为排在前 10 位的原因:

① Loss of Control Inflight(飞行中失控);

② Controlled Flight into Terrain(可控飞行撞地);

③ System Component Failure—Powerplant(动力装置系统故障);

④ Low Altitude Operations(低空飞行);

⑤ Other(其他);

⑥ System Component Failure—Non-Powerplant(非动力装置系统故障);

⑦ Fuel Related(燃油);

⑧ Unknown or Undetermined(未知或未确定);

⑨ Windshear or Thunderstorm(风切变或雷暴);

⑩ Midair Collisions(空中相撞)。

2. 美国通用航空业的特点

美国通用航空业目前在机队规模、机场数量、飞行活动量和从业人数等方面均处在世界领先地位,对美国社会经济的发展做出了巨大贡献,通用航空文化普及程度高,相关环节服务完善。据不完全统计,截至 2014 年初,全球有超过 360 000 架通用航空器(包括从两座的训练飞机到现今使用的洲际公务机),其中 209 000 架航空器在美国。通用航空每年向美国经济贡献超过 1 500 亿美元,雇佣超过 120 万人。通用航空器在美国每年飞行近 2 500 万飞行小时,其中 2/3 为商务飞行。另外,美国有超过 5 000 个公共机场为通用航空提供服务。总体来看,美国的通用航空业具有四大特点:

(1) 基础设施完善

1) 供通用航空使用的机场数量庞大

截至 2014 年 9 月,美国共有各类机场(含直升机场、水上飞机基地和其他起降设施)19 360 个。美国机场按照所有权分类,大致分为公共机场和私人机场两类。公共机场目前约有 5 000 多个,其中 558 个机场运行定期航班,其余的 4 000 多个为通用航空机场(美国对通用航空机场的定义是:没有定期航班或者年旅客吞吐量少于 2 500 人次、供公共使用的机场)。私人机场主要由私人投资建设,约有 14 000 个,形式各有不同,有的设施设备比较完善,有的则比较简陋,但都可以供飞机起降。

2) 导航设施完善

在美国,卫星导航(GPS)经过多年的使用、完善已经十分可靠,并具备了很多便捷功能,通用航空飞行广泛使用 GPS。通用航空机场一般不建设陆基导航台。如果需要,可使用布局密集的周边机场或航路上的 VOR(甚高频全向范围)/DME(测距设备)台来定位。

3) 飞行服务网络完善

在美国,为通用航空飞行提供服务的主要是飞行服务站(FSS),而不是空管。FSS 主要为美国本土通用航空飞行提供飞行服务,服务内容包括三个方面,即飞行前服务、飞行中服务和飞行数据服务。飞行员可以通过 FSS 获取相关飞行信息,且不会被收取任何费用。当飞行员在空中遇到紧急情况,如迷航、驾驶舱冒烟,或因低油量需要向最近的机场进近的时候,都可以呼叫飞行服务站。

(2) 运行保障便利

1) 通用航空使用的低空目视航图信息丰富

FAA 负责制定并向社会免费公布低空航图。低空航图上会详细地标出以机场为圆心的扇区安全高度、机场周边的通用航空机场及运输机场分布、管制通信需求、显著地形(山川、河流和高压线等)等信息。在 AIM(情报管理)、FAA 等的网站上都有免费且实时更新的航图资料。

2) 航行信息获取简便

气象信息、航路信息、目的地机场信息等飞行信息,都可以使用智能手机获取,例如,气象信息可以通过美国国家大气和海洋管理局(NOAA)下属的由 NWS(国家气象服务部门)建设的全国联网的自动气象观测站(AWOS/ASOS)获取。

在商务航空固定运营基地(FBO),一般也有最新的航行资料供飞行人员查阅。

3) 第三方代理服务完善

在美国,大部分机场都有 FBO 为通用航空飞行提供后勤保障,保障内容包括飞行计划、燃油、维修保养、餐饮服务等。每个通用航空机场至少有一家 FBO,有的还不止一家。

环球气象公司是美国最早开展公务航空代理业务的公司,目前在 20 多个国家(包括中国)的 40 多个机场建立了服务设施,为 15 000 多个客户提供服务,主要提供客户行程支持、航空气象(数据来源为 NWS 和 WNI(气象信息系统)等公司)、飞行计划、地面服务保障等专业服务和地面私人交通、餐饮、订房等延伸服务。

（3）政府管理适度

FAA 对于通用航空的监管理念与对于运输航空的监管理念具有明显差异。其通用航空监管思路是：在监管中平衡个人利益和公众利益，在不威胁公众利益的前提下，对通用航空飞行进行最小限度的管理。因此，FAA 和美国民众也认可通用航空安全标准应低于运输航空，认为只要不涉及或较少涉及公众利益，通用航空安全更多地应由当事人负责。

1）通用航空飞行限制少

在美国，低空空域（真高 3 000 米以下）是开放的，FAA 对通用航空飞行严格按照分类分级管理的标准进行。例如，在目视飞行规则下，飞行员起飞前不需要进行任何申报，在空中也没有管制员指挥；若需要穿越管制空域，必须向塔台临时申报将穿过其空域，一般都会得到批准。

在飞行计划方面，飞行计划制订后，从告知空管到得到答复，时间一般不超过30 分钟。

2）通用航空机场等级标准清晰

FAA 根据每个通用航空机场的飞机数量和类型、飞行架次、飞行任务及飞行目的地等，将通用航空机场划分为 4 类：国家级（National）、地区级（Regional）、本地级（Local）和基本级（Basic）。国家级通用航空机场主要服务国家和全球市场，飞行活动强度很大；地区级通用航空机场主要服务地区和国家市场，飞行活动强度较大；本地级通用航空机场主要服务本地和地区市场，飞行活动强度中等；基本级通用航空机场主要在本地和地区市场范围内提供重要的航空服务，飞行活动强度中等偏下。

3）运行费用低廉

通用航空飞行在遵守目视规则的情况下是无须缴纳任何管制费用的，在大部分通用航空机场也没有任何起降费和停机费。

此外，政府鼓励民众建设机场，并对机场的建设标准不提出过高的要求，以减少机场运行费用，进而减少飞机运行费用。部分机场没有围界、安检、气象、仪表导航设施设备，也没有相关人员，只有水泥跑道或草坪跑道、餐厅和自助加油机。这些通用航空机场不对飞机起降收取任何费用，其收入主要来源于机场餐厅和加油。机场虽然简陋，但是提供夜航服务，跑道灯光通过机载无线电控制。

4）政府鼓励私人机场向公众开放

为了最大化地利用机场资源，政府支持私人机场向公众开放。FAA 会负责机场基础数据采集、飞行程序设计、程序校验飞行、程序资料公布、机场代码分配等工作，且不收取任何费用。

5）鼓励爱好者自己组装飞机

为了鼓励民间的航空器爱好者，美国专门推出了实验类飞机（EA）。与其他航空器相比，这类飞机取证相对容易，只要通过 FAA 的检查，获取实验类飞机的适航证后，就可以合法飞行。据统计，目前全美有 3 万多架实验类飞机，仅这类飞行产生的航空耗材消费就已经非常可观。

6）推进新技术的应用

目前，美国正在推广远程塔台（无人值守塔台）。设有远程塔台的机场会配备高清数字摄像机、气象传感器、麦克风和其他相关设备，将机场的实时情况投影在办公室360°环绕液晶屏幕上（通过网络，也可以将实时情况传送到几百公里外的办公室）。管制员在室内通过屏幕而不是塔台的窗户观察飞机，可以操纵所有的传感器和其他塔台设备指挥飞机。远程塔台特别适用于无人值守、开放时间有限和流量较小的机场。由于其成本低廉，也可作为枢纽机场的应急备份设备，替代已过时的设备。

（4）通用航空文化水平较高

1）航空文化根基深厚、普及面广

FAA有专门的国家航空活动计划（National Aviation Events Program），负责策划各类航空会展活动，有飞行特技表演、经典飞机展示、跳伞表演、飞行员与参观者互动等。据统计，每年有超过300场航空表演，观众可达1 000万～1 200万，创造的产值为2.5亿美元～3亿美元。

2）各类协会繁荣发展

在美国，有大量的协会助推整个通用航空产业健康发展。美国公务机协会（NBAA）有11 000名会员，每年在全球各地举办各类航展，普及航空文化。每年在美国举办的公务机航展已成为美国第六大贸易展览会。航空器拥有者及驾驶员协会（AOPA）建立了目前世界上最大的免费安全教育服务平台，每年举办约200次论坛，有约25 000人参加。作为行业的代表，各类协会经常与政府沟通，推动制定有利于行业发展的政策。协会的繁荣发展创造了更多的学习交流机会，带动了从业人员水平、素质的提高。

1.4.2　欧洲通用航空安全概况

与美国类似，欧洲的通用航空制造业也处于世界领先地位，有很多优秀的通用航空制造企业。但欧洲的机载设备制造商相对较少，这方面的配套能力较弱。所以，欧洲通用航空制造业的总体规模略逊于美国。

1. 欧洲通用航空安全概况

在欧洲，法国、德国、意大利、瑞士、捷克、英国、俄罗斯等国通用航空制造业相对发达，有很多优秀的飞机制造企业，产品闻名于世。如达索公司及其"猎鹰"系列喷气公务机，空中客车公司及其A319/318/320系列衍生的公务客机，皮拉图斯及其PC-12和PC-6单发涡桨飞机，索科达及其TBM850/900涡桨飞机，钻石飞机公司及其"钻石"系列轻型飞机，格罗伯（Grob）公司及其G-115/120单发活塞/涡桨全复材飞机，Extra公司及其Extra200和300特技飞机，还有意大利的Tecnam公司及其轻型/超轻型飞机，FlightDesign公司和Remos公司的轻型/超轻型飞机等。欧洲的轻型活塞通用飞机和滑翔机研发水平也处于世界领先地位。

在欧盟运行的通用航空企业不需要配置航务人员、机务人员,也根本不需要烦琐的航线审批程序,更不需要编写制定相关的运行类手册。相比我国通用航空企业的运营,欧洲通用航空企业的运行负荷轻、成本低、管理科学,提高了安全运行的裕度。同时,机场的保障设施齐全,安全管理集中,也提高了机场运营的经济效益。

在运行安全方面,表 1.3 所列是欧盟 2006—2012 年通用航空事故、死亡事故和死亡人数的数据。

2. 欧洲各类型通用航空器的安全情况

以 2015 年为例,根据欧洲航空安全局(EASA)发布的年度安全回顾报告,其将通用航空安全具体细分为非商业运行飞机、非商业运行直升机、滑翔机和无人机等四种不同的类型进行讨论。

表 1.3　欧盟通用航空事故、死亡事故和死亡人数数据表(2006—2012 年)

年　份	所有飞机			质量小于 2 250 千克的飞机			质量大于 2 250 千克的飞机		
	事故总数	死亡事故数	死亡人数	事故总数	死亡事故数	死亡人数	事故总数	死亡事故数	死亡人数
2006	1 157	161	263	1 121	151	234	36	10	29
2007	1 187	152	262	1 157	142	243	30	10	19
2008	1 177	150	242	1 145	140	218	32	10	24
2009	1 253	172	277	1 234	163	259	19	9	18
2010	1 078	135	204	1 047	129	190	31	6	14
2011	1 143	181	283	1 109	169	254	34	12	29
2012	990	146	234	918	133	227	11	2	7

(1) 非商业运行飞机

非商业运行飞机 2015 年共发生致命事故 41 起,非致命事故 279 起,严重事故18 起,共造成 65 人死亡,36 人重伤。这低于 2005—2014 年的年平均致命事故 42.2 起、死亡人数 79 人的数据,且近 62% 的事故发生在起飞和着陆阶段。

EASA 通过对过去 10 年间非商业运行飞机的事故原因进行分析,总结如下:

① 飞行失控(Loss of Control)是第一大关键风险问题(Key Risk Areas),占到了所有事故的 47%;

② 地形冲突(Terrain Conflict)是第二大关键风险问题,占到了所有事故的14.7%;

③ 动力装置失效是第三大关键风险问题,占到了所有事故的 9.1%;

④ 空中相撞(Airborne Conflict)是第四大关键风险问题,包括飞机运行过程中的人为因素问题;占到了所有事故的 5.5%。

针对上述商业运行飞机事故原因和相关问题,EASA 正试图在通用航空相关适航技术要求、维修、培训、人员资质、运营安全管理等方面,通过表 1.4 所列的规章和安全管理规定等进一步提高通用航空运行安全。

(2) 非商业运行直升机

非商业运行直升机 2015 年共发生致命事故 6 起,非致命事故 34 起,严重事故 2 起,共造成 7 人死亡,5 人重伤。这低于 2005—2014 年的年平均致命事故 8.2 起、死亡人数 14.5 人的数据,事故数下降 25%,死亡人数下降 50%,这说明 2015 年非商业运行直升机的运行安全性有了较大提升。

EASA 通过对过去 10 年间非商业运行直升机的事故原因进行分析得知,导致这些事故的前四大原因依次是飞行失控(占 44%)、地形冲突(占 10%)、动力装置失效(占 9.1%)和其他系统失效(占 9%)。为提高非商业运行直升机的安全性,表 1.4 中所列的 EASA 针对通用航空方面正在研究、修订的部分政策措施同样也适用于非商业运行直升机。

表 1.4　EASA 修订与颁布的规章和管理规定

序　号	行动类型	编　号	名　称
1	Rulemaking	RMT.0498	Reorganisation of Part 23 and CS-23 Part 23 和 CS-23 重修
2	Rulemaking	RMT.0547	Task force for the review of Part-M for General Aviation 审核 Part-M 中对于通用航空的规定任务小组
3	Rulemaking	RMT.0657	Training outside ATOs 批准的培训组织(ATOs)之外的培训
4	Rulemaking	RMT.0677	Easier access of General Aviation pilots to IFR flying 使通用航空飞行员更容易获取 IFR 飞行资质
5	Rulemaking	RMT.0678	Addressing other FCL GA issues 其他通用航空飞行机组执照(FCL)问题解决
6	Action on Member States	MST.016	Airspace infringement risk in General Aviation 通用航空空域侵犯风险
7	Action on Member States	MST.017	Safety of transportation of dangerous goods in GA 通用航空危险货物运输安全性
8	Safety Promotion	SPT.044	Improve General Aviation safety in Europe through risk awareness and safety promotion. 通过风险意识和安全促进提高欧洲通用航空安全

(3) 滑翔机

滑翔机 2015 年共发生致命事故 24 起,非致命事故 156 起,严重事故 2 起,共造成 27 人死亡,36 人重伤。这与 2005—2014 年的年平均致命事故 22.3 起、死亡人数 25.9 人的数据相差不大。EASA 通过对过去 10 年间滑翔机的事故原因进行分析得知,导致这些事故的主要原因是飞行失控——占了所有事故的 54% 以上,而其中又包括非稳定的进近,以及正常运行的检测、识别和恢复。为提高滑翔机飞行的安全性,EASA 发布了 RMT.0698"滑翔机运行规章修订",同时表 1.4 中的 SPT.044"通过风险意识和安全促进提高欧洲通用航空安全"也包含对滑翔机的要求。

（4）无人机系统

《2016 欧洲航空安全年度总结报告》中也包含了对于无人机系统(Remotely Piloted Aircraft Systems,RAPS)的事故情况总结,数据显示,2015 年欧洲无人机致命事故为 0 起,非致命事故为 34 起,严重事故为 5 起,并未造成人员伤亡。而 2010—2014 年年均致命事故也为 0 起,非致命事故 37 起,严重事故为 5 起,人员伤亡也为 0。事故的主要原因包括空中相撞和其他系统失效。在无人机安全监管方面,EASA 发布了 RMT.0230"RAPS 执行规章"以及"无人机与飞机碰撞风险评估 RAPS 任务小组"。

从上述对欧洲非商业运行飞机和直升机、滑翔机、无人机等通用航空运行的安全数据的分析可知,目前欧洲通用航空运行的安全水平低于商业运行飞机的安全水平,不只是在欧洲,在整个世界均是这种现状。

第 2 章　通用航空安全系统工程

2.1　民航安全风险与安全指标

2.1.1　安全风险

安全是人类的基本需要。人们的衣食住行样样离不开安全。随着科学技术的飞速发展,安全问题变得越来越复杂,越来越多样化,对安全问题的研究也需要更深入、更具有科学性。

从"安全"这个词本身的含义来理解,"安"是指不受威胁、没有危险;"全"是指完美、完全、齐备,没有伤害,无损坏,无损失。从这个层面上来理解,"安全"是系统的一种"无危险的状态"(《牛津大字典》)。

随着对安全问题的研究逐步深入,人类对安全的概念有了更深入的认识,并从不同角度给它下了各种定义。

其一,安全是指客观事物的危险程度能够为人们普遍接受的状态。

可以看出,该定义明确指出安全的相对性及安全与危险之间的辩证关系,即安全和危险不是互不相容的。当将系统的危险性降低到某种程度时,该系统便是安全的,而这种程度即为人们普遍接受的状态。

其二,安全是指没有引起死亡、伤害、职业病,财产或设备的损坏、损失以及环境危害的条件。

此定义来自美国军用标准 MIL‒STD‒882C《系统安全大纲要求》。该标准是美国军方与军品生产企业签订订购合同时约束企业保证产品全寿命周期安全性的纲领性文件,也是系统安全管理基本思想的典型代表,从 1964 年问世以来,历经 882、882A、882B、882C、882D 若干个版本。对安全的定义也从开始时仅仅关注人身伤害,进而到关注职业病,财产或设备的损坏、损失直至环境危害,体现了人们对安全问题认识进化的全过程,也说明了人类对安全问题研究范围的不断扩展。

其三,安全是指因人、机、环境的相互作用而导致系统损失、人员伤害、任务受影响或造成时间的损失。

第三种定义进一步把安全的概念扩展到任务受影响或时间损失,这意味着系统即使没有遭受到直接损失,也可能是安全科学关注的范畴。

综上所述,安全是系统的一种状态,安全是以风险进行界定的。

风险是指特定危害事件发生的概率与后果的结合。风险是描述系统危险程度的客观量,又称风险度或危险性。风险具有概率和后果的二重性,风险 R 可用损失的严重程度 s 和发生概率 q 的函数来表示,即 $R=f(q,s)$。

第一,风险是系统内部矛盾运动以及系统与外部环境相互作用的状态表征。风险与系统共存,只要系统存在,在其内部就必然存在矛盾运动,与其外部就必然存在相互作用,因而也就必然存在风险。因此,绝对没有风险的系统是不存在的,绝对没有风险的航空系统当然也是不存在的。

第二,安全和风险是从正反两个方面描述系统运动状态的一对孪生概念,是一枚硬币的两面。绝对地说,安全就是无风险,有风险就是不安全。相对地说,安全水平高就是风险度低,风险大就是安全状况差。如果把系统运动的正常状态描述为一个全集,那么安全和风险就是共同构成这个全集的两个互补的子集。

第三,从本质上说,认识安全和认识风险是同一个问题。真正弄清了安全,也就弄清了风险。反过来,真正弄清了风险,对安全的认识也就不再成为问题。人们习惯上往往把这两个词连起来用,说成"安全风险",是为了强调风险对安全的威胁,但究其本质,这并没有给"安全"或"风险"的概念增加新的内涵。

第四,安全和风险的性质是相反的。安全是对系统运动状态的正面表述,而风险则是其负面表述。人们平时述及安全多于风险,反映了我们心理上的趋利避害倾向,换句话说,人们用对安全的追求掩盖了潜意识中对风险的担忧。

风险和隐患是两个既相互联系又有区别的概念,在实践中往往被作为近义词甚至同义词而互相替代使用,为准确把握其含义,下面对这两个概念做一些解析。

第一,两个概念具有相似性。《现代汉语词典》对风险的解释是"可能发生的危险",对隐患的解释是"潜藏着的祸患"。依据这样的解释,他们的相似性表现在两个方面:一是表现形式的不直观。无论是"可能发生",即尚未发生,还是"潜藏着",即尚未发现,其表现形式都是未得到直接观察。二是其后果都危及安全。不管是危险事件发生,还是潜藏着的祸患暴露,其后果都是系统的安全状态劣化,安全水平下降。

第二,两个概念是有区别的。"可能发生"指的是安全状态发展的盖然性,其结果有两种可能,如果未及时正确防范,系统发生危险事件的可能性就会迅速增大,甚至真的发生;如果防范得当,危险事件就可以不再发生,这就实现了防患于未然。"潜藏着"讲的是客观事物的隐蔽性,不管人们能不能发现,潜藏着的祸患都是一种客观存在。只要具备一定的条件,这些潜藏着的祸患就会暴露出来,造成危害。

第三,两个概念之间存在着必然的因果关系。作为一种客观存在,隐患是风险源,是系统风险的局部的具体根源,作为一种不安全状态,风险是各种局部隐患在系统层次上的综合后果和整体表现。在安全生产实践中,隐患可以存在于人员、设备、管理和环境等不同方面,而各种隐患的共同后果都是危及系统安全的风险。只要存在一个隐患,就存在一个风险源,就必然表现为系统内某种程度的风险。因此,要降低系统风险,就必须从源头做起,从消除具体隐患做起。要想彻底消除系统风险,就需要消除系统内的所有隐患。

第四,从提高安全生产水平的根本目的来说,降低风险和消除隐患在本质上是统一的。由于风险是不同隐患的综合后果和整体表现,因此,监测风险对于消除隐患更具有系统整体性的意义。反过来,由于各种隐患是系统风险的具体根源,因此消除隐患对于有效降低系统风险更具有基础性和根本性的作用。

考虑到隐患与风险的密切联系,我们应从安全风险角度对隐患问题进行解析。

一是隐患的层次性。一方面,隐患具有隐藏深度上的层次性,在不同情况下,隐患的隐藏深度是不同的。隐患隐藏得越深,认识的难度就越大;另一方面,隐患在重要性上具有层次性,各种不安全事件都可以看做是事故隐患。而一般来说,事故征候后果比其他不安全事件严重,因此,为了提高控制风险的效率,应该更多地关注对严重隐患的认识。

二是隐患的再现性。一次设备失效排除了,同样的失效可能再次发生,失效作为一类隐患还可以以多种多样的其他方式发生。隐患可以被查出,被消除,但隐患的再现性意味着对待隐患不可以采取一劳永逸的态度。

三是隐患认知的重复性。由于隐患具有再现性,因而不可能一次性完成对隐患的认识。和其他任何事物一样,隐患的复发性也具有好坏两方面的效果。一方面,旧的隐患可能重复发生,新的隐患可能出现,这使我们在认识隐患时面对无穷尽的挑战;另一方面,隐患的再现性使我们获得了检验既有认识成果和指导新的认识过程的宝贵机会,使我们对抽象的风险具有了一条具体的认知途径。

2.1.2　民航安全指标

目前国际民航界一般用事故、事故征候、空难等航空器运行安全事件作为衡量一个国家或地区民用航空安全的主要指标。

1. 事故(accident)

《国际民用航空公约》是国际航空公法的基础和宪章性文件,目前已有 150 多个国家批准或加入了这个公约。公约的 18 个附件是公约的重要组成部分,对民航生产活动的各个方面提出了标准和建议措施。公约的附件 13《航空器事故和事故征候调查》中,将事故定义为:在任何人登上航空器准备飞行直至所有这类人员下了航空器为止的时间内,所发生的与该航空器操作使用有关的事件,在此事件中:

① 有人因在航空器内,或因与航空器的任何部分包括已脱离航空器的部分直接接触,或因直接暴露于喷气流而受致命伤或重伤;

② 航空器受到损坏或结构破坏,对结构强度、性能或飞行特性有不利影响;

③ 航空器失踪或处于不能安全接近的地方。

2. 空难(air disaster)

民航界将空难界定为由飞机、飞艇、气球、宇宙飞船等航空器具发生的伤亡事故。民航业最具权威性的国际民航组织(International Civil Aviation Organization, ICAO)将空难定义为飞机等在飞行中发生故障、遭遇自然灾害和其他意外事故所造成的灾难。

3. 事故征候(incident)

依据《国际民用航空公约》的附件 13,事故征候不是事故,而是指在飞行中未造成事故那类后果,但危及飞行安全的一切反常情况。我国民用航空局规定事故征候是指不是事故但与航空器的操作使用有关、会影响或可能影响操作并造成使用安全问题的事件。

4. 其他不安全事件

依据中国民用航空局颁布的《民用航空安全信息管理规定》,其他不安全事件是指在航空器运行中发生航空器损坏、设施设备损坏、人员受伤或者其他影响飞行安全的情况,但其程度未构成飞行事故征候或航空地面事故的事件。

上述概念说明,目前评估民航业和航空器是否运行安全、安全程度如何,均以是否发生事故、发生事故多少为标准,并且对事故的界定都基于航空器运行过程中的危险状态。

2.2　安全系统工程

2.2.1　安全工程

促使安全问题形成一门学科并得以迅速发展始于第二次世界大战时期。电力工业、化学工业、军火工业、汽车船舶工业、冶金工业、飞机制造业以及原子能工业等的迅猛发展,使工业生产向大规模、自动化方向发展,生产设备具有高压、高速、高温、高精度并伴有易燃、易爆、易泄漏等特点,这就使生产中的危险因素比过去任何时候均大为增加了。不仅如此,事故原因及事故类型也远比过去更为复杂,而事故本身所带来的经济损失、政治损失也愈加严重,这迫使对安全生产问题的研究开始从其他学科中分化出来,人们开始采用一种专门的方法和手段来研究面临的安全问题,从而逐渐形成了今天的安全工程学科。

安全工程是以人类生产、生活活动中发生的各种事故为主要研究对象,在总结、分析已发生事故经验的基础上,综合运用自然科学、技术科学和管理科学等方面的有关知识,识别和预测生产、生活活动中存在的不安全因素,并采取有效的控制措施防止事故发生的关于安全技术理论及专业技术手段的综合学科。安全工程的研究对象最初主要是生产过程中发生的事故。工业生产与其他生产活动一样,是人类改造自然、征服自然、创造物质文明的过程。在这一过程中,人类会遇到而且必须克服许多来自自然界的或人类活动带来的不安全因素。人类一旦忽略了对不安全因素的控制或者对其控制不力,就可能发生事故,这不仅会妨碍工业生产的正常进行,而且可能造成设施、设备的破坏,甚至伤害人类自身。自工业革命以来,几乎工业技术的每一项进步都带来了新的事故危险。防止工业事故,是顺利进行工业生产的前提和保证;

保护劳动者在生产过程中的生命、健康，是工业安全的基本任务。

随着新材料、新能源、新技术的应用，工业产品的科技含量越来越高，产品越来越复杂，其中的不安全因素导致事故的危险也越来越大。如果不能有效地消除和控制产品中的不安全因素，用户在使用产品时就可能存在因发生事故而遭受伤害的危险。

2.2.2　系统工程

1. 系统工程的内涵

由于系统工程是一门新型的交叉学科，尚处于发展阶段，还不够成熟，因而至今对它还没有一个统一的定义。

中国著名科学家钱学森教授指出："系统工程是组织管理系统的规划、研究、设计、制造、试验和使用的科学方法，是一种对所有系统都具有普遍意义的科学方法。系统科学是一门组织管理的技术。"

美国著名学者 H·切斯纳指出："系统工程认为虽然每个系统都是由许多不同的特殊功能部分所组成，但这些功能部分之间存在着相互关系，而且每一个系统都是完整的整体，每一个系统都要求有一个或若干个目标。系统工程则是按照各个目标进行权衡，全面求得最优解的方法，并使各组成部分能够最大限度地互相适应。"

日本工业标准 JIS 规定："系统工程是为了更好地达到系统目标而对系统的构成要素、组织结构、信息流动和控制机制等进行分析和设计的技术。"

学术界往往把系统分析作为系统工程的同义词来解释。美国大百科全书指出：系统分析是研究相互影响的因素的组成和运用情况。这些因素及其相互的影响完全可能是抽象的，如使用数学方法；也可能是具体的，如运输系统、工业生产系统等。系统分析的显著特点是完整地而不是零星地处理问题，这就要求人们考虑各种主要的变化因素及其相互的影响，从而实现更好地全面地解决问题。因此，系统分析的含义就是用科学的和数学的方法对系统进行研究和应用。

系统工程是一门以大规模复杂系统为研究对象的交叉学科。它是把自然科学和社会科学的某种思想、理论、方法、决策和手段等根据总体协调的需要有机地联系起来，把人们的生产、科研或经济活动有效地组织起来，应用定量分析和定性分析相结合的方法和计算机等技术工具对系统的构成要素、组织结构、信息交换和反馈控制等功能进行分析、设计、制造和服务，从而达到最优设计、最优控制和最优管理的目的，以便最充分地发挥人力、物力的潜力，并通过各种组织管理技术，使局部和整体之间的关系协调配合，以实现系统的综合最优化。

2. 系统工程的特点

根据系统工程的概念，其特点可以概括为以下几点：

① 系统工程是一个知识体系，不是工程实践；

② 系统工程是工程技术，不是科学理论，讲究的是实际功效；

③ 系统工程是普遍适用的方法，一切工程都适用；

④ 系统工程的精华是系统的观点,强调从总体着眼构思,从局部着手实现,从全局出发用好局部,从全过程出发关注好各阶段。

2.2.3　安全系统

安全系统是以人为中心,由与安全问题有关的相关联系、相互作用、相互制约的若干个因素结合成的具有特定功能的有机整体。安全系统由安全工程、卫生与健康、安全管理、人机工程、预测技术、控制技术等组成。

安全系统是人—机—环境相互交融的复杂系统,其结构、功能与行为之间,系统与环境之间是动态、辩证的对立统一关系;它是一个十分复杂的、开放的、动态的巨系统,除了具有一般系统的特点外,还有其独特的结构特点:

① 安全分析的系统性。与环境有关的影响因素构成了安全系统,一方面,由于与安全有关的因素纷繁交错,所以安全系统是一个复杂的巨系统;另一方面,由于安全系统中的各因素之间,以及因素与目标之间的关系多数具有一定的灰度,所以安全系统也是灰色系统。安全系统的目标不是寻找最优解,这是因为安全系统目标的多元化,以及安全目标的极强相对性、时间延滞性与其理想化理念难以协调,所以安全系统的目标解是具有一定灰度的满意解或可接受解。

② 安全信息的反馈性。安全系统是以人为中心的人机匹配、有反馈过程的系统。因此,无论是在系统设计阶段还是在系统运行阶段,都要充分考虑人与机器的互相协调。

③ 安全控制的相关性。安全系统是工程系统与社会系统的结合,在系统中处于中心地位的人受到社会、政治、文化、经济技术和家庭的影响,只有考虑到以上各方面的因素,系统中的控制才能更为有效。

④ 安全事故的随机性。安全事故(系统的不安全状态)的发生具有随机性,首先是事故发生与否呈现出不确定性,其次是事故发生后将造成什么样的后果事先也没办法确切得知。

⑤ 事故识别的模糊性。安全系统中存在着一些无法进行描述的因素,对安全系统状态的描述无法实现明确的量化。

2.2.4　安全系统工程概要

安全系统工程是指采用系统工程的基本原理和方法,识别、分析、评价和预测系统中存在的危险因素,根据其结果调整工艺、设备、操作、管理、生产周期和投资等因素,使系统可能发生的事故得到控制,并使系统达到最佳的安全状态,达到预期目标的工程技术。可以从以下 4 个方面来理解安全系统工程的定义:

① 安全系统工程的理论基础是安全科学和系统科学;

② 安全系统工程的目标是追求整个系统的安全以及系统全寿命周期过程中的安全;

③ 安全系统工程的研究重点是系统危险因素的识别、分析、预测及评价，系统安全决策和事故控制；

④ 安全系统工程的任务是实现最经济、最有效地控制事故，使风险控制在可接受的范围内。

安全系统工程是安全工程的重要组成部分。在世界工业化进程中，伴随着社会化生产规模的扩大，各种灾难性事故的发生频率、规模和对经济社会的影响引起了各国的高度关注，推动了安全工程专业的迅速形成和发展。作为一门以现代工程技术解决工业化生产过程中各类安全问题的新兴专业，我国目前规划、设置的安全工程专业教材涉及了"安全管理学""安全学原理""安全人机工程学""安全系统工程""职业卫生概率""工业通风与除尘""化工过程安全""工业防毒技术""机械安全工程""电气安全工程""防火防爆技术""锅炉压力容器安全""安全经济学""安全心理学"以及"风险管理与保险"等 15 门课程。其中，安全系统工程是一门充分体现系统工程特色的综合性学科，它广泛涉及工程技术与管理学、心理学、经济学等多学科内容，横跨在一般工业生产活动和工程技术实践之上研究安全工程问题，成为安全工程这一新兴专业中最重要的学科。

安全系统工程是在重大工业事故的巨大压力下诞生和发展起来的。在冷战期间美苏两个超级大国的军备竞赛中，美国航天工业出现的重大事故引发了安全系统工程的问世。1957 年苏联成功发射人造地球卫星，展示了其在抢占空间科技制高点上的领先优势，暂时处于劣势的美国匆忙以研究、设计、施工并进的方式开发导弹技术。由于匆忙中对导弹系统可靠性和安全性研究不足，美国在短短一年半的时间内接连发生 4 次重大事故。惨痛的教训迫使美国从头做起，运用当时已初显应用前景的系统工程来慎重研究导弹系统的可靠性和安全性，从 1962 年起先后推出一系列以系统安全概念为核心的技术措施和技术文件——弹道导弹系统安全工程、武器系统安全标准、系统安全程序等，并迅速取得成功，这些标准几经修订后成为现在的 MIL - STD - 882B，即《系统安全程序要求》。它以军用标准的形式确立了安全系统工程的基本概念、基本原则、基本程序和基本方法，成为航天工业安全系统工程的圭臬，成为构建安全系统工程学科的第一块基石。由于航空工业与航天工业之间存在着孪生的密切联系，发轫于航天工业的安全系统工程在航空工业也具有特别直接的应用价值。

安全系统工程的第二块基石来自核工业。原子弹的威力使人们对核电安全存有严重的恐惧心理，对有关各国政府的核电政策形成了巨大压力。为此，拥有核技术的发达国家相继开展了关于核电系统安全性和可靠性的科学研究，英国政府于 20 世纪 60 年代成功开发了用于评价核电系统风险的概率风险评价技术；美国原子能委员会则于 1974 年发表了麻省理工学院拉斯姆逊教授的《商用核电站风险评价报告》，该报告采用的事件树和事故树等科学评价方法，经历过三里岛核泄漏事件的实践检验，现已成为核工业安全系统工程的标准技术。

安全系统工程的第三块基石来自化学工业。化学工业历来就是容易发生重大火灾和爆炸事故的高危工业部门。例如,1974 年,英国弗里克堡(Flixborough)地区一套环乙烷氧化装置发生泄漏,泄漏物料形成的蒸汽云发生爆炸,造成工厂内 28 人死亡,36 人受伤,周围社区数百人受伤。1976 年,意大利北部城市塞韦索(Seveso)发生同样的泄漏爆炸事故,造成 30 多人受伤,12 万人紧急疏散,周围 17 平方公里的土地受到污染。更震惊世界的是,1984 年,美国联合碳化公司位于印度博帕尔市的农药厂的地下储罐内的剧毒物甲基异氰酸酯因压力升高而爆炸外泄,45 吨毒气形成的浓密烟雾以每小时 5 000 米的速度袭击了博帕尔市区,造成近两万人死亡,受害 20 多万人,5 万人失明,受害面积达 40 平方公里。为了严格控制重大火灾爆炸事故,美国道化学公司(DOW)提出并多次修订了道氏火灾爆炸指数评价法。这一方法一方面根据化学生产材料的不同理化特性确定物质系数,另一方面分别考虑不同工艺生产过程的危险特性,并依此测算生产系统的火灾爆炸指数,评价系统在事故条件下的经济损失,并据此指导企业制定安全措施,降低生产系统的风险指数。在此基础上,英国帝国化学公司开发了蒙德评价法,日本推出了冈田法等同类评价方法,日本劳动省还开发了考虑系统生命周期的化工企业安全评价指南,使化学工业安全系统工程逐步臻于完善。

　　安全系统工程的研究内容沿着研究对象与管理过程两个基本方向展开。从研究对象角度看,安全系统工程重点研究由 3 个子系统构成的整个生产系统,包括由生产活动操作人员和管理人员构成的人子系统,由机器设备和其他生产设施等物质条件构成的设备子系统,以及由生产活动所处环境构成的环境子系统。

　　从管理过程的角度看,安全系统工程重点研究关于系统安全的分析、评价、控制等 3 个基本环节。其中,系统安全分析是系统安全评价和系统安全控制的基础。在系统安全分析环节,分析人员运用系统工程方法辨识系统内存在的各种危险因素,依照得到普遍认可的科学分析方法对这些危险因素进行定性和定量的综合分析,以预测系统面临的主要风险,确定影响系统安全的主要矛盾,有效地前移安全关口。系统安全评价是系统安全分析的继续和运用。在系统安全评价环节,评价人员在系统安全分析的基础上评价系统面临的风险水平,对照预定的系统安全指标评价系统的安全状况,为采取系统安全控制措施提供依据。根据评价任务的要求,可以选取不同的安全指标作为评价标准,例如,在行业安全管理中,可以参照本行业过去的安全水平、国内外同行业平均或先进的安全水平来确定安全评价指标。系统安全控制是系统安全的实现环节。在系统安全控制环节,安全管理人员首先从系统的完整性、相关性和有序性出发,以减少事故发生次数、减轻事故严重程度和减少事故经济损失为目标进行安全控制决策,然后从监控固有风险源,监控能量异常释放,减少人的失误,提高设备可靠性,改进工艺技术,提高系统抗灾应变能力,健全安全监管机构,健全安全生产责任制,加强安全监督检查,加强安全教育等方面对系统安全进行全面监控。

　　安全系统工程这种面向过程的研究方式是一个在安全系统工程上具有方法论意义的提高。在安全系统工程问世之后,安全系统工程从根本上颠覆了这种事后管理的理念,它面向过程中潜在的风险,以预防事故发生为目标,以识别、分析、预测、评价、控制风险和风险源为技术手段,使安全管理成为具有较多主动性和预见性的管理活动,有效地提高了安全水平,以实实在在的安全管理效果证明了其实际应用价值。

2.2.5　安全系统工程的研究对象

安全系统工程的研究对象分为 3 部分,即人子系统、设备子系统和环境子系统。

1. 人子系统

人子系统涉及人的生理和心理因素,涉及规章制度、规程标准、管理手段、方法等是否适合人的特征,涉及机器对人的适应性以及环境对人的适应性。人的行为学作为一门学科,从社会学、人类学、心理学、行为学的角度来研究人在生产中的安全性,不仅将人子系统作为固定不变的组成部分,更将人看成有主观能动性的人。

2. 设备子系统

设备子系统从材料设备可靠性的角度来考虑安全性,同时考虑仪表操作对人提出的要求,从人的心理学、生理学角度对设备的设计提出要求。例如,飞机驾驶舱的设计要求:第一,人类要有一定的驾驶水平和知识水平;第二,飞机在设计上应使人感到舒适、不疲劳。

3. 环境子系统

环境子系统考虑环境的理化因素和社会因素。其中环境的理化因素是指噪声、振动、粉尘、有毒气体、射线、光、温度、湿度、压力、热、化学有害物质等;社会因素是指管理体制、安全文化、安全氛围等。

4. 3 个子系统的关系

3 个子系统之间相互影响、相互作用的结果使系统总体的安全性处于某种状态。例如,理化因素影响机器的寿命、精度甚至可能损坏机器;机器产生的噪声、振动、湿度主要影响人和环境;而人的心理状态、生理状态往往是引起误操作的主观原因;环境的社会因素又会影响人的心理状态,给安全带来潜在的危险。图 2.1 展示了 3 个子系统之间的关系。

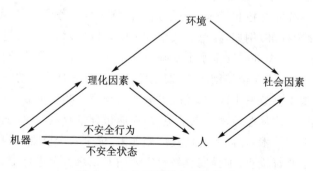

图 2.1　3 个子系统之间的关系

2.3　安全系统工程方法

安全系统工程专门研究如何用系统工程的原理和方法确保系统安全功能的实现,主要包括如下内容。

2.3.1　危险源的辨识与控制

危险源的辨识是安全管理的核心程序,是危险源控制的基础,只有辨识了危险源之后,才有可能有的放矢地考虑如何采取措施控制危险源。以往,人们主要根据事故经验来进行危险源的辨识工作,20 世纪 60 年代以后,则根据标准、规范、规程和安全检查表辨识危险源。例如,美国职业安全卫生局等机构编制、发行了各种安全检查表,用于危险源的辨识。

1. 危险源的定义

危险被定义为任何可以导致以下结果的真实或潜在条件:人员的伤亡、疾病或死亡,系统、设备或财产的损坏或损失,环境的破坏。危险是导致事故或事故征候的必要条件。结果是一个对潜在后果或危险损害的描述。

按照 Doc9859(2009 版)的定义,危险源是指可能造成人员伤亡、设备或结构损坏、材料损耗或实现既定功能的能力减弱的某一条件或事物。对危险源的恰当描述,会有助于分析危险源的来源及其作用机制,更为重要的是,可以用潜在损失的大小来评估后果。

危险源可以分为三种:

① 自然危险源;

② 技术危险源;

③ 经济危险源。

安全管理活动的目的是控制安全风险,这些风险大部分(并非全部)来自技术和自然危险源。

自然危险源是运行发生的自然环境,它包括:

① 恶劣天气或气候环境(如飓风、雪灾、旱灾、龙卷风、雷雨、闪电和风切变);

② 不利天气情况(如结冰、冰雹、大雨、下雪、风和能见度受限);

③ 地球物理事件(如地震、火山爆发、海啸、洪水和滑坡);

④ 地理条件(如不利的地形和大片水域);

⑤ 环境条件(如森林大火、野生动物活动和虫害);

⑥ 公共健康问题(如流感或其他流行病)。

技术危险源是与安全功能相关的各种危险(可能的硬件失效、软件故障或出现警告等)。技术危险源可能来自如下设备的缺陷:

① 航空器和航空器组成部分、系统、子系统和相关设备;

② 组织的设施、工具和相关设备；

③ 组织外部的设施、系统、子系统和相关设备。

2. 主要的危险源

按照 FAA 的 ATOMS(全称 Air Traffic Operations Management System)给出的导致危险或故障的事件既可以单独发生，也可以关联发生，危险源包括但不限于以下几种：

① 人为差错；

② 潜在差错；

③ 设计缺陷；

④ 元件故障；

⑤ 软件差错。

以民航空中交通的危险源分析为例，依据 CCAR - 83 编写的《民航空中交通管理安全管理体系(SMS)建设指导手册(第三版)》中提到的危险源举例如表 2.1 所列。

表 2.1　空中交通管理系统中的主要危险源

要　素	类　别	举　例
管理 (程序)	航线结构不合理	航路交叉点过多
	空域划设不合理	航路距空军空域过近
	工作程序不合理	管制协议不合理
	规章制度不适用	应急处置程序缺失
	管理决策失误	管制员培训经费不能得到保障
人为因素	管理决策未有效执行	要求加强对航班动态的监控，但副班忙于协调，疏于监控
	工作失误	管制间隔调配失误
	违反工作程序	飞行计划制作错误，飞行进程单填写不规范
	飞行动态监控不力	机组低于安全高度飞行，管制员未发现
	信息通报不畅	管制移交不及时
	疲劳上岗	管制员在值勤时间打盹
	工作负荷过大	管制散区内流量过大
	业务能力差	与国外机组英语通话不畅
设备	通信设备工作不正常	陆空通信失效
	监视设备工作不正常	雷达天线失效
	导航设备工作不正常	导航台不工作
	灯光工作不正常	飞机进近阶段进近灯光失效
	设备软件工作不正常	雷达信号处理系统失效

表 2.2 所列为机务维修系统中的主要危险源。

表 2.2　机务维修系统中的主要危险源

序　号	样　例
1	维修人员超出其授权范围工作
2	人员交班时缺乏沟通
3	计量工作的精度不够
4	工作完成后未进行工时偏差分析
5	未做工作就签署工作单和放行
6	超检验期的工具设备没有被有效隔离
7	器材在运输工程中没有得到妥善保护
8	工作现场存放的器材没有标识
9	照明不能保证每项检查及维修工作有效进行
10	未有效控制适航性资料的有效性

危险源的控制主要通过技术手段实现,包括防止事故发生的安全技术和减少或避免事故损失的安全技术。前者用于约束、限制系统中的能量,防止意外事故的能量释放。后者用于避免或减轻意外释放的能量对人或物的作用。管理也是控制危险源的重要手段,通过一系列的管理活动,可以控制系统中人的因素、物的因素和环境因素,有效控制危险源。

在民航领域,危险源主要指的是影响飞行安全、能够直接导致损失或者降低指定功能能力的一种状态或情形,主要包括自然危险源(雷雨、暴风、能见度低、地震、不利地理条件等)和经济危险源(材料成本波动、设备成本变化、经济发展形势突变等)。

3. 危险源分析与辨识

国际民航组织提供了分析危险源的三个步骤:第一,对一般危险源即安全问题侧重点进行辨识,在此阶段,首先应进行差距分析,明确岗位的自身状况和其所处的状态;第二,说明构成危险源的具体因素,将危险源看作一般危险的构成要素,也可将其分成特定危险,在每个特定危险中都肯定会存在独特因素使特定危险源在本质特征上各不相同;第三,将危险源同可能诱发的后果联系起来,并对潜在后果进行评定。

危险源辨识是一个系统工程,需要充分利用系统描述的结果,选取恰当的方法,遵循合理的结构,为安全风险评估的实施和缓解策略的制定夯实基础。

图 2.2 为危险源分析框图。

在分析危险源过程中,应做到:

① 充分利用系统描述的成果是辨识危险源的前提。分析系统的环境、运行以及性能,结合安全价格与安全需求,将危险源分为人员、设备、环境和管理 4 个方面,并考虑其相互之间的交互(如人机界面等),以帮助辨识危险源。

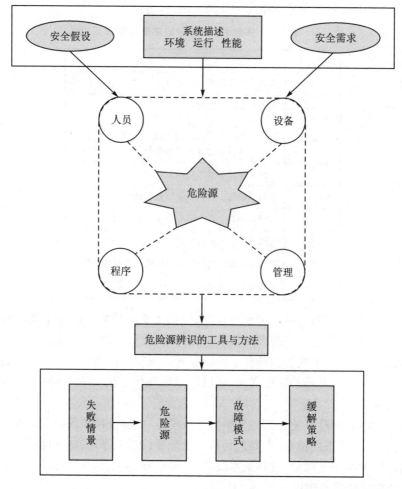

图 2.2　危险源分析框图

  ② 选取恰当的方法是危险源辨识的保障。有助于危险源辨识和分析的工具和技术有许多,有时使用一种工具或技术即可;但在有些情况下,需要使用多种工具和技术。

  ③ 遵循合理的逻辑是危险源辨识的关键。针对"失败情境→危险源→故障模式→缓解策略"这条故障发生链条,系统地辨识危险源,制定预防措施,避免危险源在系统运行过程中转化为安全隐患而酿成事故。

  ④ 对不同来源的危险源进行分析辨识,并对所获得的安全信息进行收集和记录后,必须通过分析信息并对实际信息的重要性进行评估,才能得出有意义的结论。

  4. 危险源辨识的方法和工具

  ① 统计学分析。安全分析中用到的许多分析方法和工具,都是建立在统计程序和概念基础上的,比如风险分析就是应用统计学的概率概念。统计学通过对环境进

行量化,借助数据提供解决方法,在安全分析中发挥了重要作用,它可以提供更有说服力的安全论据。

② 趋势分析。通过监测安全信息的趋势,可以对未来进行预测,即将出现的趋势可能预示尚处于萌芽状态的危险源出现。当现在的工作表现与可接受的界限偏离时,趋势分析可以用来触发"警告"。

③ 标准比较。在没有足够的信息时,可用这种方法来开展所检验的事件或状况发生的环境与日常经验之间的对比工作。缺乏可靠的标准数据可能会影响安全分析的有效性。在这种情况下,就有必要对相似运行环境下的现实经验进行采样。正常运行监测计划可以为航空运行分析提供有用的标准信息。

④ 模拟和测试。在某些情况下,危险源可以通过测试变得明显,比如说,在分析材料缺陷时需要进行实验室测试,对于可疑的运行程序,必须在真实运行条件下的现场或通过模拟器模拟。不安全事件都是小概率事件,可以采用蒙特卡洛模拟仿真试验进行验证。

2.3.2　系统安全分析

系统安全分析方法是安全系统工程的重要组成部分,是对系统存在的危险性进行定性和定量分析的基本方法。经常使用的安全分析方法有几十种。航空系统是对安全要求非常高的系统,有必要选择符合其特点的系统安全分析方法。

1. 概　述

系统安全分析(System Safety Analysis,SSA)是从安全角度对系统进行的分析,它通过揭示可能导致系统故障或事故的各种因素及其相互关系来辨识系统中的危险源,以采取措施消除或者控制它们。系统安全分析是系统安全评价的基础,定性的系统安全分析是定量的系统安全评价的基础。

系统安全分析从安全角度对系统中的危险因素进行分析,分析导致系统故障或事故的各种因素及其相互关系。它主要包括以下 6 方面的内容:

① 对可能出现的、初始的、诱发的以及直接引起事故的各种危险因素及其相互关系进行分析;

② 对与系统有关的环境条件、设备、人员及其他有关因素进行分析;

③ 对能够利用适当的设备、规程、工艺或材料,控制或根除某种特殊危险的措施进行分析;

④ 对可能出现的危险因素的控制措施及实施这些措施的最佳方法进行分析;

⑤ 对不能根除的危险因素失去或减少控制措施可能出现的后果进行分析;

⑥ 对危险因素一旦失去控制,为防止伤害和损伤而采取的安全防护措施进行分析。

2. 系统安全分析方法的内容

(1) 按分析的结果进行分类

按照分析的结果进行分类,系统安全分析方法可以分为定性分析法和定量分析法。

1）定性分析法

定性分析是对引起系统事故的影响因素进行非量化的分析,只进行可能性的分析或做出事故能否发生的感性判断。预先危险性分析、危险性分析与可操作性分析都属于定性分析法。

2）定量分析法

定量分析是在定性分析的基础上,运用数学方法分析系统事故及影响因素之间的数量关系,对事故的危险做出数量化的描述和判断。故障类型与影响分析(危险度)、事件树分析、事故树分析、因果分析等都属于定量分析法。

（2）按逻辑方法进行分类

1）归纳法

归纳法是从事故发生的原因推论事故结果的方法,通过对基本事件的分析来总结和确定系统的安全状态。预先危险性、故障类型与影响分析、危险性与可操作分析、事件树分析等属于归纳法。这种方法从故障或失误出发,探讨可能导致的事故或系统故障,从而确定危险源。

归纳法的优点是可以无遗漏地考察、辨识系统中的所有危险源,其缺点是对于复杂的系统或危险源很多的系统,分析工作量大,没有重点。

2）演绎法

演绎法是从事故结果推论事故原因的方法,通过系统发生的事故类型和性质,去探寻导致系统发生事故的原因。事故树分析、因果分析都属于演绎法,这种方法从事故或系统故障出发,即从危险源出发,查找与事故(或故障)有关的危险因素。

演绎法的优点是可以把注意力集中在有限的范围内,提高工作效率。其缺点是若有遗漏的危险源(或未知危险源),就可能导致事故无法分析。

需要说明的是,在实际的危险源辨识和分析中,往往是两种方法结合使用。

（3）按事故的过程进行分类

按照事故的过程和环境的变化进行分类,系统安全分析方法可以分为静态分析法和动态分析法两类。

1）静态分析法

静态分析是指对系统事故危险的分析不能反映出事故过程和环境变化的特点。预先危险性分析、故障类型与影响分析、危险性与可操作性分析、事故树分析都属于静态分析法。

2）动态分析法

动态分析是指对系统事故危险的分析能够反映出事故过程和环境变化的特点,事件树分析、因果分析等都属于动态分析法。

3. 选择分析方法时应考虑的因素

目前,系统安全分析有多种多样的形式和方法,在使用中应该注意,每一种安全分析的方法都有其自身的特点和局限性,应该根据系统的特点和分析的要求,采取不同的分析方法。由于系统的安全性是人—机—环境等多种因素耦合作用的结果,所以,系统安全分析也可以是几种方法的综合,以取长补短,使得分析结果具有一定的科学性和可信性。另外,对现有的分析方法要根据具体应用情况进行必要的改进。

（1）分析的目的

系统安全分析的最终目的是辨识危险源,一般要求做到:

① 查明系统中的所有危险源,并列出清单;

② 掌握危险可能导致的事故,列出潜在的事故隐患清单;

③ 列出降低危险的措施;

④ 将危险源按危险大小排序;

⑤ 为定量评价提供数据。

（2）资料的影响

收集资料的多少、详细程度、内容的新旧以及可信度等,都会对选择系统安全分析方法有影响。

（3）系统的特点

① 考虑系统的复杂程度与规模,可以先用简单方法,后根据分析的需要,进一步采用相应的方法。

② 考虑工艺类型或对象特点,不同的方法适合不同的对象或工艺。

③ 针对操作类型的不同,选择的方法也不同,单因素故障和多因素故障所选用的方法不同。

（4）系统的危险性

① 针对危险性高的系统,采用系统、严格、预测性方法,如危险性与可操作性研究。

② 针对危险性低的系统,选择经验的、不太详细的方法,如安全检查表。

2.3.3　系统安全评估

系统安全评估是利用系统工程方法对拟建或已有系统可能存在的危险性及其可能产生的后果进行综合评价和预测,并根据可能导致的事故风险的大小,提出相应的安全措施和整改措施。科学、系统的安全评价,有利于消除或控制系统中的危险因素,最大限度地降低各类可能的事故风险,提高安全水平。

1. 概　述

系统安全评估的方法有多种,要根据评价对象的特点、规模,以及评价的要求和目的进行选择。安全评价的内容包括危险有害因素识别与分析、危险性评价、确定可接受风险和制定安全对策措施等 4 个方面。在实际的安全评价过程中,这 4 个方面的工作是不能截然分开、孤立进行的,而是相互交叉、相互重叠于整个管理工作中的。

系统安全评估是对系统危险程度的客观评价。它通过对系统中存在的危险源和控制措施的评价,客观描述系统的危险程度,指导人们预先采取措施降低系统的危险性。安全评价包括确认危险性(辨别危险源,定量来自危险源的危险性)和危险度评价(控制危险源,评价采取措施后危险源存在的危险性是否能被接受)两部分,如图2.3所示。

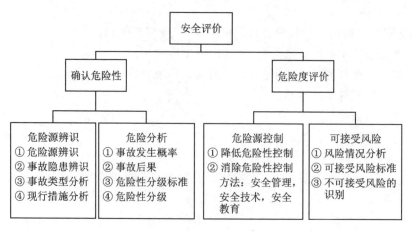

图 2.3　安全评价分类图

由图2.3可知,安全评价的具体内容可理解为以下几个方面:

① 通过危险源辨识和分析,找出可能存在的危险源,分析它们可能导致的事故类型,判断目前采取的安全对策措施的有效性和实用性。

② 危险分析采用定性分析或定量分析的方法,预测危险源导致事故的可能性和严重程度,进行危险度分级。

③ 通过安全管理、安全技术和安全教育等手段,有效控制危险源,降低或者消除危险性。

④ 确定可接受风险是根据识别出的风险源和可能导致事故的危险性以及企业自身的条件,建立可接受风险指标,并确定哪些是可接受风险,哪些是不可接受风险。

2. 系统安全评估的原理

系统安全评估同其他评价方法一样,都遵循如下基本原理。

① 安全评估是系统工程。从系统的观点出发,从全局的观点、更大的范围、更长的时间、更大的空间、更高的层次来考虑安全评价问题,并把系统中影响安全的因素用集合性、相关性和阶层性协调起来。

② 类推和概率推断原则。如果已经知道两个不同事件之间的相互制约关系或共同的有联系的规律,则可利用先导事件的发展规律来评价迟发事件的发展趋势,这就是所谓的类推评价,可以看出,这实际是一种预测技术。

③ 惯性原理。对于同一个事物,可以根据事物的发展都带有一定的延续性即所谓惯性,来推断系统的未来发展趋势。所以,惯性原理也可以称为趋势外推原理。应该注意的是,应用此原理进行安全评价是有条件的,它是以系统的稳定性为前提的,

也就是说,只有在系统稳定时,事物之间的内在联系及其基本特征才有可能延续下去。但是,绝对稳定的系统是不存在的,这就要根据系统中某些因素的偏离程度对评价结果进行修正。

④ 量变到质变原理。安全状态转移往往是渐进的,一旦由安全状态转移为危险状态,则是发生了突变,实际的安全状态转移是渐进与量变的结合,因此针对安全的评价要服从量变到质变原理。

3. 系统安全评估的程序

系统安全评估的基本程序主要包括:准备阶段、危险有害因素识别与分析、定性定量评价、提出安全对策措施,形成系统安全评价结论与建议、编制系统安全评价报告等 6 个阶段。系统安全评价程序如图 2.4 所示。

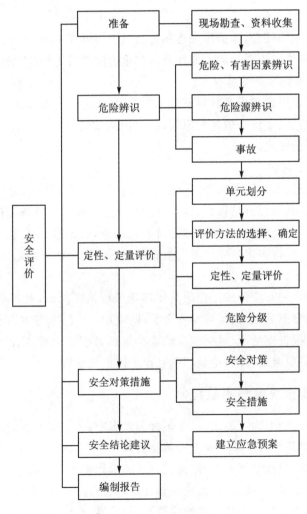

图 2.4　安全评价程序

（1）准备阶段

明确被评价系统和范围，准备齐有关安全评价所需的设备、工具，收集国内外相关法律、法规、规章、技术标准及系统技术材料等。

（2）辨识与分析危险有害因素

根据被评价系统的具体情况，辨识和分析系统中存在的危险有害因素，确定危险有害因素存在的部位、存在的方式以及发生作用的途径及变化规律。

（3）划分评价单元

根据系统的构成、危险有害因素的类别以及系统安全评价的要求等，科学合理地划分评价单元。评价单元的划分应便于实施安全评价、相对独立且具有明显的特征界限。

（4）定性、定量评价

根据评价单元的特性，遵循优先选用定量安全方法的原则选择合理的安全评价方法，对被评价系统发生事故的可能性及其严重程度进行定性、定量评价。

（5）提出安全对策措施建议

根据危险有害因素辨识及其对系统危害的定性、定量分析和评价结果，遵循内容针对性、技术可行性、经济合理性的原则，提出消除或减弱危险有害因素及其影响的技术和管理对策措施建议。

（6）得出评估结论

根据客观、公正和真实的原则，严谨、明确地得出安全评价结论。安全评价结论的内容包括：高度概括评价结果，从风险管理角度给出被评价系统在评价时与国家有关安全生产的法律、法规、规章和标准的符合性结论，给出事故发生的可能性和严重程度的预测性结论，得出采取安全对策措施建议后的安全状态结论等内容。

（7）编制系统安全评价报告

安全评价报告是安全评价过程的具体体现及概括性总结，是被评价系统实现安全运行的技术指导意见，在完善自身安全管理、应用安全技术等方面起着非常重要的作用。安全评价报告应全面、概括地反映安全评价过程的全部工作，文字应当简洁、准确，提出的资料应清楚可靠、论点明确且便于阅读及审查。

2.3.4　系统安全决策与事故控制

安全系统是一个不确定的系统，受多种因素影响，所以要以最低的成本达到最优的安全水平，就必须进行决策。安全决策是针对生产活动中需要解决的特定安全问题，根据安全标准、规范和要求，运用现代科学技术知识和安全科学的理论和方法，提出各种安全措施方案，并经过分析、论证与评价，从中选择最优方案，且予以实施的过程。安全决策的最大特点是从系统的完整性、相关性、有序性出发，对系统实施全面、全过程的安全管理，实现系统的安全目标。

1．决策与评价的关系

决策与评价既有区别，又有共同点。决策和综合评价有共同的理论基础和组成要素，其方法和步骤也大致相同。评价是指评价主体估测评价对象（客体）达到既定需求的过程。它是根据既定的准则体系来测评客体达到最优效用（价值）的情况。决策往往是事前进行的选择，而系统评价大多在事后进行。决策总是在多个备选方案中作抉择，而系统评价则可以只对一个方案进行评判。

2．决策的分类

决策可以分为确定型决策、不确定型决策和风险决策。

（1）确定型决策

确定型决策是在一种已知的完全确定的自然状态下，选择满足目标要求的最优方案。

确定型决策的条件是：

① 存在决策者希望达到的一个明确目标（收益大或者损失小）；

② 只存在一个确定的自然状态；

③ 存在决策者可选择的两个或两个以上的抉择方案；

④ 不同的决策方案在确定状态下的益损值可以计算。

（2）不确定型决策

不确定型决策是当决策问题具有两个以上自然状态，且每种自然状态的概率不能确定时，选择满足目标要求的最优方案。

不确定型决策的条件是：

① 存在决策者希望达到的一个明确目标（收益大或者损失小）；

② 存在两个以上的自然状态；

③ 存在决策者可选择的两个或两个以上的抉择方案；

④ 不同的决策方案在确定状态下的益损值可以计算。

（3）风险型决策

风险型决策是当决策问题具有两个以上能确定概率的自然状态，且每种自然状态的概率能确定时，选择满足目标要求的最优方案。

风险型决策的条件是：

① 存在决策者希望达到的一个明确目标（收益大或者损失小）；

② 存在两个以上能确定概率的自然状态；

③ 存在决策者可选择的两个或两个以上的抉择方案；

④ 不同的决策方案在确定状态下的益损值可以计算。

3．安全决策过程与决策要素

安全决策过程如图 2.5 所示。

决策要素包括决策单元、准则（指标）体系、决策结构和环境、决策规则等。

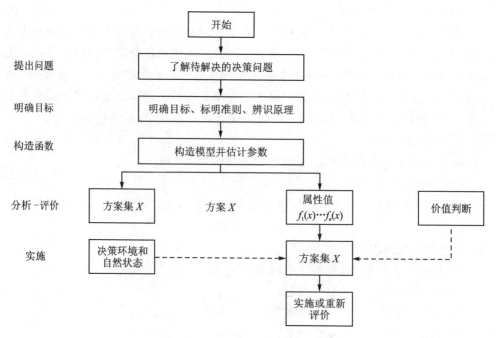

图 2.5 安全决策过程

（1）决策单元

决策单元包括决策者及共同完成决策分析研究的决策分析者，以及用以进行信息处理的设备，其中决策者是指对所研究的问题有权力做出最终判断与选择的个人或集体。

（2）准则（指标）体系

在备选方案中，各方案一般可细化为各部分（相当于方案的下一层）。对于一个大的系统，方案往往能够细化为多层结构形式。为了配合方案各层的选择，决策准则也常具有层次结构。其中，准则体系最顶层的总准则只有一个，一般比较宏观、笼统和抽象，不便于量化、测算、比较和判断，而各级子准则却相当具体、直观，并可以直接或间接地用备选方案本身的属性（性能、参数）来表征。

（3）决策结构和环境

根据决策变量的类型（连续、离散），决策可分为多目标决策和多属性决策，两者又统称为多准则决策和多属性决策。根据决策环境条件，决策可以分为确定型决策、不确定型决策和风险决策。

（4）决策规则

将多准则问题方案的全部属性值排序，从而依序择优，促使方案完全序列化的规则，就是决策规则。决策规则一般分为两类：最优规则和满意规则。

4. 安全决策的步骤

（1）发现问题

发现问题是安全决策的起点，一切安全决策都是从问题开始的。问题就是安全决策对象存在的矛盾，通常指应该或可能达到的状况同现实状况之间的差距，问题确定得准，就为合理确定目标打下了良好的基础。

（2）明确目标和构造函数

目标的确定，直接决定了拟定的方案，并会影响到方案的选择和安全决策后的方案实施。为此，安全决策确定的目标必须具体明确，既不能含糊不清，也不能抽象空洞，否则在方案的拟定和选择过程中就会无所适从。一般情况下，确定的目标应符合以下基本要求：

① 目标必须是单一的；

② 必须有明确的目标标准，以便能检查目标达到和实现的程度；

③ 明确目标的主客观约束条件；

④ 在存在多目标的情况下，应对各个目标进行具体分析，分清主次，把主要的列为目标，把次要的转化成约束条件。

决策过程首先要明确目标，也就是要明确需要解决的问题。安全决策所涉及的主要问题是保证人们的生产安全、生活安全和生存安全。由于这样的目标所涉及的范围太大，内容太多，以至于无法操作，实际应用中应进一步界定、分解和量化。

（3）拟订方案与方案评估

安全决策的目标确定以后，就需要研究实现目标的途径和方法。制定备选方案是一项技术性很强的安全管理活动，无论是哪种备选方案，都必须建立在科学的基础上，并能够进行定量分析。方案评估就是对所拟订的各种备选方案从理论上进行综合分析后再加以对比，从而判断各备选方案的优劣，以决定方案的取舍。

（4）实施与反馈

在实施决策方案的过程中应注意制定实施规划，落实实施机构、人员职责，并及时检查和反馈实施情况，使决策方案在实施过程中趋于完善并达到预期效果。

2.4　安全管理体系

2006 年 11 月生效的国际民航公约附件推荐各缔约国针对空中交通管制、机场、航空运营人和航空器维修单位建立安全管理体系（Safety Management System，SMS），以更有效地实施安全管理。对于安全管理体系的实施，国际上存在多种不同的模式，但通常都认为：

① 安全是一个组织流程所产生的成果；

② 安全管理其实是流程质量管理的结果；

③ 安全管理体系在质量管理的基础上强调安全目标，并为此增加了风险管理的

内容。

因此,安全管理体系既不能独立于质量管理体系,也不能仅局限于原有的质量管理体系(CCAR - 145R3 之前要求的)。参考国际民航组织的文件 D.9859,应将安全管理体系的要素融入质量管理体系中,通过科学地制定政策、目标,清楚地界定安全责任,鼓励全员参与,实施风险管理、安全保证、安全促进,有效配备资源,在满足规章的基础上,不断提高运行水平。

2.4.1　安全管理体系的构成

安全管理体系是正式地、自上而下地、有条理地管理安全风险的做法。其包括安全管理的系统的程序、措施和政策。

1. 安全管理

现代安全管理和安全监督活动日益倾向于注重过程控制的系统方法,而不是仅仅努力地对最终结果开展检查和采取补救措施。理解安全管理体系的一个方法是简要讨论三个词:安全、管理、体系。

(1) 安全:基于风险管理的要求

安全管理体系的目标是提供一个结构化的管理体系,以控制运行中的风险。有效的安全管理体系必须基于影响安全的各过程特点。安全表征没有潜在的危害,但要达到本质安全显然不切实际,采用风险后果严重性(造成多大的伤害)和可能性(有多大可能会受到伤害)描述风险,则是一个更切实际的管理目标;主要工作是识别、分析有可能导致事故并造成后果的因素,可以设置系统要求,并采取措施来保证要求。因此,有效的安全管理就是风险管理。

(2) 管理:使用质量管理技术进行安全保证

安全管理过程始于组织过程的设计、实施及工作中的风险控制程序。一旦这些控制措施付诸实施,质量管理技术就可以用来提供一个结构化过程,以保证其实现预定目标,并在不足之处加以改进。因此,安全管理可以被视为是实现安全目的并对与安全相关的运行和支持过程进行的质量管理。

(3) 体系:关注系统做法

体系是指在特定环境下完成其使命或目标的人员和其他资源,系统活动的管理包含了实现组织目标的计划、组织、指挥和控制。系统及其过程的几个重要特性在被用于与安全相关的运行和支持过程时被称为“过程属性”或“安全属性”。如果这些过程属性会产生需要的安全结果,则这些过程属性的设计必须满足有关安全要求。这些属性包括:

① 完成所要求活动的职责及权力;

② 为组织内的人员提供需遵守的、明晰的程序;

③ 组织管理措施和监察措施的控制;

④ 对过程及其结果的测量;

⑤ 明确组织内部每个人与其所在部门的关系,以及单位与相关方之间重要的相互关系或联系。

2．安全文化

一个组织的文化包括组织的价值观、信念、习惯、仪式、使命目标、绩效考核以及对员工、顾客、集体的责任感。除非组织内的员工共同努力促进安全运行,否则"安全""管理""体系"将不能实现各自的目标。安全文化包括心理的、行为的及组织的因素。组织因素大部分处于管理控制之下,其他两方面因素的结果则视其努力而定。

2.4.2　安全系统运行、防护与局方安全监督管理的关系

图 2.6 是从功能角度,而不是从组织结构的角度描述与安全相关的两个系统之间的关系。该图描述的是安全系统内的技术、管理功能和与控制风险有关的功能之间的关系。该图中的安全管理只是"安全部门"或"安全总监"的责任;事实上,安全管理体系强调的是管理"生产运行"过程的人员在安全管理中的角色。

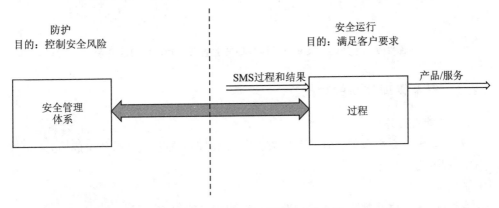

图 2.6　安全运行与防护的功能关系

1．生产运行

由于生产系统提供的服务是通过生产运行过程来完成的,所以有效的风险管理和安全保证应从彻底了解生产运行过程的结构和组织着手。相当数量的危险、风险因素都源自过程设计不当或系统与生产运行环境不适应。在这些情况下,影响安全的危险源可能不会被充分认识,因而得不到足够的控制。

2．防　护

风险是伴随着生产运行活动产生的。生产运行系统中的客户和员工是安全系统失效的潜在直接受害者。因此,首要职责是识别其管理过程和生产运行环境中存在的危险源,控制其风险。安全管理体系为生产运行系统的管理者提供了一个正式的管理体系以履行其义务,实现安全运行。

3．生产运行及防护与局方安全监督管理的关系

生产运行过程、安全管理功能、局方安全监督管理功能之间的关系如图 2.7 所

示。局方的安全监督管理不仅包括对生产运行过程的安全监督管理,而且包括对生产单位的安全管理体系的安全监督管理,从而形成又一层保护。

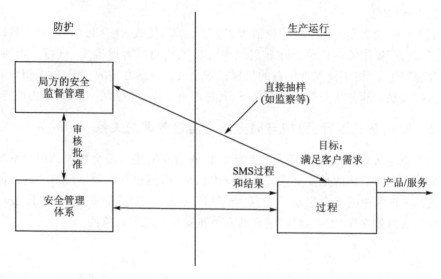

图 2.7   生产运行及防护功能与局方监督管理功能之间的关系

2.4.3   安全管理体系的功能

1. 功能性描述

安全管理体系由政策、风险管理、安全保证和安全促进 4 个部分组成,这 4 个部分的功能可描述如下。

(1) 政   策

所有的管理体系都必须明确政策、程序、组织结构以实现目标。

(2) 风险管理

风险管理是将风险控制在可接受水平或其以下。

(3) 安全保证

风险控制措施被确定后,生产单位可利用安全保证功能,确保风险控制措施持续被执行并在不断变化的环境下持续有效。

(4) 安全促进

生产单位必须用支持良好安全文化的活动将安全作为核心价值促进。

2. 风险管理与安全保证的关系

风险管理与安全保证过程的关系如图 2.8 所示。该图是功能关系图,而不是组织机构设置图。风险管理过程可用于初始的危险源辨识和风险评价,当制定的风险控制措施能够使风险达到可接受水平时,该措施就可被实施。此后,安全保证功能开始发挥作用,以确保风险控制措施被实施并持续达到预定目标。安全保证系统还可以评估当运行环境变化时是否需要新的风险控制措施。

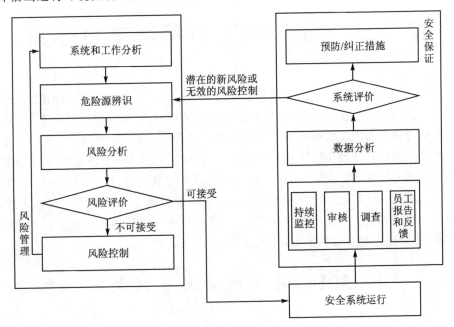

图 2.8　风险管理与安全保证功能之间的关系

第 3 章　通用航空政策与规章体系

通用航空发展与国民经济发展以及政府政策扶持密不可分。随着国民经济的快速发展,经济形势已经为通用航空提供了强有力的物质基础,政府的扶持政策及政策导向将成为通用航空发展规模和发展速度的关键因素。依据《中国民用航空发展第十三个五年规划》,应健全安全法规标准体系,包括跟踪评估运行单位的环境、条件和复杂程度的差异性,制定与市场需求相适应的规章标准,加快修订和完善通用航空、危险品运输、机场应急救援、高高原机场运行和外航监管等领域的规章标准体系,提高适应性和时效性。在通用航空领域中,规章体系重点体现为加快完善通用航空法规体系,建设通用航空管理平台,提高监管能力和效率。

3.1　通用航空发展政策

3.1.1　中国历年的通用航空政策

近年来,通用航空制度建设的步伐明显加快,法规政策纷纷出台。我国最早的通用航空法规可以追溯到 1986 年。

① 1986 年 1 月 8 日国务院发布了《国务院关于通用航空管理的暂行规定》(国发〔1986〕2 号)来促进通用航空事业的健康发展,维护公共利益,保障飞行安全,适应社会主义现代化建设的需要。

② 1991 年 3 月 30 日发布"关于下发《民航通用航空作业质量技术标准(试行)》的通知(民航局企管发〔1991〕14 号)"。根据通用航空生产不同作业项目的质量技术要求和多年的生产实践经验,发行于民航系统试行,以便收集信息,修订后作为民航行业标准正式颁布施行。

③ 1992 年 8 月 5 日民航局发布了《关于通用航空生产管理和保障工作的通知》(民航局发〔1992〕260 号)。根据《国务院关于通用航空管理的暂行规定》(国发〔1986〕2 号)和民航管理体制改革后的地区管理局、航空公司以及勤务保障部门的职责,发布该通知以保证通用航空生产管理和飞行勤务保障工作的顺利进行,满足工农业生产、科研以及抢险救灾的需要。

④ 1996 年 1 月 31 日,民航总局发布了《中共民航总局党委关于发展通用航空若干问题的决定》(民航局发〔1996〕07 号)。该决定指出,为了更好地适应我国国民经济和社会发展的需要,解决通用航空面临的困难和问题,促进通用航空的发展,中国民航总局党委做出了如下决定:

- 提高认识,认清形势,积极发展通用航空;
- 保持和发展通用航空骨干队伍,鼓励和支持各方兴办通用航空;
- 深化改革,转换机制,搞活通用航空企业;
- 继续采取扶持政策,创造良好的经营环境;
- 加强和完善通用航空的行业管理,保证通用航空健康发展。此后,我国通用航空进入了持续发展的时期。

⑤ 2007 年 5 月 31 日发布了《通用航空企业经营许可审批管理程序》,以维护通用航空企业及申请设立通用航空企业的公民、法人和其他组织的合法权益,规范通用航空企业经营许可审批、管理工作,程序的制定主要依据《通用航空企业审批管理规定》(民航总局令第 102 号)。

⑥ 2008 年 12 月 25 日发布了《关于通用航空作业收费标准问题的通知》(民航发〔2008〕121 号)。为促进我国通用航空发展,推进通用航空收费改革,而对通用航空作业收费标准进行了规定。

⑦ 2009 年 12 月,民航局下发了《关于加快通用航空发展的措施》,主要围绕"改善通用航空发展环境,增强通用航空的作业服务能力"两个方面,这是民航局历史上第二次在通用航空事业发展的关键时期出台的重要政策。

⑧ 2010 年 8 月 5 日发布了《关于印发通用航空民用机场收费标准的通知》(民航发〔2010〕85 号)。根据中国民用航空局和国家发展和改革委员会《关于印发民用机场收费改革方案的通知》(民航发〔2007〕158 号)第十三条规定,为规范通用航空民用机场收费标准,研究制定了《通用航空民用机场收费标准》。

⑨ 2012 年 12 月 24 日民航局发布了《关于修订印发引进通用航空器管理暂行办法的通知》(民航发〔2012〕117 号)。为进一步规范民用航空行政机关对企事业单位、组织和个人引进通用航空器的管理,促进通用航空安全和健康发展,民航局对《引进进口通用航空器管理暂行办法》(民航发〔2010〕70 号)进行了修订。

⑩ 2013 年 3 月 29 日,民航局发布了《关于规范特殊通用航空飞行任务申报工作的通知》(民航发〔2013〕39 号)。根据《国务院、中央军委重新颁发关于使用飞机执行各专项任务的规定》《通用航空飞行管制条例》等行政法规,以规范涉及外籍航空器的飞行活动申报工作,确保飞行安全和国家空中安全。

⑪ 2016 年 7 月 20 日民航局发布了关于明确《通用航空经营许可管理规定》部分条款内容的通知(民航发〔2016〕51 号),对《通用航空经营许可管理规定》(CCAR - 290)的第六条、第八条、第十条、第十一条、第十九条第五款、第二十条、第二十七条、限期整改期限事宜、办理航空器购租证明文件事宜以及办理航空器国籍登记事宜的部分内容做出了相应说明。

⑫ 2016 年 5 月 13 日国务院办公厅发布了《关于促进通用航空事业发展的指导意见》(国办发〔2016〕38 号)。为了加快提升服务保障能力,促进产业转型升级,释放消费潜力,实现通用航空业持续健康发展,国务院对通用航空事业发展提出了相关意

见,并提出了 5 个重点任务。

⑬ 2017 年 4 月 14 日民航局发布了《关于发布通用机场分类管理办法》的通知"。根据《国务院办公厅关于促进通用航空业发展的指导意见》(国办发〔2016〕38 号)的要求,民航局编制了《通用机场分类管理办法》,确定了通用机场的分类管理办法。

⑭ 2018 年 1 月、3 月和 4 月民航局适航司发布了关于发布改进通用航空适航审定政策实施的通知(包括第一、二批和细则,民航适发〔2018〕2、3、7 号),按照"放管结合、以放为主"的指导思想,结合国内通用航空的发展状况,特制定了部分用途(科研、符合性验证和到岸组装交付试飞用途)的第一类特许飞行证、通用航空公司设计小改和设计大改、个人自制航空器适航审定和通用航空企业油料质量管理这几项适航审定问题的具体实施细则,以提高通用航空的适航审定效率,为通用航空的发展创造良好环境,促进通用航空的发展。

⑮ 2018 年 7 月 18 日民航局发布《关于通用航空分类管理的指导意见》(民航发〔2018〕80 号),以改革思维促进通用航空从部门、行业管理向政府、社会管理转变,着力构建分类管理体系,破除机制体制障碍,降低交易成本,提升服务保障能力。

建立系统性的通用航空政策法规体系、从系统角度去解决过度监管和监管缺失共存的问题被提上了政策制定者及管理者的工作议程。2018 年 12 月民航局召开通用航空法规体系重构研讨布置会,民航局政策法规司正在牵头从根儿上梳理现有通用航空规章体系并进行重构和修编。这其中有"立"——立新规,有"改"——对不合理的规章进行修改修订,有"废"——废除不适宜的规章。最终目标是系统性地建立一套独立完整、科学适用的通用航空标准制度体系。

3.1.2　欧美的通用航空产业政策

在欧美、加拿大、澳大利亚、巴西等通用航空发展迅速的国家和地区,其配套政策对通用航空的发展起到了极大的促进作用。

1. 美国通用航空发展政策

美国政府通过提供基础设施、政策性监管以及行业支持来扶持通用航空成长。

(1) 主要的促进政策

1980 年以前,美国政府对通用航空的发展提供了多种支持,给其创造了良好的政策环境,如大规模投资兴建通用航空机场、培训飞行员、加大空域使用,并且还投资研发、生产较为经济的通用航空器,因而通用航空在优越的政策环境下得到了快速发展,通用航空飞行器的数量和飞行作业小时数都有了显著的提升。

1990 年以来,随着世界经济的持续增长,政府出台新的鼓励政策,特别是 1994 年8 月 12 日克林顿总统签署了《通用航空振兴法》,以此来振兴通用航空产品和服务市场,航空产品推陈出新,使通用航空在 20 世纪 90 年代后半期呈现复苏和重新崛起的态势。经过长时间的发展,通用航空飞机成为继骨干航线大飞机和支线飞机之后航空运输的第三根支柱。该法案的出台,激发了通用航空制造业的热情,使得更多企业投身到通用航空制造业中,在重新振兴美国通用航空制造业的同时,也为美国创造了上万个就业机会。该法案也帮助美国公司在 20 世纪后期逐渐恢复了世界通用飞机的主要供应商地位,促进了美国对外贸易的发展。

(2) 相关的扶植策略

1) 加强法规和标准体系建设

2013 年 11 月 27 日,为了保证美国在通用航空领域持续的主导地位与竞争力,美国总统奥巴马签署了《小型飞机振兴法案》,要求美国联邦航空局采用新的认证标准。该法案的设立对政府、通用航空制造商和运营商来说是一次胜利。这项法案的通过有利于降低新飞机的引进和现有飞机或航空电子设备升级改造的成本,将会促使行业对轻型通用飞机的安全性更加关注,也将进一步刺激通用航空产业就业机会的增加。该法案的主要内容包括:

① 建立提高飞机安全性和降低 FAA 以及民航管理部门管理成本的小型飞机管理制度;

② 建立宽松、以安全性为导向的能够鼓励科技创新应用的机制;

③ 以新制定的规章制度替换 23 部中现行的规章制度;

④ 使用经 FAA 认可的标准,明确 23 部中满足专业设计和技术的安全目标。

2) 完善通用航空服务保障体系

蓬勃发展的制造业保证了通用航空器的供给,通用机场建设及相关通用航空服务保障体系的完善保障了市场的源源不断的需求。自 1926 年颁布航空法以来,美国一直注重通用航空建设与航线的发展。1970 年,美国出台了其通用航空发展史上具有里程碑意义的《机场和航线发展法》,该法案的目的在于明确了美国联邦航空局(FAA)将有一个专门的资金来源而不是依靠一般资金来用于通用机场建设,首都的空中交通管制改进、研究和发展计划,同时该法案也促使以后的历届美国政府不断加大财政投入以对美国联邦航空局进行专用资助。

在美国,国家一体化机场体系规划(NPIAS)涉及的地方机场可以得到联邦政府 95% 的财政支持,同时允许私人制造飞机和自建机场。按照美国的定义,几乎所有的县都有机场,而所有机场都可以被视为通用航空机场。在推动机场建设的同时,美国还通过固定基地经营者(Fixed Base Operator,FBO)为通用航空服务的企业以及除了航班飞行之外的小飞机,特别是公务机和私人飞机提供停场、检修、加油、旅客接待等服务。同时通过飞行服务站(Flight Service Station,FSS)为小型通用航空公司及私人驾驶员的航行提供保障服务,并为通用航空提供最广泛的包括天气讲解、飞行计划申请以及飞行动态跟踪在内的服务。

(3) 充分发挥行业协会的作用

美国航空制造商协会(GAMA)代表 80 家世界领先的提供通用飞机和旋翼机、发动机、航空电子、零部件及相关服务的制造商。GAMA 的成员还运营修理站、固定基地运行、飞行员和机务设施,并管理遍布全球的机队。

该协会立足于提升全球通用航空安全水准,包括:

① 确保通用航空产业的不断发展,并不断采用新的安全技术来保证喷气飞机和旋翼飞机的安全性,同时采取重组管理标准、建立统一的标准体系、改进现有机队装备的措施来完成目标;

② 通过公私合作伙伴关系,例如美国通用航空产业、直升机制造业同钢铁产业合作,来共同提高安全水平并不断降低事故率;

③ 加强航空管理部门对安全风险分析的应用,同时在与通用航空相关的外延新兴市场采取措施保障飞行安全;

④ 在通用航空飞机适航和操作方面提出采用最优方法来加强飞行管理。

2. 欧洲通用航空发展政策

(1) 通用航空安全监管政策

2009 年 3 月 25 日,欧洲议会通过了"欧洲单一天空计划",标志着欧洲议会于 2002 年批准欧盟委员会提出的关于在欧盟范围内实行统一交通管制的"欧洲单一天空计划"经过七年的审核,最终获得通过。"单一天空计划"的通过使得整个欧洲杂乱无章的空域管理现象得到充分改善,提高了欧洲的空域容量与空中交通安全,在使其运力至少增加一倍的同时,降低了因空域划分导致的额外手续与费用,使得管理成本降低至过去的 50%。

安全问题一直以来都是全球通用航空发展的首要问题,同样也是欧盟委员会制定航空政策原则的主要议题。就欧盟通用航空产业的安全发展而言,具有里程碑意义的是欧洲航空安全局的成立以及民用航空领域共同规则的建立。早期欧洲各国的航空安全法规各不相同,只能通过 JAA(联合航空局,Joint Aviation Authorities)进行相互协调。为解决这一问题,欧盟于 2002 年通过了 592/2002 号规章,规定欧盟对整个航空的生产、设计、维护、组织具有排他性权利,同时还建立了一个拥有法律、管理及财务自主权的欧洲航空安全局(被称为欧盟航空安全战略的中心),并确立了完整的航空安全与环保标准。此后,2005 年,欧洲航空安全局再次将管辖范围延伸至飞行员许可、空中运营以及第三国航空器及运营人服务方面。

与美国不同的是,由于欧洲通用航空制造业发展起步较早,加之自身需求量基本饱和等因素,在通用航空制造业的发展道路上,欧洲通用航空制造业更加注重节能环保理念与技术输出。在环保研发领域,欧盟委员会自 2007 年起在布鲁塞尔启动了"清洁天空"计划——首批技术项目的招标工作。首批设计包括环保支线飞机、环保旋翼飞机、环保发动机、灵巧固定翼飞机和环保运行系统 5 大领域,计划已于欧盟《第七个科研框架计划(2007—2013)》实施期间完成。

从 2014 年起启动的"清洁天空"二阶段计划更是由欧洲最大的飞机制造商空中客车公司直接主导研发,将重点放在未来商用飞机的机身、客舱、驾驶舱、动力系统以及飞机系统整合领域开展研发工作。

（2）完善欧盟通用航空保障体系建设

在欧洲，随着通用航空产业的不断发展，机场拥堵问题日益严重，有关机场准入的改革与规范问题被多次提上日程。考虑到发展需求，为确保在不扩大机场容量的前提下，合理解决以上需求不均衡问题，欧盟委员会制定了"机场一揽子建议"。其中有涉及各项欧洲机场容量、效率、安全的通讯和实施地面操作指令的报告；集中讨论了机场在未来发展中所扮演的角色以及欧盟内部航空市场的合理竞争，并希望通过集中各国之间的管制，确保欧盟机场的未来发展，从而在不同种类的空域使用者之间找到恰当的平衡点。这一系列的建议首次将通用航空产业的发展纳入机场建设规范中，明确了运营人的权利和义务。

在权利方面，1993 年制定的理事会关于欧盟机场时刻分配的 95/93 规章中，首次对通用航空运营人的权利进行了明确的说明，承认了通用航空进入机场的权利。随着欧洲机场中公务航空活动的增长，95/93 规章采用了特殊的规定，允许这种运营成为时刻分配程序的一部分。根据计划运营的公务航空的运营人有权申请一系列时刻，从"不豁免适用新法"规则和"时刻灵活性"规定中获益。

在通用航空运营人义务方面，欧盟通过"自由化第三组合"规范了通用航空运营人可提供的服务及必须遵守的准则。如果国内法有运营执照的要求，就应当适用欧盟和国内法关于航空运营人合格证的规定。对于仅仅从事最大起飞重量在 1 万千克以下和 20 座以下的航空器运营的承运人，放宽了规定但仍要求很高的资产合格标准，这类型的航空器通常用于公务包机。

（3）统一飞行执照制度，加强通用航空飞行人员培养

在确保安全的前提下，欧盟制定了广泛的飞行员培养管理制度，飞行员可根据自身条件，获得相应的飞行执照。2005 年，欧盟委员会曾向欧洲议会和理事会提出立法建议，要求在欧盟运营的大多数飞行员必须满足理论、实践知识和身体素质规定才能获得飞行执照。但并不是所有飞行员都应遵守同样的法规，立法建议采用新类型执照——"休闲飞行员执照"。2011 年 9 月，欧洲航空局公布了一项提议的法规，建立一个更为简单的仪表飞行等级（IR），旨在鼓励私人飞行员争取获得资格。一个新的完整的 IR 需要相对较少的理论知识，这个提议采用全新的执照——"航路仪器等级（EIR）"。完善的飞行执照制度极大降低了个人从事通用航空事业的准入门槛，促进了整个通用航空业的发展。

3.2　中国通用航空发展政策体系

3.2.1　中国通用航空制度建设路线

2017 年，发改委、交通运输部、民航局等部门共发布 60 余条针对通用航空的政

策文件,明确了未来通用航空的发展路径与规划,使我国通用航空业的发展更加有据可循。2018年,针对通用航空领域的政策文件发布得更加密集。以12月14日为例,交通运输部一天就发布了包括《关于修改一般运行和飞行规则》《小型航空器商业运输运营人运行合格审定规则》《民用航空器驾驶员学校合格审定规则》《通用航空经营许可管理规定》《民用航空器驾驶员合格审定规则》《民用航空人员体检合格证管理规则》等在内的涉及11部民航(通用航空)法规的决定。这些规定的发布,极大提振了通用航空业从业人员的信心。除此之外,民航局更是每个月都有新的利好政策发布。

从总体上来看,在通用航空制度建设上,我国基本上是沿着三条主线进行:一是为通用航空的发展进行顶层设计,二是从全产业链的视角规划通用航空,三是为通用航空的发展简政放权。

1. 通用航空发展顶层设计

通用航空制度建设的第一条主线是对通用航空进行顶层设计。

近年来,三个有关通用航空发展的国家级文件先后出台:《国务院中央军委关于深化我国低空空域管理改革的意见》(国发〔2010〕25号,以下简称《空域改革意见》)、《国务院关于促进民航业发展的若干意见》(国发〔2012〕24号,以下简称《民航业发展意见》)、《国务院办公厅关于促进通用航空业发展的指导意见》(国办发〔2016〕38号,以下简称《通用航空业发展意见》)。《通用航空业发展意见》是适应我国国情的行动纲领,是推动融合互促的战略举措,更是指导产业发展的行动指南。这三个国家级文件对于通用航空发展的重要意义,体现在以下四个方面:

第一,将大力发展通用航空上升到国家政策层面。2012年国务院发布的《民航业发展意见》提出要大力发展通用航空。在巩固农、林航空等传统业务的同时,积极发展应急救援、医疗救助、海洋维权、私人飞行、公务飞行等新兴通用航空服务,加快把通用航空培育成新的经济增长点。加强通用航空基础设施建设,完善通用航空法规标准体系,改进通用航空监管,创造有利于通用航空发展的良好环境。另外,《通用航空业发展意见》又从七个方面就通用航空的发展提出了指导意见。这是新中国成立以来国务院出台的第一个促进通用航空业发展的政策性文件,明确了未来五年我国通用航空业发展的总体思路和主要任务,是"十三五"时期指导我国通用航空改革和发展的纲领性文件,标志着我国通用航空业进入了新的发展阶段。《通用航空业发展意见》明确了培育通用航空市场、加快通用机场建设、促进产业转型升级、扩大低空空域开放、强化全程安全监管五大任务,确定了我国未来五年通用航空的发展目标;通用航空器研发制造水平和自主化率有较大提升,国产通用航空器在通用航空机队中的比例明显提高,初步形成安全、有序、协调的发展格局。上述文件,将通用航空的发展上升到国家政策层面,通用航空成为国家大力倡导发展的产业,这对通用航空的发展将产生深远的影响。

第二,通用航空业被定性为战略性新兴产业。在《民航业发展意见》中,民航业被认为是我国经济社会发展的重要战略产业。《通用航空业发展意见》更进一步指出，通用航空业是以通用航空飞行活动为核心，涵盖通用航空器研发制造、市场运营、综合保障以及延伸服务等全产业链的战略性新兴产业体系，具有产业链条长、服务领域广、带动作用强等特点，标志着通用航空业在国家社会经济发展中的重要地位和重大作用。

第三，统筹通用航空与公共运输航空协调发展。运输航空与通用航空共同组成了民用航空的两翼，通用航空短途运输和通勤业务可以对干、支线航空运输形成有效补充。发展通用航空有利于推进产业结构优化调整，提升经济发展质量和效益，带动和壮大旅游等相关产业，增强公共服务保障能力，构筑完善的民航运输体系。通用航空是运输航空的补充，为运输航空提供人力和技术支撑。正是基于上述认识，《通用航空业发展意见》提出统筹通用航空与公共运输航空协调发展，目的是实现运输航空与通用航空两翼齐飞。《通用航空飞行管制条例》（国令第 371 号）规定了在中国进行通用航空飞行的基本规则。对从事通用航空飞行活动的单位或个人的资格、申报手续、飞行空域、飞行计划、飞行保障以及法律责任都做出了明确规定。

第四，正式启动低空空域管理改革。低空空域的严格管制是制约我国通用航空发展的主要瓶颈之一。《空域改革意见》启动了低空空域管理改革，其不仅提出了改革的总体目标，而且列出了阶段目标，明确分类划设低空空域，按照管制空域、监视空域和报告空域划设低空空域，区分不同模式实行分类管理试点。该份文件提出加快推进深化低空空域管理改革试点，构建低空空域法规标准体系，建立高效、便捷、安全的运行管理机制；同时也指出了为适应通用航空飞行时效性强的特点，研究在监视、报告空域实行空管部门监督管理和通用航空用户自主运行、自负责任的运行管理模式。《空域改革意见》为低空空域管理改革划定了路线图，制定了时间表。《民航业发展意见》进一步提出加大空域管理改革力度，以充分开发和有效利用空域资源为宗旨，加快改革步伐，营造适应运输航空、通用航空和军事航空和谐发展的空域管理环境，统筹军民航空域需求，加快推进空域管理方式的转变。《通用航空业发展意见》则明确提出扩大低空空域开放，优化飞行服务，提高审批效率。为了进一步加强低空飞行服务保障体系建设，促进通用航空业发展，保证低空空域安全高效使用，民航局在深入调查研究、多地试点探索、广泛征求意见、反复比较论证的基础上，研究制定了《低空飞行服务保障体系建设总体方案》，并于 2018 年 9 月 28 日正式发行。

2. 通用航空全产业链设计

通用航空制度建设的第二条主线，是从全产业链的视角，设计规划通用航空的发展，除通用航空运营外，将通用航空器的研发制造、维修、买卖、租赁以及驾驶员培训等一并纳入通用航空的范畴之内，出台了涉及航空器研发制造、维修、租赁等的一系列政策法规，为通用航空业的全面、整体发展奠定了制度基础。

第一，鼓励通用航空器的自主研发和制造。综观近年出台的规章、政策，通用航空器的自主研发制造成为规章、政策的主要内容之一；积极支持国产民机制造是《民航业发展意见》确定的主要任务之一；鼓励民航业与航空工业形成科研联动机制，加强适航审定和航空器运行评审能力建设，健全适航审定组织体系；积极为大飞机战略服务，鼓励国内支线飞机、通用飞机的研发和应用；引导飞机、发动机和机载设备等的国产化，形成与我国民航业发展相适应的国产民航产品制造体系。2018 年以来，民航局适航司按照"放管结合、以放为主"的指导思想，先后出台了《民航局适航司关于改进通用航空适航审定政策的通知》（民航适发〔2018〕2 号）、《民航局适航司关于改进通用航空适航审定政策的通知（第二批）》（民航适发〔2018〕3 号）、《民航局适航司关于发布改进通用航空适航审定政策实施细则的通知》（民航适发〔2018〕7 号）等一系列适航审定改革政策。在这一系列适航审定改革政策中，培育自制航空器文化是一项重要内容，废除了套材组装、自制类航空器原有规定，鼓励航空爱好者自己制造、自行组装以个人娱乐和飞行体验等活动为目的的轻型、超轻型等类别的航空器，并专门增设了实验类适航证，明确了自制类航空器适航管理实施细则，为自制类航空器市场的发展创造了条件。

其中，民航适发〔2018〕3 号文中，明确了增设实验类适航证，"在《民用航空产品和零部件合格审定规定》（CCAR-21）对适航证规定的基础上，增加实验类适航证，主要适用于航空爱好者自己制造、自行组装，以个人娱乐和飞行体验等活动为目的的轻型、超轻型等类别的航空器。实验类适航证的适航检查工作按照民航局批准的有关程序执行。"

第二，推动通用航空服务业发展。从产业链角度看，通用航空器维修、通用飞行培训、航空器租赁、通用航空器代管服务等属于通用航空的下游产业。为推动通用航空下游服务业的发展，相关政策持续发力推动。为适应通用航空发展的新形势和新要求，民航局对原有的《通用航空经营许可管理规定》提出了修改，拓宽了服务范围，这主要表现在三个方面：一是结合市场需求，将原有的甲、乙、丙三类经营项目修改为甲、乙、丙、丁四类，增设丁类项目，把气球、飞艇以及拥有特殊适航证的航空器的经营业务纳入范围；二是合并了一些经营项目，将公务飞行、出租飞行、通用航空包机飞行修改为包机飞行，将飞机播种、空中施肥、空中喷洒植物生长调节剂、空中除草、防治农林业病虫害、草原灭鼠、防治卫生害虫统一为航空喷洒（撒）；三是新增了电力作业、跳伞飞行、个人娱乐飞行、运动驾驶员执照培训等经营项目。

3. 通用航空领域的简政放权

通用航空制度建设的第三条主线，是在通用机场的建设和运营上，下放审批权限；在通用航空飞行活动的审批上，取消审批。这一制度上的变革，极大地调动了市场主体参与通用航空的积极性，为通用航空的发展注入了新的活力。2017 年 11 月 6 日，中国民航局发布的《通用航空安全保卫规则》指出，通用航空安全保卫工作以"放管结合，促进发展"为原则，以威胁评估和风险管控为基础，对通用航空飞行活动实施分类分级管理。目前民航局确定的通用航空发展监管思路为"放管结合、以放为主、分类管理"，坚持安全第一的原则，按照"放管结合、以放为主"的思路开展工作，同时体现了"分类管理"的理念。

第一,下放通用机场建设的审批权限。在通用机场建设方面,审批权下放、简政放权是一大趋势。《国务院关于发布政府核准的投资项目目录(2014 年本)的通知》(国发〔2016〕72 号)规定,新建运输机场项目由国务院、中央军委核准,新建通用机场项目、扩建军民合用机场(增建跑道除外)项目由省级政府核准。《通用航空业发展意见》进一步提出完善审核程序:由省级发展改革部门组织编制辖区内的通用机场布局规划,征得民航地区管理局、战区空军(空域管理部门)同意,报省级人民政府批准,抄报国家发展改革委、财政部、交通运输部、民航局和中央军委联合参谋部、空军;新建通用机场项目执行现行规定,由省级人民政府按照批准的规划审批(核准)。

第二,取消通用航空飞行任务审批程序。以前,进行通用航空飞行活动,申请和报批是前置程序,得到相关部门的批准才可进行飞行活动;2013 年颁布的《通用航空飞行任务审批与管理规定》则一改之前的做法,明确规定除九种特殊情况外,通用航空飞行任务不需要办理任务申请和审批手续,但在飞行实施前,须按照国家飞行管制规定提出飞行计划申请,并说明任务性质。这一改革举措,进一步便利了通用航空飞行活动。

3.2.2 国务院办公厅发布的《关于促进通用航空产业发展的指导意见》

国务院办公厅印发了《关于促进通用航空业发展的指导意见》(国办发〔2016〕38 号),它的主要目标是到 2020 年建成 500 个以上的通用机场,基本实现地级以上城市拥有通用机场或兼顾通用航空服务的运输机场,覆盖农产品主产区、主要林区、50%以上的 5A 级旅游景区;通用航空器达到 5 000 架以上,年飞行量 200 万小时以上,培育一批具有市场竞争力的通用航空企业;通用航空器研发制造水平和自主化率有较大提升,国产通用航空器在通用航空机队中的比例明显提高;通用航空业经济规模超过 1 万亿元,初步形成安全、有序、协调的发展格局。重点任务和基本原则如下:

1. 通用航空重点任务

一是培育通用航空市场。强化通用航空交通服务功能,积极发展短途运输,满足偏远地区、地面交通不便地区人民群众的基本出行需求。鼓励发展公务航空,适应个性化、高效率的出行需求。扩大通用航空在抢险救灾、医疗救护等公益服务领域以及工农林生产中的应用。促进通用航空与旅游、体育以及互联网、创意经济的融合发展,引领新兴大众消费。

二是加快通用机场建设。统筹协调通用航空与公共运输航空,优化规划布局,合理确定标准,完善审核程序,分类推进通用机场建设,解决"落地难"问题。

三是促进产业转型升级。增强自主创新能力,突破关键技术,提升制造水平,推广应用新技术。建设综合或专业示范区,促进产业集聚,优化产业布局,提升国际竞争力。

四是扩大低空空域开放。实现真高 3 000 米以下监视空域和报告空域无缝衔接,简化飞行审批(备案)程序,明确报批时限要求,方便通用航空器快捷机动飞行,解决"上天难"问题。

五是强化全程安全监管。建立跨部门、跨领域的通用航空联合监管机制,在方便通用航空飞行活动的同时,加强安全监管能力建设,加大执法力度,对通用航空器生产准入、适航管理、运行安全等实施全过程监管,确保通用航空飞行安全有序。

2. 基本原则

一是市场主导,政府引导。我国从2014年开始简化机场审批流程,下放审批权,而《关于促进通用航空业发展的指导意见》再次提出"加大简政放权力度,优化飞行报审程序,提高审批效率,为通用航空企业提供高效便捷服务"。

二是安全第一,创新驱动。安全是长期发展的保证,由此制约发展的问题也得到了重视。提出"建立健全的军地联合监管机制,实施分类精细化管理,确保飞行和空防安全。加大改革力度,通过政策创新、管理创新、技术创新和服务创新,最大限度释放市场潜力。"

三是重点突破,全面推进。如何做好天空的统筹管理是关键的关键。提出"以加快基础设施建设、扩大低空空域开放、提升空管保障能力、促进产业转型升级为重点,打破制约产业发展的瓶颈。做好整体设计规划,统筹通用航空与公共航空运输协调发展,推进军民深度融合,推动通用航空业全方位发展。"

3.2.3 通用航空发展"十三五"规划

《通用航空发展"十三五"规划》是我国行业管理部门第一次出台通用航空五年专项规划,是民航"十三五"规划体系的重要组成部分,是对国务院办公厅印发的《关于促进通用航空业发展的指导意见》的具体落实,对建成民航强国关键阶段通用航空改革和发展具有重要的意义。

1. 通用航空"十三五"的发展环境

我国民航大众化、多样化发展趋势明显,快速增长仍是阶段性的基本特征,通用航空作为我国新经济的重要战略构成,产业链条长、服务领域广、带动效应强的优势将进一步显现。"十三五"时期我国通用航空处于发展战略机遇期,机遇大于挑战,动力大于阻力。必须尊重通用航空发展规律和国情,夯实发展根基,着力在优化结构、补齐短板、增强动力上取得突破,努力开拓通用航空发展新局面。

2. 发展目标

到2020年,通用航空安全保障能力、行业服务能力与质量明显提升,初步建成功能齐全、服务规范、类型广泛的通用航空服务体系,培育一批示范性骨干企业,实现发展规模、质量、效益全面提升,较好适应国民经济社会发展。

(1)安全水平持续提升

加强通用航空安全管理,优化体制机制,确保持续安全,重大以上飞行事故万时率小于0.09,安全水平在全球领先。

（2）保障能力显著增强

初步建成安全可靠、布局合理、功能相对完善的通用机场体系，低空空域管理改革深入推进，建成便捷、可靠的通用航空飞行服务体系和维修服务支持体系。

（3）发展质量不断提升

到 2020 年，通用航空飞行总量达到 200 万小时，机队规模达到 5 000 架以上，公共服务业务加快提升，新兴消费不断增强，发展结构不断优化。

表 3.1 所列为"十三五"时期通用航空的主要发展指标。

表 3.1　"十三五"时期通用航空的主要发展指标

指　标	2015 年	2020 年	年均增长
总飞行量/万小时	77.9	200	20.8%
通用航空器/架	2 235	5 000	17.5%
重大飞行事故万时率	—	<0.09	—
通用机场/个	300	500	10.8%
飞行员数量/人	3 402	7 000	15.5%

3. 深化体制机制改革

全面实施安全管理、市场管理改革，推进通用航空分类监管，加快建立符合通用航空发展规律、区别于运输航空的安全监管和市场监管体系，破除制约通用航空发展的制度瓶颈，激发市场活力，创造良好的制度环境。

表 3.2 所列为"十三五"时期通用航空深化改革的重点任务。

表 3.2　"十三五"时期通用航空深化改革的重点任务

方　向	任　务
法规标准	修订《中国民用航空法》等法规中有关通用航空的内容，降低经营性企业准入许可、航空器引进门槛，简化非经营性许可登记；实施通用航空分类管理改革等
安全管理	建立通用航空安全分类管理体系，支持通用航空安全信息分析机构建设，加强通用航空安全设施建设，建立安全信息系统，推进通用航空事故调查机构建设
市场管理	支持建立航材、人力资源交流平台，培育通用航空资本市场和服务保障市场

4. 夯实基础保障能力

以通用机场网络建设为重点，配套飞行服务站、航油储运设施、空管设施、维修设施等建设，加快提升保障能力。

表 3.3 所列为"十三五"时期通用航空夯实基础保障能力的重点任务。

表 3.3　"十三五"时期通用航空夯实基础保障能力的重点任务

方　向	任　务
飞行服务	推行飞行服务站建设,实施通用航空 ADS‐B 计划
航油保障	建设航空油料配送网络
维修保障	建设一批能力强、设施完善、管理水平高的通用航空维修实施中心和通用航空维修人员培训中心
人才培养	加强管理人员培训,组建"通用航空专家库",实施"高新尖人才培养计划"
科研平台	组建通用航空重点实验室、实验验证基地和通用航空机载作业设备检测中心

5. 提升产业发展水平

以提升通用航空公共服务能力为重点,引导消费型通用航空发展,积极发展航空培训等行业服务,稳步发展通用航空工农林作业,做优存量、拓展增量,以扩大有效供给、提升品质、满足新需求,促进适应我国社会经济发展水平的通用航空产业体系的发展。

表 3.4 所列为"十三五"时期通用航空产业发展的重点任务。

表 3.4　"十三五"时期通用航空产业发展的重点任务

方　向	任　务	
应急救援	建设通用航空应急救援网络,建立"一中心两主基地多辅助基地"的通用航空应急救援体系	开展不同类型的通用航空业态试点,培育若干骨干示范企业
短途运输	总结试点经验,支持在偏远地区、地面交通不便地区推广通用航空短途运输	
医疗救护	支持和引导各类机构和社会资本促进医疗救护发展	
公务航空	参照 IS‐BAO 等,推进安全能力建设	
低空经济	建设珠海、西安等通用航空产业聚集区	

3.3　通用航空法律规章标准

交通运输部以 2018 年第 30 号至第 40 号令颁布了一批规章的修改决定,均自 2019 年 1 月 1 日起施行。其出台的背景是贯彻国务院办公厅印发的《关于促进通用航空业发展的指导意见》的要求,落实民航局"分类管理、放管结合、以放为主"促进通用航空发展的方针,构建更加符合通用航空发展规律和需求的通用航空规章体系;同时,将通用航空改革试点工作所取得的成果及时固化到规章中,巩固改革成果,并对目前不适应通用航空发展以及与通用航空改革不适应的规章进行修订。本着"急用先修"的原则,采用修改决定的方式对上述规章进行一揽子修订。该次修订的十一部规章,分别从规章适用范围、简化审批程序、放宽相关要求、增加灵活机制、调整课程设置等方面做出了规定。其目标是调整规章适用范围,杜绝套用运输航空类规章管理通用航空。如,《民用航空企业及机场联合重组改制管理规定》《民用机场建设管理规定》和《民用机场运行安全管理规定》均将原规章中的民用机场改为运输机场,删除原规章中有关民用机场的定义和分类,为通用机场另行规定留出空间;《公共航空运输企业航空安全保卫规则》删除公务机运输业务参照适用的规定,目前正在制定更有针对性的通用航空安保规则。

为贯彻国务院办公厅印发的《关于促进通用航空业发展的指导意见》(国办发〔2016〕38 号)的精神,落实"分类管理、放管结合、以放为主"的要求,更好地鼓励和推动通用航空发展,积极支持社会资本投资通用航空产业,民航局研究制定了通用航空法规体系重构路线图,形成了通用航空业务框架和通用航空法规框架(以下简称"两个框架")。"两个框架"是开展中国民航通用航空政策法规体系重构的总体性文件,明确了未来一段时间中国通用航空的整体政策走向、立法思路和制度设计需要遵循的基本原则和具体要求。

民航系统各单位、各部门应遵循"两个框架"的基本原则和具体要求,严格贯彻落实,切实鼓励和支持通用航空发展。一要坚持在规章和政策制定中不偏离。依据框架要求对不同类型的通用航空活动采取不同的监管方式,系统梳理和修改存量规章和政策,抓好增量规章和政策性文件的制定。二要坚持在规章和政策执行中不走样。坚持分类监管的总体原则,建立、完善通用航空监管事项库和符合性判断标准,根据通用航空活动的不同风险类型、安全类事项和经济类事项的不同特点、企业自我管理意愿和能力的强弱等贯彻精准监管要求,在监管范围、监管标准和监管程度上与框架确定的业务类型相符合。三要坚持对框架进行持续优化完善,在实践中进行检验,深入调研,科学评估,合理优化;关注每个模块中的监管要求更新,并密切关注通用航空领域的新业态,及时分析研判框架的实用性和覆盖性;开展第三方评估和执行情况检查,全方位促进框架落地见效。四要坚持对框架开展广泛的宣传培训,组织开展系列讲座,做好政策解读,加强社会宣传,切实发挥框架的政策指引和准入导向作用;做好各专业领域师资队伍的培养工作,将框架内容纳入监察员培训课程;鼓励、支持第三方机构积极面向企业开展框架培训,通过多渠道多途径让行业、社会理解和领会框架的核心内容。

3.3.1　通用航空法律规章标准构建

1. 当前通用航空法律规章标准的现状

一是法规系统性、宏观性不强。目前通用航空立法层次不高,基本法条文少且笼统,规章层面支离破碎、不成体系,法律规范间使用的概念不统一。通用航空器及零部件的研发、制造等管理和技术标准领域出现立法空白:基础保障服务设施(如通用机场、FBO、FSS)的建设和管理标准,航空油料储运、航材储备与供应,导航设施与飞行管制等方面的立法严重缺失。

二是法规限制性因素过多。如,行业准入门槛过高,对非经营性通用航空活动的登记管理限制过多:通用机场建设审批手续复杂,缺乏明确的管理办法与细则,现有的行业标准可操作性差;低空空域使用管理严格,飞行计划申请审批程序烦琐、效率低,等等。

三是法规独立性差、行业特征不明显。通用航空法规欠缺针对性和时效性,相关规定多以红头文件形式下发。其技术运行标准及各种证照的颁发、使用,有些是参照运输航空,有些是以通知的形式规定,有些没有统一规定,在运行管理的严密性和运行标准上与国际民航组织的要求仍存在差距。

2. 通用航空法律规章标准建设措施

首先,加强通用航空立法顶层设计,明确"监察、引导、服务"的立法理念。在修订《民用航空法》的基础上,明确通用航空相关定义和基本规定,尽快研究制定引导和支持通用航空的法律;以基本法为纲领,根据通用航空的发展需求,分领域(如低空空域、通用机场、通用航空业务、通用航空安全等)推进重点单行法(如《通用航空法》《低空空域使用管理办法》《通用机场建设管理规定》《公务航空管理办法》等)的制定。

其次,加快推进通用航空法规和标准的修、改、立。系统梳理和全面、深入地研究我国现有通用航空法规标准,废止过时规章,与时俱进地修订既有规章并制定新规章,加强各法规标准的规范性及其相互之间的衔接性,在丰富法规体系的同时要结合实际,合理简化流程,科学引导和规范通用航空的发展。

最后,发挥各相关主体的主观能动性,共同推进通用航空法制建设进程。如授权试点通用航空企业根据现有法规制定企业标准,在统一若干企业标准的基础上,自下而上地结合各地方政府、民航各地区管理局和民航局的管理需求,由中国民航局统筹制定统一的通用航空法规和标准。

3. 通用航空"十三五"法律规章标准建设

(1)推进通用航空法规体系建设

修订《中华人民共和国民用航空法》及《民用机场管理条例》中的通用航空部分,论证修订《国务院关于通用航空的暂行管理规定》,完善通用航空基本法律法规制度。修订《通用航空经营许可管理规定》,进一步降低经营许可门槛、通用航空器引进门槛,推动经营许可和运行许可的统一。修订《非经营性通用航空登记管理规定》,简化登记手续,支持单位或个人以自用、私用或者专业飞机租赁等形式开展非经营性通用航空活动。修订 CCAR-91 部运行规则,规范通用航空持续监督检查,简化通用航空运行合格证审定环节和流程。

(2)加快通用航空标准体系建设

完善通用机场建设标准,简化通用机场建设审批程序。规范通用航空加注程序,在航空油料运输、检测方法、油料监测人员资格等方面开展标准化建设。研究制定无人机的法规标准和监管体系,组织开展兼容"北斗"卫星导航系统的 ADS-B 机载设备适航审定标准规范的研究和编制。促使适航、飞行标准、经济管理等部门的规章标准保持一致。

(3)推进通用航空运营分类管理

研究制定通用航空运营管理办法,对载人飞机、作业飞机、个人或企业自用飞机等实施差异化管理,放宽对个人和企业自用等非经营性飞行活动的限制,促进普及型通用航空消费发展。

3.3.2　美国通用航空规章体系

1. 美国通用航空法律

美国占据了全球通用民航市场的大半壁江山。美国拥有健全的航空法规体系，既拥有美国政府在战略和政策上的支持，又拥有细致具体的法规条款，涵盖了通用航空器的运营标准、机场使用和飞行员培训等诸多方面。美国的《1938 年民用航空法》是世界上第一部综合性航空法，它确立了现代航空法律制度的基本框架。随着第二次世界大战的结束，航空运输开始成为大众化的出行手段。为了应对复杂的航空运营环境，《1958 年联邦航空法》应运而生。随后美国政府又颁布了《1977 年航空货运放松管制法》，并渐渐形成了美国现行的航空法律体系。其大致可以分为以下五个部分：

① 联邦航空法；

② 其他与航空业有关的专门立法；

③ 适用于航空业的其他法律；

④ 美国参加的国际航空公约；

⑤ 依照以上四种法律的法院判例和行政决定。

美国的通用航空法律体系是一个复杂的系统，它几乎涵盖了通用航空领域的各个部分，对每一种航空器的定义和规定都具有唯一性。

表 3.5 所列为美国通用航空主要法律法规。

表 3.5　美国通用航空主要法律法规

主要法律法规		主要领域	管理内容
《联邦航空管理条例》（*Federal Aviation Regulations*）（1960）	71 部	飞行管理	A 到 G 级空域的划分和管理
	73 部		特别使用空域的划分和管理
	91 部		飞机驾驶规范
	135 部		飞机运营商的运作
	141－142 部		飞行学校的管理
	150－169 部		机场的设计建设和运营管理
	193 部		飞行保险
	61、67 部	飞行认证	飞行员的认证和体检要求
	139 部		机场的认证
	21－35 部		飞机及零部件适航性认证
	43 部		飞机的维修保养规范和维修机构的认证
	65 部		塔台操作员、飞机调度、飞机技师的认证
	135 部		飞机运营商的认证

续表 3.5

主要法律法规	主要领域	管理内容
《航空及运输安保法案》(2001) (Aviation& Transportation Security Act)	国家安全	监管涉及飞机、机场安全管理的问题
《通用航空复兴法案》 (General Aviation Revitalization Act)(1994)	其他方面	规定了通用飞机制造商对其产品有 18 年的责任期

2. 《联邦航空管理条例》

美国的《联邦航空管理条例》(FAR)由联邦航空局(FAA)负责提议、颁布并执行,涵盖了美国非军用航空业的方方面面。

美国联邦航空局(FAA)是美国对民航安全、运营等方面进行监管的政府机构,主要依据《联邦航空管理条例》(FAR)在整个民用航空领域内对飞机的设计、生产、适航、运营以及空中交通、地面保障等进行全面的监督、控制和管理。

FAA 针对通用航空制定的法规,可归纳为以下几个方面:

① 通用机场管理。对通用机场及其他不开放或私人所属机场不进行使用许可管理,不需要按照 FAR-139 部进行审批,只需向一级州政府进行简单的申报即可,唯一的安全要求是起降区要空旷。

② 通用航空飞行人员。美国拥有专属通用航空爱好者及通用航空活动的飞行员执照分类(FAR-61),对通用航空飞行员培训学校的审批要求及其培养模式都有明确的规定(FAR-141)。

③ 空域管理和空中交通管理。FAR-71 部规定了空域分类、空中交通服务航路和报告点;FAR-73 部规定了特殊用途空域;FAR-91 部规定了一般运行和飞行规则;FAR-99 部规定了空域管理中的(国防)安全。

④ 通用航空运营。通用航空企业开展航空喷洒、航空观测、空中观光、管道巡线等飞行活动无需经营许可。根据 FAR-119 部,若通用航空公司开展公共运输服务的承运飞机的座位数不超过 20 个且载重不超过 6 000 磅(约 2 721 千克),也不实行强制许可。

美国通用航空法规不但全面而且细致,尤其是在通用航空运营管理方面,针对各种不同类别的通用航空飞行活动,FAA 都制定有一部专门的法规与之相对应。每部法规还包括适用范围、检查要求、登记、申请、运行规范等细节。政府部门和机场对FBO 的建设要求和服务标准也有明确的规定。

3. 联邦规范性文件

数量庞大的规范性文件对美国通用航空业起着重要作用。这些规范性文件更加细致地对美国联邦航空条例进行了补充。如《通用航空运行监察员手册》对通用航空监察员的检查程序做出了规范;《航空器及相关部件的适航认证》对自制飞机的飞行提出了明确限制和具体要求。以咨询通告(AC)为例,涉及通用航空的规范性文件如

表 3.6 所列。

表 3.6　涉及通用航空的 AC

序　号	内　容	发布时间
AC-61-98D	航班审查和仪器熟练度检查要求及指南	2018-4-30
AC-61-83H	国家指定,FAA 批准,行业指导飞行教练进修课程	2015-8-4
AC-135-14B	直升机空中救护行动	2015-3-26
AC-150/5390-2C	直升机场设计	2012-4-24
AC-150/5345-56B	L-890 机场照明控制和监控系统(LCMS)规范	2011-9-29
AC-61-91J	WINGS-试点能力计划	2011-2-16
AC-23-27	老式飞机的零件和材料替代品	2009-5-18
AC-150/5345-52A	通用视觉下滑指示器(GVGI)	2007-9-5
AC-91-59A	通用航空飞机排气系统的检查和维护	2007-7-23
AC-91-77	通用航空,编码离境航线(CDR)	2007-1-6
AC-150/5070-6B	机场总体规划	2005-7-29
AC-23-23	第 23 部　飞机中集成驾驶舱标准化指南	2004-9-30
AC-61-134	通用航空控制飞行进入地形意识	2003-4-1
AC-20-143	通用航空往复式飞机发动机控制装置的安装、检查和维护	2000-6-6
AC-43-9C	维护记录	1998-6-8
AC-20-109A	服务难度计划(通用航空)	1993-4-8
AC-91-67	FAR-91 部规定的通用航空运营的最低设备要求	1991-6-28
AC-20-122A	防误装设备:可用性和使用-修改 1	1991-1-29
AC-91-55	在飞机的发动机启动后减少电气系统故障	1980-10-28
AC-20-106	通用航空飞机所有者的航空器的检查	1978-4-1
AC-90-75	频闪灯系统检查	1977-2-10
AC-91-46	陀螺仪器的良好操作规范	1977-2-4
AC-91-35	通用航空飞行员的噪音听力损伤和疲劳	1972-3-28
AC-91-26	Airdriven 陀螺仪器的维护和处理	1969-7-2

其中,2017 年 8 月 30 日,美国 FAA-23 部通用航空适航法规的修改版本正式生效。新版法规将降低航空业成本,简化新技术进入市场的批准流程。该规章的修改是对 FAA《2012 现代化和改革法案》和《2013 小飞机振兴法》的反应,也是根据 FAA-2013-23 部规章修订委员会提出的建议进行的。对该法规的修改可以看作是 FAA 从飞机审定服务机构向支持行业创新机构转变的开始。FAA 将专注于使用基于风险的监管方法,改进适航审定战略,在管理系统上加大投入,提高机构的执

行能力和监管能力。

　　这项规章的修改也促进了 FAA 与国外伙伴的合作,包括欧洲航空安全局(EA-SA)、加拿大交通部民航局(TCCA)和巴西民航局(ANAC),有助于降低飞机生产商、发动机生产商和相关设备生产商的成本,有助于他们取得在全球销售产品的适航审定资格。

4. 民间通用航空协会

　　美国有 70 余家全国性和地方性的通用航空协会。这些协会都是非营利性民间组织,代表着通用航空企业、航空爱好者、从业者的利益,在制定通用航空产业法律法规和政策标准,维护市场秩序,规范行业行为,培训专业人才方面发挥着不可替代的作用。《通用航空振兴法案》正是在这些民间通用航空协会的积极游说下才得以通过的。

　　(1) 通用航空制造商协会(GAMA)

　　美国联邦航空局于 1964 年 5 月 20 日在 29 联邦登记处(FR)6522 的最终规则中引入了持续适航计划(CAP)。

　　GAMA 针对 CAP 也出台了一系列的规范,其中包括:

　　1) GAMA 规范 7:维修手册;

　　2) GAMA 规范 9:协助编写官方的技术维护信息,提供资料的检索;

　　3) GAMA 规范 10:驾驶舱/飞行甲板人为因素建议;

　　4) GAMA 规范 11:统一通用航空电子设备的标准标签代码;

　　5) GAMA 规范 12:规定了一种驾驶舱的设计方法;

　　6) GAMA 规范 13:确定机舱内饰的流程;

　　7) GAMA 规范 15:飞机内饰标牌使用;

　　8) GAMA 规范 16:混合和电动推进性能测量;

　　9) GAMA 规范 18:降低飞机的维护风险。

　　(2) 航空器拥有者及飞行员协会(AOPA)

　　AOPA 提供行业自律平台,建立"机场支持体系",保障通用机场的安全,配合国家安全保障政策的落实。

　　总结美国通用航空产业发展的特点及相关法律政策不难发现,美国政府是其通用航空产业发展的推动者、政策制定者和支持者。美国通用航空立法不仅包括针对通用航空产业的专门立法和适用于通用航空产业的一般立法,还包括联邦政府与州政府两个层次的立法体系。因此,在美国并没有统一的通用航空立法,而相关法律都是属于仅针对通用航空产业某一环节的单一立法,并在日后实施中根据具体情况进行调整,通过政策倾斜引导或加大规范力度等方式,让法律张弛有度,控制、调节产业发展速度与进程,使得美国通用航空的规章最终可以满足当下发展的需要。

3.3.3　欧盟通用航空规章体系

1. 欧盟的政策法规体系

欧盟的政策法规体系由条约(Treaty)、条例(Regulation)、指令(Directive)、决定(Decision)和建议与意见(Recommendations and Opinions)构成。

随着欧盟统一安全机构的设立,欧洲的空域管理问题得到了统一与协调,通过1592 号规章建立起了一套完整的欧盟安全法规体系,其中第一层次是议会和理事会通过条例确定的纳入共同体管辖的航空安全范围和职责(目前即为 1592 号规章);第二层次是委员会制定的相应实施细则(目前包括《2003 年 1702 号关于适航和环境认证的委员会条例》以及《2003 年 2042 号关于持续适航的委员会条例》);第三层次为欧洲航空安全局制定的相应实施标准和指南等。同时在通用航空事故与责任认定上,又补充出台了《1994 年 56 号关于建立空难和航空事故调查基本原则的理事会指令》、《1997 年 2027 号关于空难中航空公司责任的理事会条例》以及《2003 年 42 号关于航空不安全事件报告的议会和理事会指令》。通过多层次的、立体化的管理,统一解决了整个欧洲空域的安全问题(尽管英国的监管权力正在越来越多地转移到 EASA,但 GA 仍受民航局(CAA)监管,主要侧重于适航标准和驾驶执照标准,目标是促进高标准的安全)。

2. EASA 通用航空职能及规章

EASA 的主要职能是对欧盟立法给予建议;实施并监督安全法规,监控成员国;负责航空器和零部件的型号审定;对涉及航空产品设计(DOA)、生产(POA)及维修的第三方国家(非欧盟成员国)机构进行认证;对第三方国家运营人进行授权。

EASA 颁布的法规条约等所涵盖的内容基本可以概括为:① 基本规定;② 初始适航性;③ 其他适航规范;④ 持续适航;⑤ 空勤人员;⑥ 空中业务;⑦ TCO 第三国运营商;⑧ ATM/ANS 空中交通管理/空中航行服务;⑨ ATCO 空中交通管制员;⑩ AUR 空域使用要求(ACAS2、PBN);⑪ SERA 标准化的欧洲空气规则;⑫ ADR Aerodromes;⑬ 上诉委员会;⑭ 费用和收费;⑮ 罚款和处罚;⑯ 标准化检查;⑰ SKPI 安全关键绩效指标;⑱ 其他。

欧盟法律结构图如图 3.1 所示。

另外,EASA-21 部为可接受的符合性方法和指导材料。

CS(Certification Specification)认证规范包括的内容如表 3.7 所列。

事实上,在 2017 年 8 月 15 号,EASA 的新 CS-23 部也生效了,它基本和 FAA-23 部类似,互通原则均基于总体性能和飞机 Crashworthiness 要求以及业界规范共识,类似 LSA(轻型运动飞机)的 ASTM(美国试验和材料标准协会规范),而非以前的描述性技术要求和管理当局验证方式。

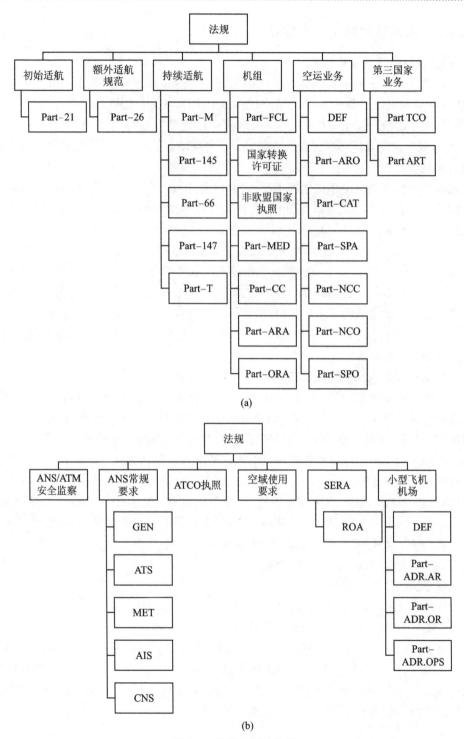

图 3.1　欧盟法律结构图

表 3.7　认证规范内容表

AMC – 20	CS – VLA	CS – ETSO	CS – 36
CS – 25	CS – GEN – MMEL	CS – SIMD	CS – Definitions
CS – 29	CS – 22	CS – VLR	CS – LSA
CS – 31TB	CS – 26	CS – CCD	CS – STAN
CS – APU	CS – 31GB	CS – 23	CS – MMEL
CS – E	CS – 34	CS – 27	CS – FCO
CS – P	CS – AWO	CS – 31HB	

3. EASA 通用航空线路图

欧洲航空安全局(EASA)在过去的三年中在多个方面开展了工作,2017 年 5 月,EASA 在官网上发布了 2017 通用航空线路图,主要有以下要点:

(1)飞行学校及私人飞行员训练

有些小型通用航空培训供应商主要由私人飞行俱乐部或者个体运营,对小型通用航空培训供应商而言,为获得培训机构的许可而需要满足的要求过于苛刻。EASA 考虑了这些问题,并且已经制定了新的规章,使通用航空培训机构的经营更加容易。

按照新的 Part – DTO(申报培训机构),从事轻型飞机驾驶执照(LAPL)和私人飞行员执照(PPL)培训的供应商将不再需要事先使他们的培训机构获得认证,而只需要向主管当局申报培训机构的设立。批准培训机构所要求的操作和培训手册也不再需要。

新的 Part – DTO 将显著减轻通用航空培训领域的负担,并已于 2018 年 4 月生效。

(2)仪表飞行规则(IFR)

通用航空飞行员能够更容易地进行 IFR 飞行是一个高优先级的措施,这将改善通用航空飞行的安全性和效用。修正案提案通知(NPA)2016 – 14 发表于 2016 年 11 月,提出引用"基本仪器评级(BIR)",这是一个进行 IFR 飞行的资质,但相比于传统的仪表等级,它基于更均衡的要求。EASA 的目标是通用航空飞行员能获得模块化(更少指定项)的训练,并且 BIR 可以根据他们的需求制定。

(3)气球和滑翔机

用气球和滑翔机进行的商业和非商业飞行操作最初是由飞行操作规则(飞行操作规章(EU)N°965/2012)规定的。受到影响的 EASA 利益相关者指出了监管框架的复杂性。因此,EASA 重新设计了这一部分,目的是与气球和滑翔机团体共同工作,为气球和滑翔机的商业或非商业飞行制定独立的规章。关于气球飞行操作的条例草案已敲定,目前正在通过采纳程序。涵盖滑翔机飞行操作的规章的制定工作开始于 2016 年。

（4）欧洲的空中作业

2017 年 4 月 21 日，欧洲的针对飞机和直升机高空作业（或所谓的专业操作）的规章在 32 个 EASA 成员国（28 个欧盟成员国加上冰岛、列支敦士登、挪威和瑞士）开始生效。

专业操作（SPO）或空中作业是指除商业航空运输（CAT）以外的任何操作，其飞机用于专门的活动，例如：农业、建筑、摄影、测量、观察、巡逻、空中广告等。

Part－SPO 适用于所有商业的专业空中操作，适用的飞行器包括复杂的和非复杂的飞机和直升机。对复杂的飞机和直升机，它也适用于非商业的专业空中操作。大多数专业操作都不需要事先得到主管当局的批准，经营者只需要在其主要营业地向所在成员国的主管当局申报其活动即可。在申报之后，SPO 经营者可以立即开始这项活动。只有一些高风险的商业性专业操作才需要向主管当局申请授权。因此，成员国必须告知经营者哪些操作是高风险的。

（5）Part－M 轻型飞机

轻型飞机的持有人可以为改善做好准备。Part－M 轻型飞机的所有内容（阶段1 和 2）已经在欧盟成员国中投票通过，于 2017 年底完成。

关键交付物：

① 根据最小检查计划（MIP），轻型飞机（达到 2 730 千克的飞机，其他达到 4 座和 1 200 千克的轻型飞机和直升机）的所有者可以编写自己的维修计划。

② 制定由民航局或持续性适航管理组织（CAMO）审批的维修程序不是必须的。

③ 任何独立的由 EASA 认可的工程师都可以做年检。

④ 飞行员/机主推迟缺陷的可能性。

⑤ 指导大修间隔时间（TBO）的延长。

⑥ 小型机构的联合验收（Part－CAO），应在一次批准中完成管理（原 CAMO）和维护。

⑦ Part－M 轻型飞机简化了现有的维护规章，并提供了一个更少指定性和负担的方法来维护方案、适航审查、缺陷延期和 TBO 间隔延长。它还为飞行员、持有人、独立机械师和小型维修机构提供了更多的特权。

（6）标准的变化与修订

EASA 在 ED Decision 2015/2016 年发布了第一版标准的变化与修订（CS－STAN），以减少下列飞机的维护和运行成本：

① 最大起飞质量 5 700 千克或更小的飞机；

② 最大起飞质量 3 175 千克或更小的直升机；

③ ELA1 或 ELA2（欧洲轻型飞机类）中定义的滑翔机、动力滑翔机、气球和飞艇。

④ 由于不再需要批准，CS－STAN 可以更容易、更快、更经济地对轻型飞机做出

改动、维修和升级，并由适当的获得许可的机械师来保障这些改动和维修的安全性。在某些情况下，CS-STAN 允许非认证设备配备到已获得认证的飞机上。

⑤ CS-STAN 将在利益相关者吸取的教训和提交的建议的基础上进一步定期修订，也会参考产业技术创新，这些创新能够以低成本带来安全效益。

(7) 行业标准：CS-23 修订

① EASA 的修正案提案通知（NPA）2016-05，引入了共识标准，并于 2016 年 6 月出版。它与 2016 年 12 月出版的新 FAA Part-23 规章遵循相同的逻辑。

② EASA 认证规范将被 CS-23 飞行器的客观的和设计独立的要求所代替：新的 CS-23 概念将覆盖当前的 CS-23 范围和 CS-VLA 简单的双座飞机

③ 为 CS-23 和 CS-VLA 设计的具体细节将在会成为可接受的符合性方法（AMC）的行业标准中收录。

引进的新技术或安全增强功能，成为行业标准的发展的一部分，因此不会受到当前缓慢的规章制定过程的影响。期望使得申请者的认证成本更低以及形成更好的最新行业标准。

(8) 小型低风险飞机的准入门槛降低

小型低风险飞机的准入门槛降低是为通用航空低端的小飞机和低风险操作大大简化适航体系，办法是研究简化的 EASA 体系准入门槛，其中包括两个途径：

① 远期采用基于风险的方法，通过有资质的单位和用户机构来监督，或依靠 EASA 批准的行业标准合并进行认证。为了实现合并认证办法，基本规章需要赋予通用航空更多的灵活性。Part-21 包含了适航程序，只有当基本规章修订之后它才能被修改。

② 近期，EASA 正在开发申请生产组织批准（POA）的小企业的新的可接受的符合性方法（AMC）。这些 AMC 侧重于表明，实际生产的飞机、发动机或螺旋桨是按照批准的设计生产的，实现更少的程序和检查。AMC 将用特殊模板编写，以使适航认证过程更加简捷。

(9) FAA 补充型号合格证（STC）在 EASA 的认可

FAA STC 在 EASA 的行政认可是一个简化的 EASA 验证过程，为不愿或不能申请 EASA 认证的 FAA STC 持有者申请 EASA 认证。这种新的方法表明，飞行器拥有方和运营方可以向 EASA 提出申请，并且 EASA 的认证将限定在一定范围之内。

3.4　中国通用航空法律规章规范

根据民航局整理的信息，中国的通用航空法律主要分为：法律、行政法规、民航规章和标准规范。一般来说，法律的下发机构为全国人大常委会，法规的下发机构为国务院，而规章的下发机构为民航局。

3.4.1 法律、行政法规

① 1986 年 1 月 8 日发行了《国务院关于通用航空管理的暂行规定》(国发〔1986〕2 号),其中提到:为了促进通用航空事业的健康发展,维护公共利益,保障飞行安全,以适应社会主义现代化建设的需要,特制定本规定。它规定了通用航空管理的相关十七条条款。

② 2003 年 1 月 10 日发行的《通用航空飞行管制条例》(国务院、中央军委令第 371 号),提到:为了促进通用航空事业的发展,规范通用航空飞行活动,保证飞行安全,根据《中华人民共和国民用航空法》和《中华人民共和国飞行基本规则》制定本条例,内容包括飞行空域的划设与使用,飞行活动的管理、飞行保障和法律责任。

3.4.2 民航规章

为清晰展示通用航空法规体系重构工作调整涉及的规章情况,并为通用航空立法提供指引,民航局制定了通用航空法规框架。该框架按照民航管理事项进行分类并排序,共涉及 23 部规章,其中新制定 3 部,修订 19 部,废止 1 部。其中,7 部规章已经通过通用航空一揽子修改决定的形式完成了修改,其他 16 部规章根据轻重缓急,落实到 2019 年的立法计划和五年立法规划中,按时限、分专业进行规章的立改废工作。具体内容如表 3.8 所列。

表 3.8　通用航空法规框架

序　号	CCAR 部号	规章名称	调整内容	方　式	纳入 2019 年立法计划和规划情况
航空器					
1	CCAR - 21	民用航空产品和零部件合格审定规定	增加个人自制航空器定义,在适航证类别中增加实验类适航证,实验类适航证将主要针对个人自制航空器,允许不经设计和生产审定,直接颁发单机适航证	修订	已列入 2019 年立法计划
2	CCAR - 43	维修和改装一般规则	在确保维修质量和运行安全的情况下,允许通用航空运行人有条件地使用原制造厂家提供的维修服务	修订	已通过修改决定方式修订完成
航空人员					

续表 3.8

序　号	CCAR 部号	规章名称	调整内容	方　式	纳入 2019 年立法计划和规划情况
3	CCAR - 61	民用航空器驾驶员合格审定规则	为促进私用和娱乐飞行的快速发展,对于运动驾驶员执照和私用驾驶员执照,允许非训练机构进行训练,取消运动驾驶员执照和私用驾驶员执照训练机构审批的行政许可;在空中游览和农林喷洒等飞行方面也放宽审定条件或者简化人员资质证明要求	修订	已通过修改决定方式修订完成
4	CCAR - 66TM	民用航空空中交通管制员执照管理规则	增加通用航空类的特殊签注,降低部分要求	修订	已列入立法规划,2020 年送审
5	CCAR - 67FS	民用航空人员体检合格证管理规则	延长体检合格证的有效期,Ⅱ级体检合格证的有效期由原来的 36 个月调整为 60 个月,使年龄满 50 周岁者的Ⅱ级体检合格证的有效期与年龄满 40 周岁者的一致	修订	已通过修改决定的方式修订完成
一般运行规则					
6	CCAR - 85	民用航空导航设备开放与运行管理规定	导航设备开放将按照模块化监管的要求进行相应调整	修订	已列入 2019 年立法计划
7	CCAR - 86	民用航空通信导航监视设备飞行校验管理规则	修改相关内容,专门规定针对通用航空的条款,降低对通用航空的要求	修订	已列入 2019 年立法计划
8	CCAR - 91	一般运行和飞行规则	仅作为适用于所有运行的一般通用规则,不再包含运行许可审定要求	修订	已通过修改决定的方式修订部分条款,全面修订已列入 2019 年立法计划
航空企业的合格审定及运输					
9	CCAR - 135	小型航空器商业运输运营人运行合格审定规则	对于私用大型运行,除农林喷洒、直升机外挂、训练、空中游览和跳伞服务外的商业非运输运行,不再实施运行合格审定	修订	已通过修改决定的方式修订部分条款,全面修订已列入 2019 年立法计划

续表 3.8

序　号	CCAR 部号	规章名称	调整内容	方　式	纳入 2019 年立法计划和规划情况
10	CCAR - 136	特殊商业运行合格审定规则	专门规定空中游览、跳伞服务、医疗救护等通用航空活动的运行合格审定	制定	已列入 2019 年立法计划
11	CCAR - 138	通用机场管理规定	对通用机场的建设、使用许可、运行进行系统规定,其中,仅对面向公众开放的机场进行许可管理,其他非面向公众开放的机场,不再进行许可管理	制定	已列入立法规划,2020 年送审
学校、航空人员及其他单位的合格审定及运行					
12	CCAR - 140	民用机场运行安全管理规定	删除对通用机场的要求	修订	已通过修改决定的方式修订完成
13	CCAR - 141	民用航空器驾驶员学校合格审定规则	仅实施运动驾驶员执照和私用驾驶员执照训练的训练机构,今后不再实施运行合格审定	修订	已通过修改决定的方式修订部分条款,全面修订已列入 2019 年立法计划
14	CCAR - 145	民用航空器维修单位	区别一般维修单位和通用航空企业的标准,降低对通用航空企业的要求	修订	已列入 2019 年立法
机场建设和管理					
15	CCAR - 158	民用机场建设管理规定	删除对通用机场的要求	修订	已通过修改决定的方式修订完成
综合调控规则					
16	CCAR - 201LR	外商投资民用航空业的规定	废止该规章,对外商投资包括通用航空在内的民航业,按照国家负面清单管理	废止	已列入 2019 年立法计划
17	CCAR - 229	民用航空企业及机场联合重组改制管理规定	删除对通用航空企业的要求	修订	已通过修改决定的方式修订完成
航空运输规则					
18	CCAR - 285	非经营性通用航空登记管理规定	取消非经营性通用航空的许可规定	修订	已列入 2019 年立法计划

序　号	CCAR部号	规章名称	调整内容	方　式	纳入2019年立法计划和规划情况
19	CCAR-290	通用航空经营许可管理规定	深化经营性通用航空活动行政审批制度改革,推行通用航空经营许可和运行许可联合审定,研究对社会公众影响不大的通用航空活动实行告知承诺制审批方式	修订	已通过修改决定的方式修订部分条款,全面修订已列入2019年立法计划
			航空保安		
20	CCAR-329	民用航空运输机场航空安全保卫规则	分类规范运输机场与通用机场的安保责任,系统规范通用机场的安保规定	修订	已列入立法规划,2020年送审
21	CCAR-333	通用航空安保管理规则	明确了通用航空企业为安保责任的主体,并区分了四类通用航空的安保要求,再将其对应到不同的模块中,基本原则是载客类通用航空活动的安保要求高,非经营非载人通用航空活动的安保要求相对较低	制定	已列入2019年立法计划
22	CCAR-343	公共航空运输企业航空安全保卫规则	针对公共航空运输企业航空安全的规定、航空安保方案、运行安保措施	修订	已通过修改决定的方式修订完成
			航空器搜救与事故调查		
23	CCAR-395	民用航空器事故和飞行事故征候调查规定	对于非亡人非载客的通用航空不安全事件的调查,授权符合一定条件的相关通用航空企业自行开展调查工作,调查报告上报局方备案	修订	已列入2019年立法计划

除上述民航局未来的工作重点外,民航局往年发布的民航规章包括以下5部:

① 2018 年 11 月 16 日发布了交通运输部关于修改《通用航空经营许可管理规定》的决定(CCAR-290-R1)。本规定已于 2018 年 11 月 9 日经第 18 次部务会议通过,自 2019 年 1 月 1 日起施行。修改内容包括:删去第八条第七项;删去第十条第六项、第八项和第十项;删去第十四条;删去第十九条第四项;删去第二十一条第三项和第四项;将附录中"空中游览"的解释修改为:"使用民用航空器载运游客进行以观赏、游览为目的的飞行活动。"

② 1988 年 4 月 21 日发布了《运输类旋翼航空器适航规定》(CCAR-29-R1)(2002 年 7 月 2 日第一次修订),内容包括:总则、飞行、强度要求、设计与构造、动力装置、设备、使用限制和资料等。关于修改《运输类旋翼航空器适航规定》的决定(CCAR-29-R2)对正文内容以及部分附件都进行了详细的修改与说明。

③ 2002 年 7 月 2 日中国民用航空总局局务会议通过发布了《正常类旋翼航空器适航规定》(CCAR - 27 - R1),交通运输部于 2017 年 4 月 1 日针对该规定发布了修改《运输类旋翼航空器适航规定》的决定(CCAR - 27 - R2)。

④ 2016 年 4 月 7 日,民航局发布了《通用航空经营许可管理规定》(CCAR - 290),2004 年发布的 CCAR - 135TR - R2,2007 年发布的 CCAR - 135TR - R3 已失效。该规定说明,从事通用航空经营活动,应当取得通用航空经营许可。中国民用航空局对通用航空经营许可及相应监督管理工作实施统一管理。中国民用航空地区管理局则应负责实施辖区内的通用航空经营许可管理工作。

⑤ 2004 年 10 月 12 日发布了《非经营性通用航空登记管理规定》(CCAR - 285)。随着经济的发展、社会的进步,以及社会生活的多样性,从事通用航空活动的主体发生了很大变化,既有企事业单位,也有个人,其中一部分是从事非经营性通用航空活动。鉴于目前的民用航空规章不能对此类活动实施有效的管理与规范,依据《中华人民共和国民用航空法》制定了本规定,以进一步完善通用航空管理的法规体系。本规定共四章,三十九条,包括:关于非经营性通用航空活动的定义;关于登记工作分级管理;关于非经营性通用航空活动项目的划分和关于非经营性通用航空活动的监督。

3.4.3　规范性文件

① 1997 年 1 月 12 日发布的《通用航空生产、活动情况报送管理办法》(MD - TR - 1997 - 001)已失效。

② 2007 年 9 月 13 日发布的《通用航空飞行人员执照和训练管理》(AC - 61 - 8R1)以及 2010 年 4 月 13 日发布的 AC - 61 - FS - 2010 - 08R2 均已失效。

③ 2010 年 5 月 6 日发布了《直升机飞行机械员执照训练和考试要求》(AC - 63FS - 2010 - 01)。它依据 CCAR - 63 部第 5 条的要求,规定对完成该规则所要求的相应训练并符合所申请等级要求的申请人,可在其飞行机械员执照上签注相应的直升机型别等级;明确了需要在飞行机械员执照上签注直升机型别等级的直升机型号,对带直升机型别等级的飞行机械员执照申请人的知识、经历和技能的要求,对执照训练教学人员的资格要求以及执照办理程序。

④ 2012 年 10 月 18 日发布了《通用航空飞行服务站系统建设和管理指导意见(试行)》(AP - 93 - TM - 2012 - 02),目的是深化低空空域管理改革,完善通用航空服务保障体系,规范通用航空飞行服务站建设和管理。它是根据《中华人民共和国民用航空法》和国务院中央军委《关于深化我国低空空域管理改革的意见》制定的。

⑤ 2013 年 7 月 8 日发布了《通用航空机场空管运行保障管理办法》(AP - 83 - TM - 2013 - 01)。中国民用航空局对全国通用机场空管运行保障实施统一管理和监督检查。民航地区管理局(以下简称地区管理局)负责对所辖区域内的通用机场的空管运行保障实施监督管理,定期对本地区的通用机场空管运行保障工作进行调查研

究,总结归纳发现的问题,提出建议措施,规范和促进通用航空的发展。

⑥ 2013 年 7 月 18 日发布了《通用航空器适航检查单(直升机)》(AC‐21‐AA‐2013‐18),目的是明确适航检查工作中通用航空运营人的责任和义务,并为通用航空运营人所实施的航空器(直升机)适航检查工作提供相应指导。

⑦ 2013 年 11 月 6 日发布了"印发《通用航空飞行任务审批与管理规定》的通知(参作〔2013〕737 号)",目的是规范通用航空飞行任务审批与管理,促进通用航空事业发展,维护国家空中安全。中国人民解放军总参谋部印发了《通用航空飞行任务审批与管理规定》。国务院民用航空主管部门负责通用航空飞行任务的审批;总参谋部和军区、军兵种有关部门主要负责涉及国防安全的通用航空飞行任务的审核,以及地方申请使用军队航空器从事非商业性通用航空飞行任务的审批。

⑧ 2014 年 10 月 9 日发布了《直升机安全运行指南》(AC‐91‐FS‐2014‐22),旨在提醒运营人和航空人员在运行时需注意的安全事项,不作为规章强制要求,不取代特定机型的飞行手册或操作手册中相关的具体程序,仅供参考。

⑨ 2015 年 5 月 15 日发布了《直升机防撞线机载设备信息》(IB‐FS‐2015‐03)。目前多种设备可以在直升机接近电线时,向飞行员发出警报或提供主动防护。通过对国外资料的搜集和整理,本通告列举了几种机载防撞线设备,以供参考。

⑩ 2015 年 6 月 8 日发布了《机场和直升机场灯标技术要求》(AC‐137‐CA‐2015‐11)。"本技术要求是依据《民用机场专用设备管理规定》、国际民用航空公约附件 14、《民用机场飞行区技术标准》(MH 5001)、《民用直升机场飞行场地技术标准》(MH 5013)等有关要求进行编制,参考了美国联邦航空局(FAA)的《机场和直升机场灯标的规定》(AC150/5345‐12F)。""本技术要求的内容包括总则、规范性引用文件、术语和定义、分类、技术要求、检验规则、标记和说明书及包装和贮存,共八章。"

⑪ 2015 年 6 月 8 日发布了《机场和直升机场灯标检测规范》(AC‐137‐CA‐2015‐12),它是依据《机场和直升机场灯标技术要求》(AC‐137‐CA‐2015‐11)编制的,为机场和直升机场灯标的合格性检验提供了具体的操作方法和指导。本检测规范的内容包括总则、引用标准、检测条件、检验前的准备、检验项目及方法,共五章。

⑫ 2015 年 7 月 13 日发布了《通用航空飞行人员执照和训练管理》(AC‐61‐FS‐2015‐08R4),目的是明确和规范通用航空单位的执照管理和训练管理工作。

⑬ 2017 年 1 月 13 日发布的《通用航空在美国应急救援体系中的应用》(IB‐TR‐2017‐01)介绍了通用航空在美国应急救援体系中的整体设计、救援力量组成和案例介绍,并摘录了 FAA《AC00‐7D 州和地区灾难空运计划》(SARDA)和《俄亥俄州应急救援行动计划》两份政策性文件。

⑭ 2017 年 2 月 24 日发布了《民用直升机场助航灯具技术要求和检测规范》(AC‐137‐CA‐2017‐01)。它"依据《民用机场专用设备管理规定》(CCAR‐137CA‐R3)、国际民用航空公约附件 14 第 Ⅱ 卷《直升机场》第四版(2013 年 7 月)和《民用直升机场飞行场地技术标准》(MH 5013‐2014)的要求编制","分为技术要求和检测规

范两部分。""技术要求的内容包括总则、规范性引用文件、术语和定义、分类、技术要求、标记和说明书、检验规则、包装运输及贮存,共八章。检测规范的内容包括总则、引用标准、检测条件、检测前的准备、检测项目及方法和附录,共六章。"

⑮ 2017 年 5 月 27 日发布了《通用航空市场监管手册》(WM - TR - 2017 - 01)。该手册规范了通用航空市场的监管工作,确保程序规范、标准统一;明确了民航各级管理机构在通用航空市场监管方面的工作职责;为监察员从事通用航空市场监管工作提供了监察依据和操作指南。

⑯ 2017 年 8 月 7 日发布了《关于部分直升机特殊训练和经历要求的说明》(AC - 61 - FS - 2017 - 18R2)。为确保直升机安全运行,本咨询通告参考国外民航当局的要求,对特定型号直升机的训练和经历要求做出了补充说明,所有相关机型的驾驶员和飞行教员都应当满足其中对特殊训练、飞行经历和签注的要求。

⑰ 通用航空管理"意见箱"的答复(1—8 期)、发布日期以及各种批号从第八期至第一期分别为:2018 年 3 月 26 日,IB - TR - 2018 - 03;2018 年 1 月 25 日,IB - TR - 2018 - 01;2017 年 12 月 12 日,IB - TR - 2017 - 07;2017 年 9 月 23 日,IB - TR - 2017 - 06;2017 年 6 月 30 日,IB - TR - 2017 - 05;2017 年 4 月 17 日,IB - TR - 2017 - 03;2017 年 2 月 22 日,IB - TR - 2017 - 02;2016 年 12 月 29 日,IB - TR - 2016 - 01。通用航空管理"意见箱"主要是面向行业征集关于三个方面的咨询:

- 涉及套用运输航空规章"过度监管"的问题;
- 涉及规章执行不规范、不统一的问题;
- 对局方审批、监管行为存在质疑的问题。

⑱ 2018 年 3 月 19 日发布了《我国通用航空产业发展情况》(IB - TR - 2018 - 02)。为落实国务院办公厅《关于促进通用航空业发展的指导意见》,扎实推进各项任务,全面掌握各地通用航空产业规划建设情况,经各地区管理局、监管局与辖区内地方政府相关部门确认,对通用航空业发展和规划布局基本情况进行了全面摸底,包括可供通用航空起降的机场(运输和通用机场)、航空产业园(含通用航空项目)、航空小镇、空中游览项目等,该文件即为相关信息的汇总,以供各地方、各部门及各类投资主体借鉴参考。

3.4.4　标准规范

① 2007 年 4 月 11 日发布了《通用航空机场设备设施》(GB/T 17836—1999)。本标准规定了使用固定翼飞机、直升机进行通用航空作业飞行活动的机场,在运行中应具备的最低设备设施技术要求。本标准适用于在中华人民共和国境内用于通用航空飞行活动的机场,不适用于滑翔机、热气球、飞艇和航模活动飞行的起降场地。

② 2007 年 4 月 11 日发布了《旅客运输机与直升机座舱卫生标准》(MH/T 7005—1995)。本标准规定了旅客运输机与直升机座舱的卫生标准,适用于旅客运输机与直升机座舱内的卫生评价。

③ 2011 年 10 月 17 日发布了《通用航空术语》(MH/T 1039—2011),规定了通用航空基本术语及其定义,适用于通用航空行业管理、科研、生产、教育及其他相关领域。

④ 2012 年 5 月 29 日发布了《通用机场建设规范》(MH/T5026—2012)。本标准根据民航局《关于印发加快通用航空发展有关措施的通知》(民航发 2009[101]号)的要求和《建设民航强国的战略构想》文件精神编制,用以规范通用机场建设,合理确定通用机场的建设规模和运行设施,保证通用机场的安全适用性。

⑤ 2012 年 11 月 8 日发布了《直升机地形意识及告警系统(HTAWS)》(CTSO—C194)。本技术标准规定(CTSO)适用于为直升机地形意识及告警系统(以下简称 HTAWS)申请 CTSO 批准书(CTSOA)的制造人。本 CTSO 规定了 HTAWS 为获得批准和使用适用的 CTSO 标记进行标识所必须满足的最低性能标准。

⑥ 2014 年 6 月 6 日发布了《民用直升机场飞行场地技术标准》(MH 5013—2014)。"本标准依据国际民用航空公约附件 14 第 Ⅱ 卷《直升机场》第四版(2013 年 7 月)的有关标准和建议,并结合我国民用直升机场建设与管理实际进行修订。""本标准规定了民用直升机场飞行场地的技术要求,主要包括飞行场地的物理特性、直升机场障碍物限制、目视助航设施、救援和消防等内容,共有 7 章和 3 个附录。"本标准在原《民用直升机场飞行场地技术标准》(MH 5013—2008)的基础上进行了修订。

⑦ 2014 年 12 月 29 日发布了《通用航空供油工程建设规范》(MH/T 5030—2014)。为适应我国通用航空发展的需要,在总结和吸收多年来国内通用航空供油工程建设经验、参考国外相关标准和广泛征求意见的基础上制定本规范。本规范共有十章和一个附录,内容包括总则、术语、基本规定、选址与规划、总图布置、供油工艺及设施设备、电气、报警与通信、消防与安防、建筑物、排水与暖通、工程施工、验收与投运等。

⑧ 2018 年 10 月 31 日发布的《AC312E 型直升机高强度辐射场(HIRF)》(SC‐29‐01)说明了 AC312E 型直升机适用的适航规章《运输类旋翼航空器适航规定》(CCAR‐29‐R1)中没有对这类航空器系统提出明确的 HIRF 要求,因此,根据《民用航空产品和零部件合格审定规定》第 21.16 条的要求制定专用条件,使其具有与 CCAR‐29 部规章等效的安全水平。

第4章 通用航空器适航管理

适航管理是以保障民用航空器的安全性为目标的技术管理,是全方位、全过程的控制管理,最终目的是为公众和社会提供安全、经济、舒适的航空运输工具,其本质是适航性控制。适航审定是民用飞机安全性能的保证书,也是飞机走向航空市场的通行证。通用航空器投入应用,都须取得型号合格证、生产许可证和单机适航证。通用航空的发展总体思路,按照"放管结合、以放为主"的原则,有必要针对通用航空器的特点进行适航审定和管理,以助力通用航空产业的发展。通用航空适航管理主要采用"事中事后"监督的管理方式,更多地允许通用航空企业和个人自主完成适航符合性验证工作,体现申请人的适航主体责任,推动通用航空在"热起来"的基础上安全"飞起来"。

4.1 民用航空器适航管理基础

4.1.1 适航管理概念

航空器的适航性(airworthiness)是指航空器适合/适应于飞行的能力,是指该航空器包括其部件及子系统整体性能和操纵特性在预期运行环境和使用限制下的安全性和物理完整性的一种品质,是航空器的固有属性。适航性是个抽象的、物理的、全过程的集合,它是通过航空器全寿命周期内的设计、制造、试验、使用、维护和管理的各个环节来实现和保持的。

适航管理是民用航空器特有的管理体制,归根结底,是为了给航空安全提供保障。民用航空器的适航管理是以保障民用航空器的安全性为目标的技术管理,是政府适航部门在制定了各种最低安全标准的基础上,对民用航空器的设计、制造、使用和维修等环节进行的科学统一的审查、鉴定、监督和管理。适航管理揭示和反映了民用航空器从设计、制造到使用、维修的客观规律,并施以符合其规律的一整套规范化的管理。

我国政府明确规定:民用航空器的适航管理由中国民用航空局负责。民用航空器适航管理的宗旨是:保障民用航空安全,维护公众利益,促进民用航空事业的发展。根据国务院 1987 年 5 月 4 日发布、6 月 1 日起施行的《适航条例》的规定,民用航空器的适航管理由中国民用航空局负责。适航管理是按照标准和规定,对民用航空器的设计、生产、使用和维修,直到退役全过程实施以确保飞行安全为目的的技术鉴定和监督。开展适航管理工作要有适航法规体系、适航管理人员和适航管理机构,三者缺一不可。

适航管理机构分为立法决策层、执行层和基础层。立法决策层为民航总局航空器适航司和航空器适航中心;执行层为民航各地区管理局航空器适航处和上海、西安、沈阳、成都航空器审定中心;基础层是民航总局适航部门的助手,民航总局适航部门根据需要在有关企事业单位委任各种代表和委任单位代表,按照适航部门的授权负责有关工作。

4.1.2　适航管理的分类及体系

民用航空器的适航管理可相对分为两大类。一类是初始适航管理,另一类是持续适航管理。

初始适航管理,是在航空器交付使用之前,适航部门依据各类适航标准和规范,对民用航空器的设计和制造所进行的型号合格审定和生产许可审定,以确保航空器和航空器部件的设计、制造是按照适航部门的规定进行的。初始适航管理是对设计、制造的控制。

持续适航管理,是在航空器满足初始适航标准和规范,满足型号设计要求,符合型号合格审定基础,获得适航证投入运行后,为保持它在设计制造时的基本安全标准或适航水平,为保证航空器能始终处于安全运行状态而进行的管理。持续适航管理是对使用、维修的控制。

初始适航管理和持续适航管理从概念上、从实质上来看是相辅相成、密不可分的。二者之间没有明显的界线,也无法截然分开,而二者的交联和熔融,则构成了民用航空器适航管理的一个整体和全部内容。

民用航空器是适航管理的主要对象。民用航空器的适航管理也因此贯穿于民用航空器从孕育、诞生到寿命终止的全过程。这个全过程大体上体现在设计、制造、使用和维修四个时间段。从航空器发生、发展的过程来看,初始适航与持续适航是一个你中有我、我中有你的有机的闭环。从设计构思一种型号的航空器开始,就会想到、也应该想到它的用途及可用性和适用性。对不同设计思想和不同制造要求的航空器都必须进行维修要求的审定,即指经设计国适航部门审定批准的设计人制定的强制性维修工作及其频度的要求。依此,该型号航空器的使用人再制定和建立符合自己情况的维修管理方式。适航部门则依据相应的规章,同时兼顾航空器的实际和使用人的实际,确定单机适航证的使用限制。在持续适航管理中,很大一部分责任是对航空器使用中的重大故障和问题及时进行信息收集,责成航空公司或者研制部门提出纠正措施;必要时编发适航指令,纠正航空器合格审定之后又发生的不安全情况。其中,尤其是那些属于设计、制造因素产生的问题,则要反馈到设计、制造单位,直至采取必要的措施促使问题得到解决和向更高的安全水平转化。

4.1.3　适航管理的特点

经历对民用航空器安全性半个多世纪的管理而逐渐形成的民用航空器适航管理,具有一些国际普遍承认的特点。

1. 权威性

适航管理所依据的适航标准和审定监督规则,既是现代民航科技成就和管理理论的综合体现,又具有国家法律效力。所有的适航规章、标准都是法规的一部分,都是强制性的、必须执行的。

适航部门代表国家行使管理权力,必然具有高度的权威性。民用航空器的设计、制造、使用和维修单位或者个人等都必须服从国家适航部门公正合理的管理。适航管理的监督和被监督是政府对企业的一种强制性行政法规管理,是政府为维护国家利益而进行的监督和检查。作为企业则必须服从适航管理,否则,其产品或营运活动将是非法的。

适航部门的权威性,一方面是由其社会地位决定的,另一方面又是由其自身的公正性、正确性所建立的。后者是适航部门自身建设和发展的重要因素。权威是从自己的实践中逐步形成和建立起来的。

2. 国际性

民用航空器既是国际运输的重要工具,又是国际市场上的重要商品。民用航空从起步发展开始就带有极强的国际性。航空产品的进出口,特别是航空器设计、生产日趋国际化的潮流,决定了各国适航管理必然的开放性。在营运方面,由于融资等租赁航空器,特别是湿租航空器的出现,更加促进了适航管理的国际性。湿租航空器最多会出现"四面八方"的关系(设计、制造、使用、维修在四个国家,每个国家有适航管理部门和企业两方),其复杂程度可想而知。为了保证本国的航空安全和利益,各国适航管理部门有权根据本国的适航标准,严格审查各种进口民用航空产品,同时要积极扩大国际交流和协调,制定能在国际上得到普遍承认的适航标准,广泛订立保护本国利益的国际双边或多边适航协议,使本国的民用航空产品能更多地进入国际市场。

3. 完整性和统一性

适航管理的完整性包含着整体完整性和过程完整性两个方面。整体完整性是指航空器整体与航空器部件或子系统性能的整体性与操纵特性。航空器的适航管理必须考虑和要求满足系统工程的整体完整性。有时局部的改变会影响全局,即牵一发而动全身。对航空器整体来说,新部件的选用,新材料、新工艺、新技术的采用,都必须从影响航空器整体完整性与操纵特性方面予以考虑。过程完整性是指对航空器从设计、制造、使用和维修,直到退役全过程实施以安全为目的的、统一的闭环式的审查、鉴定、监督的管理。把上述各环节的知识、技术、经验、信息和要求有机地结合,相互补充和利用,是保证民用航空器不断改进和发展、始终处于良好的适航状态的强有力的措施。这种统一的管理体系有利于减少管理层次和提高工作效率。这种跨行业的系统管理方式是航空科学技术和管理理论发展的一个必然结果。

适航管理的完整性既是客观的需要,也是把握客观事物发展规律的要求。因此,作为政府职能部门之一的适航管理部门,只能代表政府实施适航管理。这就要求适航管理部门具有全系统的严格的统一性。适航管理部门的每一位成员、每一位适航检查员,在执行公务中都只能代表政府而非个人。没有统一性就不能恪守政府的职责,不维护统一性就是在削弱政府的权威性。

4. 动态发展性

适航管理是动态的、不断发展的。首先,随着航空科技的进步和民用航空的发展,必须不断地改进和增加新的适航标准。再进步、再发展,就得再改进、再更新。如此发展变化是无穷尽的。其次,对适航管理本身的认识也是随着实践而不断深化的过程。按照唯物主义的实践论观点,实践—认识—再实践—再认识,这种波浪式前进、螺旋式上升是很客观的。再次,各种新的管理形式的出现迫使适航管理随之变化。比如航空器使用的情况有企业自己购买、融资租赁和湿租等,无论哪种管理形式出现和发展变化,适航管理部门都要随之发展制定一些新的规定和修订某些原有的规定,这是正常的、合乎情理的。

5. 独立性

为了保证适航部门立法和执法性工作的公正性和合理性,适航管理部门都是在经济上和管理体制上独立于民用航空器设计、制造、使用和维修等环节之外的政府审查监督机构。只有这种具有独立性的适航管理部门才能真正严格地按照国家航空安全与发展政策,为保障民用航空安全,维护公众利益,促进民用航空运输业和制造业的发展而公正有效地进行工作。

4.1.4　适航管理的主要内容

适航管理按照工作性质的不同可分为三种类型:

① 立法、定标。政府责成适航管理部门根据国家《航空法》,统一制定颁布各种与安全有关的技术的和管理的适航标准、规章、规则、指令和通告等,它是安全性的要求。

② 颁发适航证件。在民用航空器的研制、使用和维修过程中,通过依法审定和颁发各种适航证件的手段来检验执行程度或标准要求的符合性。适航证件是合法资格凭证。

③ 监督检查。适航管理部门通过颁证前的合格审定以及颁证后的监督检查等手段,促使从事民用航空产品设计、制造、使用和维修的单位或个人始终自觉地满足适航标准、规定的要求,它是符合性的要求。

具体地讲,适航管理工作的主要内容包括以下几个方面。

1. 制定各类适航标准和审定监督规则

实施适航管理首先要建立并不断完善一套技术性和管理性法规体系,即针对各类民用航空器制定相应的技术性适航标准,把国家的航空安全政策具体细化和法律化,使适航管理有严格的技术性法律依据;同时,还要制定相应的管理性审定监督规则,明确而详细地规定适航管理的实施步骤和方法。这些规则是保证贯彻适航标准、有效地开展适航管理工作的行动指南。建立健全严格的法规体系是适航管理科学化的重要标志。

2. 民用航空器设计的型号合格审定

对民用航空器的设计进行型号合格审定,是适航管理最重要的环节。因为民用航空器的固有安全水平是在设计阶段确定的。适航管理部门要根据反映最低安全水平的适航标准,按严格详细的审定程序对民用航空器设计过程和有关的试验或试飞进行逐项审查和监督。只有符合适航标准、通过了型号合格审定、取得了型号合格证的民用航空器,才具备投入生产和使用的资格。

3. 民用航空器制造的型号合格审定

为保证民用航空器的制造符合其型号合格证书的规定和满足设计要求,适航管理部门必须对制造厂的质量保证系统和技术管理系统进行全面详细的审定,实施制造符合性检查。制造厂必须具备足够的生产能力,通过生产许可审定并取得生产许可证之后,才具备生产民用航空器的资格。生产许可证书上详细规定了允许生产的产品。制造厂的经批准的质量保证和技术管理系统不得随意更改,并须接受适航管理部门的监督和检查。

4. 民用航空器的适航检查

为保证每一架在册民用航空器的使用安全,在航空器投入运行之前,适航管理部门要对其进行适航检查。航空器及其各种装置、设备均须处于适航状态,各类技术文件合格、齐全,并只有取得适航管理部门颁发的航空器适航证书方可投入使用。

对在外国注册的民用航空器,若由中国使用者在中国境内使用,则必须得到中国适航管理部门的批准。这也是维护中国民用航空安全和公众利益的正当和必要的措施。

5. 民用航空器的持续适航管理

民用航空器的持续适航管理是民用航空器投入使用之后,为保证其始终处于适航状态和始终处于安全运行状态所实施的管理。这一管理主要是控制民用航空器在使用中的安全状况和维修两个方面。为保证正确安全地使用民用航空器,适航管理部门要对民用航空器的使用者提出明确的要求和使用限制,并对其进行监督检查。适航管理部门要建立各种渠道,以便经常收集、分析和控制民用航空器在使用过程中暴露出的不安全因素,并可随时颁发适航指令,要求制造者和使用者对航空器进行检查、改装或修理。

适航管理部门还须对民用航空器的维修单位进行审查,要求其建立并保持严格合理的质量保证和技术管理系统并取得维修许可证。对已取得维修许可证的维修单位,适航管理部门还须不断地对其进行监督和检查。此外,负责维修和检验民用航空器的人员,必须接受适航管理部门的考核并取得相应的人员执照,以保证人员的素质和技术水平符合规定的要求。这些都是确保民用航空器维修质量、使其始终处于安全运行状态的必要措施。

4.2　民用航空器适航管理体系

世界各国的民航局针对航空器的设计、生产、使用、维修和进出口等环节制定有关适航规章、标准、程序,颁发适航指令或通报,颁发相应证件并进行统一的审定、检查鉴定和监督执行,这些工作统称为民用航空器适航管理。适航管理体系已经是民机研制体系的重要组成部分,通过它进行的适航取证工作已经成为制约民机取得研制成功和商业成功的最关键因素之一。

4.2.1　FAA 适航管理体系

美国对民机的适航管理萌芽于 20 世纪 20 年代,依托美国强大的航空制造业,美国联邦航空局(FAA)发展成为当今世界经验最丰富、实力最强大的适航当局。

1. FAA 组织体系

FAA 的前身是 1938 年成立的民用航空局(CAA),FAA 在组织机构管理上采取总部、地区和地方的三级模式,由位于首都华盛顿的航空器审定司负责适航审定管理工作,下设计划和项目管理处、生产和适航审定处、航空器工程处和国际政策办公室等四个处室,分别负责制定型号合格审定程序、生产许可审定政策、国际适航双边协议和国际事务政策等。另外,在航空器审定司的直接垂直管理下,在西雅图、堪萨斯、沃斯堡、波士顿设置了四个审定中心,分别承担运输类飞机、小飞机、旋翼机以及发动机/螺旋桨的适航审定政策的制定以及型号合格审定工作。

2. FAA 适航法规体系

FAA 的适航规章可以分为两大类:一类属法规性文件,具有强制性;一类属非法规性文件,不具有强制性,如图 4.1 所示。

3. FAA 委任代表体系

FAA 的委任制度源于 20 世纪 40 年代,包括机构和个人委任两种形式。为了支持飞机制造业的迅猛发展,CAA 首次委任了一个机构而不是个人来承担审定任务,1958 年 FAA 取代 CAA,并于 60 年代开始创立 DAS(Designated Alteration Station)项目,允许给符合要求并经过授权的航空承运人、飞机制造商颁发补充型号合格证。到 2005 年 11 月 14 日,FAA 颁布了 21 部的第 86 号修正案,规定自 2006 年 11 月 14 日起,不再受理 DOA(Delegation Option Authorization)和 DAS 申请,自 2009 年 11 月 14 日起,终止原有的 DOA 和 DAS 批准。同时,修订了 FAR-183 部,在 D 分部修订了机构委任授权 ODA(Organization Designation Authorization),取代了原有的机构委任形式。之后,又颁布了 ORDER 8100.15,对 ODA 的申请、审批

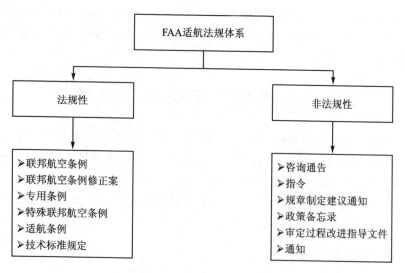

程序做出了规定。

　　FAA 的适航管理体系充分体现了其航空制造业的产业结构特点,通过委任个人或者机构的方式来支持对美国庞大的航空制造业的适航管理。一方面通过逐步调整委任管理政策从个人到机构的委任授权,要求在有条件的大型航空制造企业建立机构来强化委任适航管理;另一方面,在政策上也支持对个人的委任,尤其是对不隶属于一个航空制造企业的、自由顾问性个人的委任,以降低小型航空制造企业的适航管理门槛。

4.2.2　EASA 适航管理体系

　　欧洲航空安全局的发展与欧洲一体化的进程紧密相关,其前身是诞生于 1990 年的联合航空局(JAA),伴随欧洲一体化进程的加快,2003 年成立了欧洲航空局(EASA),取代了 JAA。经过近十年的发展,EASA 已经成为与 FAA 拥有同等话语权的重要适航当局。

1. EASA 组织体系

　　EASA 组织体系的最大特点是设置了专门负责标准化、培训工作和机构批准的管理部门,对分散在欧洲各国的众多企业进行适航管理,如图 4.2 所示。

　　与 FAA 相比,EASA 的适航组织体系具有三个不同点:

　　① 产品审定分类不同。FAA 将产品审定类别分成了运输类飞机、小飞机、旋翼机和发动机/螺旋桨,EASA 在此基础上还增加了负责零部件和机载设备审定的部门,以及负责适航指令的部门。

　　② 重视标准化工作。由于 EASA 负责适航审定的是欧洲各国民航局的适航审定人员,为了确保对适航标准和程序执行的统一,EASA 的适航组织体系中特别设置

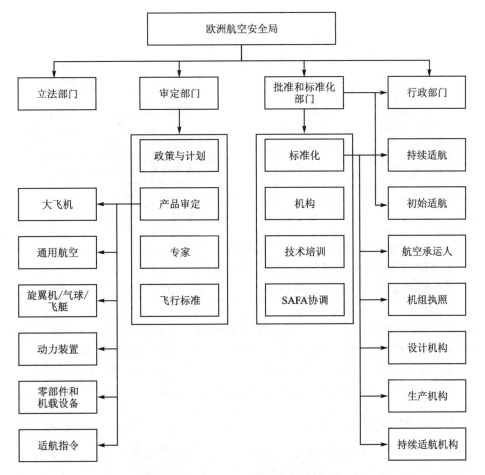

图 4.2　EASA 适航规章体系

了标准化部门,负责标准化和培训工作。

③ 机构批准的职能。与 FAA 的适航标准管理体系不同,EASA 对航空产品的设计和生产机构进行单独的机构批准,在适航组织体系中也相应增加了负责设计机构、生产机构和持续适航机构评审和批准的部门。

2. EASA 适航法规体系

EASA 的适航法规体系包括三个层次,第一个层次是基本法,第二个层次是实施规章,第三个层次是审定规范和指导文件,如图 4.3 所示。

3. 设计组织批准(DOA)

欧洲的适航管理体系较之美国最大的差异在于没有对个人的委任制度,而是要求航空制造企业通过获得设计组织批准(DOA)的方式来表明其设计能力,核心内容是要求申请人具备成熟的设计组织,并且通过编制设计组织手册,从组织机构、职责、程序、资源等四大方面对设计组织的能力进行详细说明。

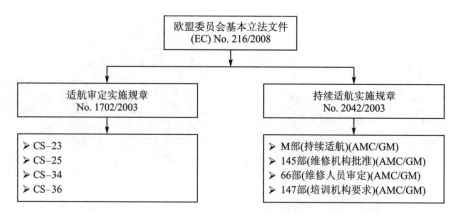

图 4.3　EASA 适航规章体系

设计组织批准的目的是确保申请人具备以下三种能力：

① 设计的产品符合适用的适航规章和环境保护要求；

② 表明并证实对适航规章和环境保护要求的符合性；

③ 向审查方演示这种符合性。

在设计组织当中，EASA 要求在设计部门中设置 CVE(Compliance Verification Engineers)，承担符合性验证工作，负责对符合性报告审批。CS-21 部 J 分部中对设计组织申请、批准和设计保证手册编制作了详细要求，获得设计组织批准是民机制造企业申请 EASA 型号合格证以及其他适航证件的前提和基础。

4.2.3　CAAC 适航管理体系

我国民用航空器适航管理经历了酝酿期、创建期和实施发展期，引入国际上通用的民用航空器适航管理经验和办法，组建了完整的适航管理体系以实施正确、有效、在国际上通用的适航管理。这套适航管理体系是在其创建初期建成的，经过若干个型号实践得到了不断的修改完善，包括中国民用航空器适航规章体系、适航管理组织机构体系和适航管理证件体系，三足鼎立而又互补，缺一不可。

1. 民用飞机型号合格审定组织体系

新研制的民用飞机的型号合格证申请被受理后，民用航空局适航审定司要组建该型号合格审定管理体系，即型号合格审定委员会和型号合格审查组，必要时还会组建授权审查部门、委任代表和委任单位代表。新研制的民用飞机型号合格审定组织体系如图 4.4 所示。

2. 民用飞机适航审定法规文件体系

民用飞机适航管理是按国家、政府、民航总局制定的法规和适航司颁发的适航管理程序进行的，前者具有强制性的法律效力，后者是实现前者的操作细则。

3. 民用飞机适航管理证件体系

立法和颁证是民用飞机适航管理的两大支柱，前者是法规、适航标准和管理程

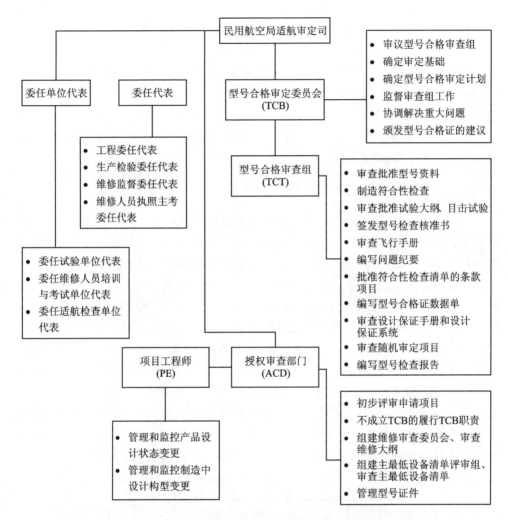

图 4.4　CAAC 民用飞机型号合格审定组织管理体系

序；后者是经审查合格颁发的各种相应证件，是符合标准或规定资格的凭证。办理证件一般要经历包括申请、受理、审查、颁证和证后管理等环节。中国民用航空器的适航管理证件有型号合格证、型号认可证、补充型号合格证、型号设计批准书、生产许可证、适航证、特许飞行证、出口适航证、技术标准规定项目批准书、零部件制造人批准书、国籍登记证、进口材料、零部件、机载设备的认可证、维修许可证、维修人员执照、委任代表和委任单位代表证等，其中主要的"六大证件"是指：型号合格证、生产许可证、国籍登记证、适航证、维修许可证和维修人员执照。

4.3　通用航空适航规章

通用航空适航安全控制标准是用于颁发和更改通用航空器型号合格证的适航标准,包括了对通用航空器类别、性能、结构设计和设备安装等方面的适航标准。目前的通用航空适航安全控制标准包括 FAA 的 23 部、EASA 的 CS – 23、CAAC 的 CCAR – 23 – R3《正常类、实用类、特技类和通勤类飞机适航规定》以及 ASTM(美国材料与试验协会)的相关标准。

4.3.1　FAA 和 EASE 通用航空适航规章

美国联邦航空管理局(FAA)审查过的通用航空器中,小飞机占比近 90%。但是由于规章的限制,小飞机设计中缺乏创新和投资。FAA 23 部改革对小飞机现有规章进行改革与更新,为新技术的应用扫清道路,将在保障安全的前提下,提升通用航空产业的创新水平,降低适航成本。2017 年 8 月 30 日,美国 FAA 23 部通用航空适航法规的修改版本正式生效。这是自 1965 年 FAA 23 部实施以来最深刻的改革,美国(和世界)通用航空业界与政府为此进行了十多年的协商和不懈努力。此前,2017 年 8 月 15 日,EASA 的新 CS – 23 部也生效了,基本和 FAA 23 部类似、互通,原则均为基于总体性能和飞机耐撞性要求及业界规范共识(类似 LSA 轻型运动飞机的 ASTM 规范),而非以前的描述性技术要求和管理当局验证方式。

值得注意的是,ASTM F44(“通用航空器”委员会制定)的行业共识标准将在确定适航性要求和符合性验证方面发挥巨大的作用,将成为新版 FAA 23 部适航规章的主要承接。国外通用航空适航规章的分类与相关文件如表 4.1 所列。

表 4.1　通用航空器适航规章

管理机构	通用航空器适航规章
FAA	Part 23(通用航空适航规章)
EASA	CS – 23/Amendment 5(23 部第 5 修正案)
	AMC/GM to CS – 23(23 部使用指南)
	NPA 2016 – 05(23 部的建议修订通知书)
ASTM	F3264 – 18(通用航空适航标准说明书)

1. 23 部的明确通用航空适航审定要求

2017 年 4 月 5 日在布鲁塞尔,欧洲航空安全局(EASA)正式通过并宣布了新 23 部的修订案的最终版本(CS – 23)。这一新的版本将替代过去已经使用了数十年的老版本,无疑是通用航空界的一个革命性事件。同时,诸如 ASTM 等组织制定的基于共识的标准将在确定合规性和适航性方面发挥更大的作用。这些新的标准将替代目前使用的基于重量的规则。根据 EASA 23 部中的有关部分可以明确通用航空适航审定的相关要求。EASA 23 部主要包括以下方面的内容：

① 飞行。主要介绍了在飞行的起飞、爬升、降落等状态下以及在稳定性、抗干扰性、在恶劣天气条件下等多方面的适航要求。

② 结构。介绍了对结构设计、系统与结构的相互作用、结构负荷、结构表现、乘员保护结构等方面的适航要求。

③ 设计与构造。介绍了对飞行控制系统、起落架系统、水上和两栖飞机的浮力系统、乘员系统设计保护、消防保护等方面的适航要求。

④ 动力装置安装。介绍了对安装危险评估系统、除冰保护系统、运行特征系统、安装系统、能源储存和分配系统、支架系统、消防设施等方面的适航要求。

⑤ 系统与设备。介绍了电气电子系统防雷，高强度辐射场（HIRF）保护，系统的发电，存储和分配，外部和驾驶舱照明，安全设备，在结冰条件下飞行，增压系统元件，安装飞行记录器等系统和设备的适航要求。

⑥ 机组人员交互和其他信息。介绍了对驾驶舱、安装和运行信息、仪器标记、控制标记和标示牌、飞行、导航和动力装置、飞机飞行手册、持续适航指令等方面的要求。

2. 23 部的主要修改内容

新的 CS-23 建立了一种客观、设计独立的要求。新的设计将不会受到规定性规则的阻碍。这使提高安全性的创新解决方案能够投入使用，同时能减少繁文缛节，节省时间和认证成本。这些创新得到了制造商、用户、EASA 和其他机构（如ASTM）的支持。CS-23 第四修正案版共包含 377 项条款。CS-23 第五修正案大幅缩减——只有 33 页，包括 67 项安全目标，更加有概括性和针对性，而以前 FAA/EASA 23 部的规章都长达 400～500 页。具体来说，FAA 和 EASA 23 部的改革有以下几个方面：

① FAA 新的 23 部适航法规是针对 19 座及以下/质量 19 000 磅（约 8 618 千克）及以下的飞机所制定的具有革命性变化的标准。新的 23 部适航法规和旧的法规相比：规定的细则比以前减少了 80%，许多细则被放到 ASTM 行业标准中；在特定的设计和技术方面，以性能为基础的标准（performance-based standards）连同基于一致性遵循办法（consensus-based compliance methods）替代了以前法规中的规定性的要求。

② 取消了实用类、特技类和通勤类分类，取而代之的是根据飞机座位数的 4 个等级（8 个认证等级）的性能/危险框架标准（飞机能否飞特技依然需要认证），对通用航空飞机失控事故和空中结冰情况增加了新的认证标准。

③ 基于对近年来通用航空事故的统计，EASA 梳理出：导致通用航空事故的原因中，有近 70% 集中在飞行中失控（LOC）等几个方面。基于此，新版本的 CS-23 将补充针对失控（LOC）、适坠性、气弹稳定性、软件符合性等问题的新要求和符合性方

法,有针对性地提升通用航空器在上述方面的适航性。

④ 修订前,电动飞机没有适航基础和标准;修订后,电动飞机终于可以进行23 部认证了(作者注:在 LSA 电动飞机"认证"方面,CAAC 比 FAA 和 EASA 都早)。

⑤ 将每个章节中的具体技术设计细节从规则中删除,并转移到可接受的合规方式(AMC)(NPA 2016 - 05)中。修正案规定了目标设计的最初模型,使新的设计不会受到详细的规定性规则的阻碍。这使得新的能增强安全性的解决方案能够诞生,为加快推出新 AMC,让业界、用户和 EASA 等机构不断合作成为可能,以推动产生更好的最新行业标准。同时,它减少了制造商的繁文缛节、节省了时间和认证成本。

⑥ 通过与 ASTM 的国际合作,制定了第一套共识标准。未来局方与工业界的界面趋于清晰,即局方管理顶层安全目标的修订,由业界制定和管理技术标准的动态修订;申请人也可以用自己的方式/方法达到认证的性能要求(方式/方法事先需得到FAA 批准)。

4.3.2　ASTM 相关标准

类似 FAA,EASA CS - 23 改革的一个重要思路是分离顶层安全目标与技术标准。该思路反映了新版 CS - 23 与 ASTM F44 标准的关系,即规章提出顶层安全目标,而具体的适航性要求和符合性方法则通过 ASTM F44 标准体现。

ASTM F44 标准在编制过程中需要体现通用航空器分级分类,与当前 23 部基于成员数和重量的分类不同,新的分级分类将基于航空器的成员数和技术复杂程度。作为欧美 23 部的改革目标之一,ASTM F44 系列标准将具备高度动态性,以使通用航空器的创新技术,如电动发动机、自动驾驶等能够快速编入相应等级的通用航空器适航标准中,提升通用航空产业的技术创新能力。由通用航空适航标准说明书(ASTM F3264 - 18)可以得到 ASTM 中与通用航空相关的适航标准,该说明书被一致证明满足 EASA CS - 23 中规定的等级为 1~4 的通用航空飞机的工业标准。标准只有在被认为成熟到可以全面应用于项目认证,并且被委员会一致接受时,才能够提交给民用航空管理局(CAA)来决定是否发布相关条款。该说明书的参考文件如表 4.2 所列。

表 4.2　ASTM 通用航空标准

编　号	名　　称	编　号	名　　称
F2490	飞机电气负载和电源容量分析指南	F3120/F3120M	通用航空飞机冰防护规范
F3060	飞机术语	F3173/F3173M	飞机操纵特性规范
F3061/F3061M	小型飞机系统及设备规范	F3174/F3174M	建立飞机操作限制和通知的规范
F3062/F3062M	飞机动力装置安装规范	F3179/F3179M	飞机性能规范

编　号	名　称	编　号	名　称
F3063/F3063M	飞机燃料和能量储存及交付规范	F3180/F3180M	飞机低速飞行特性规范
F3064/F3064M	飞机动力装置控制、操作和指示规范	F3227/F3227M	小型飞机环境系统规范
F3065/F3065M	飞机螺旋桨系统安装规范	F3228	小型飞机飞行数据和声音记录规范
F3066/F3066M	飞机动力装置安装危险性规范	F3229/F3229M	小型飞机静压系统试验的实践
F3082/F3082M	飞行器的凹部重量和中心规范	F3230	安全评估实践
F3083/F3083M	应急火警、乘员安全和通信规范	F3231/F3231M	小型飞机电气系统规范
F3093/F3093M	气动弹性要求规范	F3232/F3232M	小型飞机飞行控制规范
F3114	结构规范	F3233/F3233M	小型飞机仪表规范
F3115/F3115M	小型飞机结构耐久性规范	F3234/F3234M	小型飞机外部照明规范
F3116/F3116M	设计荷载和条件规范	F3235	飞机蓄电池规范
F3117	飞机乘员接口规范	F3236	小型飞机高强度辐射场保护规范

4.3.3　中国通用航空适航规章

在规章体系分工方面,工业和信息化部负责完善通用航空器生产制造行业标准,民航局负责完善通用航空器、零部件的适航标准和审定程序,提升通用航空器型号审定能力,加强航空油料的适航管理,实现适航管理全覆盖。中国民航局为持续促进通用航空适航审定能力提升,出台了一系列有关通用航空适航审定的规章制度:在适航审定领域,实现健全的通用航空适航审定体系;优化通用航空器和零部件的适航标准和审定程序,形成完整的通用航空器适航标准的符合性验证方法,提升了通用航空器型号审定能力;陆续出台了《民用航空产品和零部件合格审定规定》、《轻型运动航空器适航管理政策指南》和《改进通用航空适航审定政策实施细则的通知》;持续开展国产航空器的型号审定工作和通用航空产品的认可审定工作,重点推进初教 7、海鸥300、农 5B、沈阳航空工业公司的 23 部固定翼飞机、中航通用飞机有限责任公司的 23部固定翼教练机、AC310、AC311A、AC312C、AC312E、AC352、直 15、直 9 高原型直升机、中航直升机股份有限公司的 3 吨直升机、重型直升机等国产航空器的型号审定工作及现有型号的改进改型工作。

通用航空器的适航审定包括设计、生产和单机 3 个方面,即通常所说的型号合格审定、生产许可审定和单机适航审定。相关要求都在中国民航规章 CCAR - 21 - R3《民用航空产品和零部件合格审定规定》中有具体规定。针对不同审定,局方将颁发相应的批准证书,其中共涉及 16 种不同的证件,具体如表 4.3 所列。有关各种通用航空器的具体指导文件,按照审定要求的不同,可分为针对飞机(正常类、实用类、特技类、通勤类、运输类)、旋翼航空器(正常类、运输类)、超轻型飞行器、轻型运动航空器、甚轻型飞机的等几种。相关分类和适航要求如表 4.4 所列。

表 4.3　航空产品和零部件的合格审定证件

审定类别	证件类型
型号合格审定	型号合格证(Type Certificate，TC)
	型号设计批准书(Type Design Approval，TDA)
	补充型号合格证(Supplemental Type Certificate，STC)
	改装设计批准书(Modification Design Approval，MDA)
	型号认可证(Validation of Type Certificate，VTC)
	补充型号认可证(Validation of Supplemental Type Certificate，VSTC)
	设计批准认可证(Validation of Design Approval，VDA)
生产许可审定	生产许可证(Production Certificate，PC)
	生产检验系统批准书(APIS)
单机适航审定	适航证(Certificate of Airworthiness，CoA)
	出口适航证(Export Certificate of Airworthiness，ECoA)
	外国适航证认可书(Validation of Foreign Airworthiness Certificate，VFAC)
	特许许可证(Special Flight Permit，SFP)
	适航批准标签(Airworthiness Approval Tag，AAT)

表 4.4　通用航空器的分类及适航要求

分　类	适航要求
运输类飞机	CCAR－25
超轻型飞行器	CCAR－91(无适航审定要求)
超轻型飞机	AC－21－06
轻型运动航空器(轻型运动飞机、滑翔机、旋翼机、轻于空气的航空器)	AC－21－AA－2009－25
甚轻型飞机	AC－21－AA－2009－05R1
滑翔机	AC－21－AA－2009－07R1
初级类航空器	CCAR21.24
正常类/实用类/特级类/通勤类飞机	CCAR－23R3
正常类旋翼航空器	CCAR－27R1
运输类旋翼航空器	CCAR－29R1
轻于空气的航空器(气球)	CCAR－31
轻于空气的航空器(飞艇)	AC－21－AA－2009－09R1
业余自制航空器	无
组装包组航空器	无

4.4　航空器适航审定

航空器用于民用用途需要经历型号合格审定、生产审定和单机适航审定的过程。这项工作的核心就是对飞机的"适航性"进行判定。新研制机型在整个生命周期中，要经历初始适航和持续适航两个阶段。其适航管理涵盖飞机初始概念设计、方案优化更改、制造工艺、试验试飞、市场运行等各个方面。从初始设计到完成试验试飞获得适航审批的这个阶段属于初始适航，交付用户后的市场运行阶段属于持续适航。

4.4.1　航空器适航审定流程

飞机研制的过程较长，一般要经历 10 年多的时间，在这漫长的研制过程中，飞机的适航审定部门全程介入审核。民机适航审定的主要工作流程如下：

（1）概念设计阶段

从新型号研制初期的概念设计开始，飞机研制单位就要和适航审定当局就当前的初始设计进行沟通、熟悉和合作，包括型号合格审定过程的学习与贯彻，安全保障合作计划（PSP）的签署或修订，审定适用规章的指导，潜在审定项目的熟悉，审定计划的讨论，设计保证体系的初步评估等。

（2）要求确认阶段

随着设计的深入，研制人要针对适航审定条款的内容进行优化设计，提交型号合格证的申请，局方要决策是否受理申请，进行相关准备，召开首次 TCB 会议，编制合格审定项目计划，按需编制专项合格审定计划草案，专用条件、等效安全和豁免的审批，召开中间 TCB 会议直至确定审定基础。

（3）符合性计划制订

审定基础制定之后，研制单位即要开展详细设计并和适航当局进行沟通，商榷最终的审查组介入范围，确定授权与监督范围，制订制造符合性检查计划，完成审定计划或专项合格审定计划、TCB 审议审定计划或专项合格审定计划。

（4）计划实施

依照前期设定的审定计划进行逐步验证实施，并邀请局方对符合性试验进行检查，按照适航标准逐条符合之后，适航当局就会颁发型号合格证 TC 或补充型号合格证 STC。计划实施有 3 类：

① 与产生符合性验证数据有关的活动，如试验（工程验证试验和飞行试验）、分析、检查等符合性验证数据或资料生成类的计划实施；

② 申请人应用符合性验证数据向审查组表明符合性的活动，如编写符合性报告等符合性表明类的计划实施；

③ 审查代表对申请人表明的符合性进行确认的活动，如审查申请人提交的符合性报告，进行必要的飞行试验等来确定型号设计构型、确认型号设计对审定基础的符

合性、判断航空器是否有不安全的状态等符合性确认类的计划实施。

（5）证后持续适航阶段

取得型号合格证之后，应完成型号合格审定总结报告，完成型号检查报告，设计保证系统、手册以及更改的控制与管理，完成持续适航文件的修订和证后适航文件的修订，进行证后评定、资料保存，以及准备航空器交付时所需的必要文件。之后就可以按照局方批准过的型号设计资料进行制造生产。当交付用户运营后，就属于持续适航的管理范畴。

4.4.2 航空器初始适航证件管理

民用飞机从研制成功到顺利交付客户，一般需要取得三个重要的适航证件，分别是证明型号设计满足适航规章条款要求的型号合格证（TC），证明批生产质量体系满足适航规章程序要求的生产许可证（PC），以及证明单机实物构型符合型号设计要求的单机适航证（AC）。适航部门通过制定和监督是否符合规章条例、标准程序、咨询材料和管理文件，为申请人按程序颁发相应的证书，保证了航空器的初始适航性。初始适航审定的三证管理如图 4.5 所示。

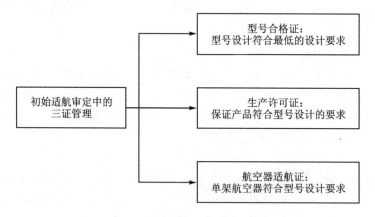

图 4.5 初始适航审定中的三证管理

1. 型号合格证

型号合格证是适航当局根据适航规章颁发的，用以证明民用航空产品的设计符合相应适航规章的证件。型号合格证的作用在于对飞机的设计是否满足适航标准进行认可。型号合格证包括的内容有：型号设计特征、使用限制、合格证数据单、有关适用条例及民航局对产品规定的任何其他条件或限制。

型号合格证是型号合格审定的基础。型号合格审定是中国民用航空局对民用航空产品（指民用航空器、航空发动机、螺旋桨）进行设计批准的过程。民用航空器只有通过型号合格审定，取得 TC（型号合格证），才能投入生产和使用。型号合格审定依据现行有效的 CCAR-21-R3 部《民用航空产品和零部件合格审定规定》和 AP-21-

AA－2011－03－R4《航空器型号合格审定程序》开展。

2. 生产许可证

生产许可证(PC)是中国民用航空局经过审查申请人的质量控制资料、组织机构和生产设施后,认为申请人已经建立并能够保持符合相关规定的质量控制系统,且其生产的每一架民用航空产品均符合相应型号合格证或型号设计批准书、补充型号合格证或改装设计批准书的设计要求后,所颁发的生产体系认证证书。这张证书的作用在于要求有一个符合要求的质量保证体系,使得飞机的生产制造能够按照批准的工程设计资料进行,从而可以持续稳定地生产出安全可用的飞机。

相比于飞机型号合格认证,生产许可认证更能体现一家航空制造企业的生产组织及控制、质量管理及综合管理水平,从原材料控制、供应商管理,到生产环节的划分及控制、生产质量管控,再到飞机出厂测试、售后维修维护等,每个细节都必须有章可循、有据可查,严格按照程序组织各个环节的生产,确保小到零件、大到整机都可追溯、安全受控。生产许可证取证目的是在局方的生产监管下,按照经局方批准的型号设计进行重复、高质量、稳定可靠的生产。

根据民航局、地区管理局及安全监督管理局行业管理职责分工,各地区管理局负责辖区内生产许可证的审批。2017 年 12 月 22 日,重庆通飞公司获得恩斯特龙生产许可证(PC),这一许可证是中美双边适航协议签署后,国内首个直升机生产许可证;2018 年 2 月 6 日,北京通航常州泛太平洋航空技术有限公司(以下简称"CPAT")的 P750XL 机型顺利获得由民航华东地区管理局颁发的生产许可证(编号:PC0035A－001),标志着北京通航的这款被誉为"空中大力士"的明星机型 P750XL 飞机正式获得国内批量生产的许可,这对北京通航 P750XL 飞机实现国内通用航空市场的成功突破有着里程碑式的意义。2018 年 8 月 7 日,该公司自主研发的国内首款自转旋翼机"太阳之鹰"取得了由中国民用航空局颁发的生产许可证(PC),编号:PC0038A－ZN。这标志着我国自主研发的自转旋翼机的首条可批量生产的生产线正式建立,成为国内通用航空产业发展的重要里程碑。

3. 航空产品适航证

飞机有了 TC、PC 还不够,还必须具有单机适航证(AC)。AC 是适航当局对每架飞机制造符合性的批准。每一架出厂的飞机都有这个证,表示这架飞机可以安全运营。这张证书的作用在于确认每架飞机都是按照批准的设计和经批准的质量体系制造的。

单机适航证基本有四类:一是标准适航证,用于已经由适航部门确认其符合经批准的设计并处于安全可用状态的航空器产品;二是出口适航证,用于已经由适航部门确认其符合经批准的设计并处于安全可用状态的出口航空器产品;三是特许飞行证,用于航空器为证明其符合经批准的设计的飞行试验,适用于获取型号合格证之前的试验样机、产品飞机的生产试飞、修理后返回使用前飞机的飞行试验;四是试验适航证,它一般由外国适航部门采用,对于航空产品来说,基本等同于我国的特许飞行证,但是也用于某些特殊类航空器的飞行批准。

上述飞机三证(TC、PC、AC)都是适航当局颁发给飞机制造商的,仅表明飞机的设计和制造(包括随飞机取证的设备/系统)符合了初始适航要求。但某些装机设备/系统,还必须由设备/系统供应商单独取得适航证后才有装机资格。例如,涡轮发动机必须按 CCAR/FAR/CS 33、34 取证;另外还有某些适航当局批准有 TSO 标准的设备也是如此。

4.4.3　航空器持续适航证件管理

持续适航管理是在航空器投入运营后,依据各种维修规则和标准,使其适航性得以保持和改进。航空器、维修机构和维修人员是持续适航管理的三要素,因此持续适航管理的三证管理如图 4.6 所示,包括航空器运行合格证、维修许可证和维修人员执照。

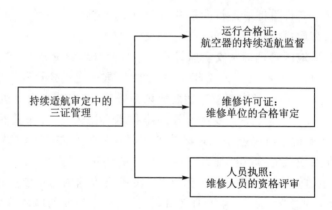

图 4.6　持续适航三证管理

1. 航空器运行合格证

为了对小型航空器商业运输运营人进行运行合格审定和持续监督检查,规范其运行活动,保证其达到并保持规定的运行安全水平,民航局制定了《小型航空器商业运输运营人运行合格审定规则》(CCAR-135-R1),其中包含下列内容:

① 合格证持有人的名称;

② 合格证持有人主运营基地的地址;

③ 合格证的编号;

④ 合格证的生效日期;

⑤ 负责监督该合格证持有人运行的局方机构的名称或者代号;

⑥ 被批准的运行种类;

⑦ 说明经审定,该合格证持有人符合本规则的相应要求,批准其按照所颁发的运行规范实施运行。

根据《小型航空器实施 135 运行的简化程序》(AP-135-FS-2018-002)的规

定,对运行合格证的审定工作程序一般由政策咨询、正式申请与受理、文件审查、验证检查、颁发或更新合格证等 5 个阶段组成。申请人在了解局方相关政策的基础上提交申请函及附件,局方成立审查小组对申请函及附件进行初步审查,在后续的文件审查和验证检查中,申请人需要根据局方的要求反复修改相关内容,最终申请人取得航空器运行合格证,具体流程如图 4.7 所示。

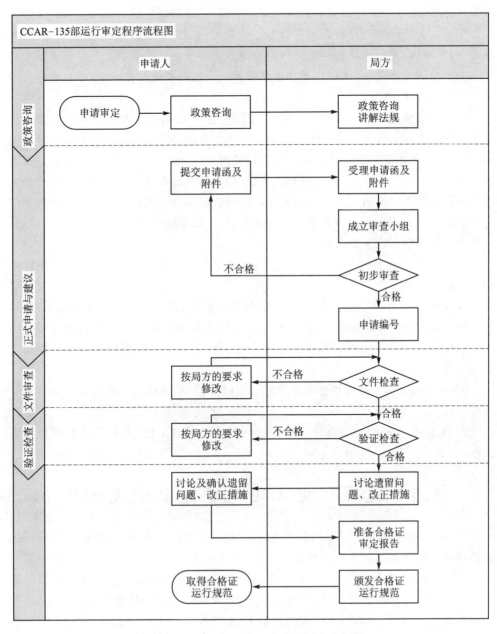

图 4.7　CCAR‑135 部运行审定程序流程图

2. 维修许可证

为规范民用航空器维修的管理和监督,保障民用航空器的持续适航和飞行安全,依据《中华人民共和国民用航空法》和《中华人民共和国民用航空器适航管理条例》,制定了《民用航空器维修单位合格审定规定》(CCAR-145-R3)。其中维修许可证由本规定的附件三《维修许可证》页和《许可维修项目》页构成。《维修许可证》页载明单位名称、地址及维修项目类别;《许可维修项目》页标明限定的具体维修项目及维修工作类别。合格的维修单位必须符合"五三"要求。"五"指厂房设施、工具设备、技术设备、技术文件、人员和器材应符合所申请维修类别与项目的要求。"三"指申请人必须建立严格的质量保证、工程技术和生产管理三个控制系统。

3. 维修人员执照

为了规范民用航空器维修人员执照的管理,保障民用航空器的持续适航和飞行安全,依据《中华人民共和国民用航空法》和《中华人民共和国民用航空器适航管理条例》,制定了《民用航空器维修人员执照管理规则》(CCAR-66-R2)。民用航空器部件修理人员执照(以下简称部件修理人员执照)包括基础部分和项目部分。部件修理人员申请人经考试合格获得部件修理人员执照基础部分。申请部件修理人员执照项目部分的申请人应当首先取得部件修理人员执照基础部分。CCAR-145部对维修人员的工作资格有以下要求:

① 直接维修人员至少应有岗位合格证,并在上岗合格证中心必须有能证明该维修人员能力的说明。

② 对航空器维护整机签署放行(包括航线维护放行)和在内场批准航空器/航空器部件返回使用的放行人员,则要求必须具有维修人员执照,并且要经过相应授权。

③ 徒工和实习生必须在持有适航部门认可的合格证件的维修人员的指导和监督下工作。

④ 检验人员必须持有维修人员执照,而执行必检项的检验人员则还要具有检验人员执照。

⑤ 工程技术人员如果负责在现场指导或直接参与工作,则必须具有维修人员执照。

4.5　通用航空器适航规定及改进细则

FAA 23部适航标准是通用航空认证飞机的基础文件,中国和美国,以及其他国家的适航双边协议也和这个标准密切相关;自主研发FAA 23部认证飞行器也需要符合这个文件。我国发布了《民航局适航司关于改进通用航空适航审定政策的通知》,同时根据贯彻落实的结果,按照"放管结合、以放为主"的指导思想,结合国内通用航空的发展状况,发布了《民航局适航司关于改进通用航空适航审定政策实施细则》。

4.5.1　通用航空器适航审定简化政策

针对通用航空领域,对航空器加改装审定、设计保证系统要求、自制和套材等小型航空器管理、适航证件办理等方面的管理予以简化,具体包括以下内容:

① 国内通用航空公司为其拥有或代管的除运输类之外的航空器进行小改时,采用事后备案制。申请人在进行小改时无需获得局方批准,可自行按照《民用航空产品和零部件合格审定规定》要求开展加改装工作、确认符合性、做好有关记录,并于每年年底前向局方提交本年度完成的改装资料。此政策涉及的航空企业包括取酬和非取酬的国内所有通用航空运营企业。

② 国内通用航空公司为其拥有或代管的除运输类航空器之外,包括驾驶员座位在内最大座位数量为 10 座及以下,且不进行 CCAR 91.703 条规定的一般商业飞行、训练飞行和空中游览飞行的航空器,进行大改时,采用这样的简化程序:对具备改装方案制定能力、符合性验证和确认能力的国内通用航空公司,可简化局方审批程序。申请人向局方提交补充型号合格证(STC)申请,局方在 5 个工作日内给予受理答复后,申请人可自行进行改装和符合性核查工作,完成后向局方提交符合性声明。符合性声明至少包括型号设计更改描述、使用限制、确认已符合的有关适航要求和环境保护要求,以及对民用航空产品所规定的其他条件或限制的符合情况。局方在收到内容完整的符合性声明并确认缴费后,向申请人颁发 STC 证件。

③《套材组装轻型运动航空器特许飞行证和限用类特殊适航证颁发和管理程序》(AP-21-AA-2015-38)、《自制航空器特许飞行证和限用类特殊适航证颁发和管理程序》(AP-21-AA-2015-39)和《用于航空比赛和展览的航空器特许飞行证颁发和管理程序》(AP-21-AA-2015-39)等 3 个程序,基于执行情况和反馈意见,现已予以废止。

④ 对于非取酬的自制、套材组装、航空比赛以及展览展示用航空器,由专业协会负责制定标准和管理程序,报民航局批准后执行。

⑤ 通用航空企业申请设计批准时,按自愿原则建立设计保证系统。

⑥ 改进通用航空器适航证件和国籍登记证办理程序,由民航局适航司负责制定专用系统,进行网上申办和管理。

⑦ 增设实验类适航证。在《民用航空产品和零部件合格审定规定》(CCAR-21)对适航证规定的基础上,增加实验类适航证,主要用于航空爱好者自己制造、自行组装,以个人娱乐和飞行体验等活动为目的的轻型、超轻型等类别的航空器。实验类适航证的适航检查工作按照民航局批准的有关程序执行。

⑧ 有关轻型运动航空器和超轻型航空器的审定要求。轻型运动航空器(LSA)和超轻型航空器(ULA)的型号合格证和生产许可证的取证要求基于自愿原则。取得型号合格证和生产许可证的轻型运动航空器或超轻型航空器,可申请获得特殊适航证;无意愿申请型号合格证和生产许可证的轻型运动航空器或超轻型航空器,只能

申请获得实验类适航证,并且不得对该类航空器进行销售。

⑨ 有关用于医疗救护和抢险救灾等的航空器加改装审定要求。在一般情况下,专门用于医疗救护和抢险救灾的航空器,设计和改装方案应先获得适航审定批准,航空器才能实施改装。在紧急情况下,为完成医疗救护和抢险救灾任务而对航空器临时加装设备的,可先执行救护救灾任务。在此种情况下,执行任务的单位或个人对航空器安全性负全部责任并应采取措施确保航空器的运行安全。任务执行后,如果希望继续保持该状态的航空器构型,或在以后的运行中将该状态的航空器构型作为可选择的构型之一,则应按程序完成加改装的报批工作。

⑩ 有关通用航空企业油料供应管理的要求。对从事非经营性通用航空活动的单位和个人暂不进行航空油料适航管理;对从事经营性通用航空活动的单位的航空油料适航管理简化为备案制;对以营利为目的从事通用航空油料服务的单位,以及为飞行驾照培训活动提供油料服务的单位,仍按照 CCAR - 55 部的要求进行航空油料适航管理。

4.5.2 通用航空器适航审定实施细则

2018 年 4 月民航局适航审定司出台的《民航局适航司关于改进通用航空适航审定政策实施细则》,包括部分用途(科研、符合性验证和到岸组装交付试飞用途)第一类特许飞行证、通用航空公司设计小改和设计大改、个人自制航空器适航审定和通用航空企业油料质量管理等 5 项适航审定问题的具体实施细则,以提高通用航空的适航审定效率,为通用航空的发展创造良好环境,促进通用航空的发展。

1. 科研和符合性验证等用途第一类特许飞行证管理

1.1 科研用途第一类特许飞行证管理

1.1.1 适用范围

仅用于科研用途的航空器,例如试验航空器新的设计构思、新设备、新安装、新操作技术及新用途等,其法人或自然人(申请人)在完成研发和制造后,可为航空器申请科研用途第一类特许飞行证。此类航空器不得用于型号合格证、补充型号合格证、型号合格证更改等设计批准审查期间的符合性验证用途。

1.1.2 申请前准备

申请人在向局方提交科研用途特许飞行证申请前,需完成和确认下列准备工作。

(1) 完成航空器的制造和组装;

(2) 制造过程记录完整;

(3) 制定下列试飞期间的随机文件,并将这些文件放置在驾驶舱内易于驾驶员接近的地方;

a. 用于指导飞行员操纵航空器的飞行或操作文件;

　　　b. 为保证试飞安全而建立的使用限制文件,包括飞行区域限制和飞行包线限制等。

（4）制定试飞期间用于航空器检查和维护的文件;

（5）为保证试飞期间飞行安全而制定必要安全措施,并正确安装;

（6）制定科研试飞用试飞大纲或程序;

（7）在航空器主机舱门附近的外表面要有醒目的"仅用于飞行试验"标识;

（8）按 CCAR‑45 要求,为航空器取得《民用航空器临时登记证》(AAC‑196);

（9）按 CCAR‑45 要求,航空器外表面应具有国籍登记标志(B‑XXXX);

（10）在主机舱门入口附近内表面设置防火材料的国籍登记标志标牌;

（11）按照附录 1 要求,完成《航空器技术状态评估报告》。

1.1.3　申请

申请人可以向所属地区的民航地区管理局提交下列材料,为航空器申请科研用途第一类特许飞行证。

（1）《民用航空器特许飞行证申请书》(AAC‑083);

（2）《民用航空器临时登记证》(AAC‑196)的彩色扫描件,并签署(自然人申请人)或盖章及法定代表人签字(法人申请人);

（3）科研用途航空器特许飞行证申请人检查单(附录 2)。

1.1.4　受理

民航地区管理局收到申请人递交的申请资料后,5 个工作日内确认所提交的资料是否完整,并做出下列三种是否受理的决定。

（1）如果申请资料完整,同意受理申请,向申请人下发《民用航空器适航证件受理申请通知书》(AAC‑270);

（2）如果因申请材料不完整而不同意受理申请的,书面通知申请人,待其补齐材料后 5 个工作日内重新受理;

（3）如果根据申请人提供的资料确定不予受理的,向申请人发出《不予受理通知书》(AAC‑5528)。

1.1.5　审查和颁证

在确认申请人提交的申请资料完整,并已缴纳费用后五个工作日内,民航地区管理局向申请人签发《民用航空器特许飞行证》(AAC‑054)。

1.2　符合性验证用途第一类特许飞行证

1.2.1　适用范围

用于型号合格证、补充型号合格证和型号合格证更改等设计批准审定期间,为表明设计满足审定基础要求而进行的验证试飞,含前期的调整试飞和申请人验证试飞,申请人向承担该型号具体合格审定工作的审查部门为航空器申请符合性验证用途第一类特许飞行证。

1.2.2　申请前准备

申请人在向承担该型号具体审定工作的审查部门提交符合性验证用途特许飞行证申请前,需完成和确认下列准备工作。

(1) 完成航空器组装;

(2) 完成必要的分析和试验,包括静强度分析、全机颤振特性分析、67% 静力试验、全机地面共振试验、各系统和设备的基本功能试验等;

(3) 制定下列试飞期间的随机文件,并将这些文件放置在驾驶舱内易于飞行员接近的地方;

　　a. 用于指导飞行员操纵航空器的飞行手册或操作手册;

　　b. 为保证试飞期间飞行安全而建立的使用限制文件,包括飞行区域限制和飞行包线限制等。

(4) 制定试飞期间用于航空器检查和维护的文件;

(5) 为保证试飞期间飞行安全而制定必要安全措施,并正确安装;

(6) 制定符合性验证试飞用试飞大纲或程序;

(7) 确认局方完成了航空器的制造符合性检查;

(8) 在航空器主机舱门附近的外表面要有醒目的"仅用于飞行试验"标识;

(9) 按 CCAR-45 要求,为航空器取得《民用航空器临时登记证》(AAC-196);

(10) 按 CCAR-45 要求,航空器外表面应具有国籍登记标志(B-XXXX);

(11) 在主机舱门入口附近内表面设置防火材料的国籍登记标志标牌;

(12) 完成制造人的《制造符合性声明》(AAC-037);

(13) 按照附录 1 要求,完成《航空器技术状态评估报告》,并经过审查组认可。

1.2.3　申请

申请人向承担该型号具体合格审定工作的审查部门提交下列材料,为航空器申请符合性验证用途第一类特许飞行证。

(1)《民用航空器特许飞行证申请书》(AAC-083);

(2)《民用航空器临时登记证》(AAC-196)的彩色扫描件,并签字(自然人申请人)或盖章及法定代表人签字(法人申请人);

(3) 建议的使用限制;

(4) 制造人的《制造符合性声明》(AAC-037);

(5)《航空器技术状态评估报告》。

1.2.4　受理

承担该型号具体合格审定工作的审查部门收到申请人递交的申请资料后,5 个工作日内确认所提交的资料是否完整,并做出下列三种是否受理的决定。

(1) 如果申请资料完整,同意受理申请,向申请人下发《民用航空器适航证件受理申请通知书》(AAC-270);

(2) 如果因申请材料不完整而不同意受理申请的,书面通知申请人,待其补齐材料后 5 个工作日内重新受理;

(3) 如果根据申请人提供的资料,确定不予受理的,向申请人发出《不予受理通知书》(AAC-5528)。

1.2.5　审查和颁证

审查部门完成下列检查工作:

(1) 对航空器进行必要的检查;

(2) 确认申请人为保证航空器安全运行所采取的各项措施已得到正确实施;

(3) 评估申请人提出的使用限制建议是否准确、全面;

(4) 核实申请人所做的各项检查、试验工作已正确记录。

检查结束后,审查部门完成《民用航空器适航性评审和检查记录单》(特许飞行证)(AAC-232),确认其处于安全可用状态后签发《民用航空器特许飞行证》(AAC-054)。

1.3　到岸组装交付试飞用途第一类特许飞行证

1.3.1　适用范围

到岸组装航空器的所有权人和占有人(申请人)均可为航空器申请交付试飞用第一类特许飞行证。

1.3.2　申请前准备

申请人向局方提交到岸组装航空器交付试飞用特许飞行证申请前,需完成和确认以下工作:

(1) 完成恢复组装工作;

　　(a) 恢复组装工作需满足下述要求:

　　　　i. 由航空器制造单位完成;或

　　　　ii. 由航空器制造单位授权的单位或人员完成;或

　　　　iii. 由经制造单位相同机型及等级培训合格的人员完成。

　　(b) 完成到岸恢复组装工作记录和工作单/卡记录。

(2) 该航空器已取得中国民航型号认可证书或型号合格证书;

(3) 该航空器已具有制造国适航当局颁发的出口适航证;

(4) 确认航空器构型符合型号合格证或型号认可证数据单,没有未经中国民航批准的加改装;

(5) 按 CCAR-45 要求,为航空器取得了《民用航空器国籍登记证书》(AAC-016)或《民用航空器临时国籍登记证书》(AAC-196);

(6) CCAR－45 要求,在航空器外表面喷涂国籍登记标志(B－XXXX);

(7) 按照附录 3 要求,完成《民用航空器评审和检查记录单》(特许飞行证),对航空器状态进行检查,并做好记录;

(8) 若引进的是使用过航空器,申请人还需完成《使用过航空器预检单》(AAC－236)和《使用过航空器预检报告》(AAC－237);

(9) 制定交付试飞用试飞大纲或试飞程序;

(10) 为交付试飞制定建议的使用限制(如适用)。

1.3.3　申请

申请人在确认各项必要的地面检查和验证工作完成后,向所在地区的民航地区管理局提交下列材料,提出到岸组装交付试飞用特许飞行证申请。

(1)《民用航空器特许飞行证申请书》(AAC－083);

(2) 出口国适航当局颁发的《航空器出口适航证》彩色扫描件,并签字(自然人申请人)或盖章及法定代表人签字(法人申请人);

(3)《民用航空器国籍登记证》或《民用航空器临时登记证》彩色扫描件,并签字(自然人申请人)或盖章及法定代表人签字(法人申请人);

(4) 制造人的《制造符合性声明》(AAC－037);

(5) 复装单位或人员的资质证明(复印件);

(6)《到岸组装航空器特许飞行证申请人检查单》(附录 4);

(7) 建议的使用限制(如适用)。

1.3.4　受理

民航地区管理局在收到申请人提交的申请资料后,5 个工作日内确认所提交的资料是否完整,并做出下列三种是否受理的决定。

(1) 如果申请资料完整,同意受理,向申请人下发《民用航空器适航证件受理申请通知书》(AAC－270);

(2) 如果因申请材料不完整而不同意受理申请的,书面通知申请人,待其补齐材料后 5 个工作日内重新受理;

(3) 如果根据申请人提供的资料,确定不予受理的,向申请人发出《不予受理通知书》(AAC－5528)。

1.3.5　审查和颁证

如无特殊原因,航空器地面检查工作由申请人自行完成,民航地区管理局原则上不开展现场检查,在确认申请人提交的申请资料完整,并已缴纳费用后五个工作日内,向申请人签发《民用航空器特许飞行证》(AAC－054)。

2. 国内通用航空公司设计小改管理

2.1　适用范围

本实施细则适用于为自己所有、占有或代管航空器开展设计小改的国内通用航空公司。

2.2　基本要求

按照备案制开展设计小改的国内通用航空公司需要满足下列基本要求。

(1) 具有相关专业背景的工程设计人员；

(2) 具有改装方案；

(3) 具有改装实施的图纸；

(4) 具有改装实施的设施和设备；

(5) 建立设计更改相关的管理程序；

(6) 制定改装实施的工作单卡和记录。

2.3　设计更改的符合性确认

a. 制定改装方案，并确认设计更改属于设计小改。

制定设计改装方案，并根据《民用航空产品和零部件合格审定规定》(CCAR - 21) 有关设计更改分类的要求，对设计更改方案进行大改和小改的合理划分，确认设计更改属于小改范畴。

b. 确定适用的审定基础，并开展符合性验证。

根据《民用航空产品和零部件合格审定规定》(CCAR - 21) 有关设计更改分类要求、《航空产品设计更改审定基础的确定程序》(AP - 21 - AA - 36) 以及《航空产品设计更改审定基础的确定方法》(AC - 21 - AA - 36) 要求，分析设计更改内容对原机型审定基础的影响，确定设计更改所适用的审定基础。对审定基础的每一个条款制定合理的、局方可接受的符合性方法，并开展各项符合性验证工作。

c. 改装方案的符合性确认。

在各项符合性验证工作开展过程中，设立专职的符合性确认工程人员，负责对各项分析、试验验证过程中的符合性进行确认，包括分析报告、试验大纲、试验报告的正确性进行确认，对试验过程进行目击，以及最终对审定基础的符合性确认等。

2.4　设计小改的备案

按照本实施细则要求自行开展设计小改的通用航空公司，每年 1 月 15 日前对上一年度所完成的设计更改情况向所在地区的民航地区管理局提交以下资料，进行备案。

(1) 设计更改项目清单(附录 5)；

(2) 设计更改简报(附录 6)；

(3) 设计更改符合性验证检查单(附录 7)；

(4) 设计更改符合性声明(附录8)。

民航地区管理局在收到通用航空公司提交的设计小改备案资料后,对备案资料进行存档,直至实施改装航空器全部退出服役后两年。如无特殊情况,不再对备案资料和通用航空公司所完成的设计更改做进一步审查。

3. 国内通用航空公司设计大改管理

3.1 适用范围

国内通用航空公司进行设计大改(补充型号合格证)申请时,若同时满足以下条件,其申请、受理、审查及颁证可按本实施细则执行,采用"委任代表批准"方式进行管理。

(1) 拟进行设计更改的航空器必须为通用航空公司所有、占有或代管;

(2) 拟申请进行设计更改的航空器包括驾驶员在内的最大座位数量不超过10座;

(3) 拟申请的型号设计更改尚未构成《民用航空产品和零部件合格审定规定》CCAR-21第21.19条款规定的实质性更改;

(4) 更改后的航空器不再进行训练飞行和空中游览等载客商业飞行。

3.2 基本要求

如果选择"委任代表批准"方式进行设计大改审查,通用航空公司在进行设计大改前,要对自身改装方案设计和符合性验证能力进行评估,确认具有独立开展设计大改的工程能力。通用航空公司要建立由具有改装方案制定和符合性验证能力的相关专业设计人员组成的专门机构,包括工程部门、适航部门和质量部门等。并建立完善的管理程序,包括设计方案制定、工程资料审批、符合性确认、工程资料归档以及故障、失效和缺陷报告等程序,保证改装方案及其符合性验证工作符合适航要求。

3.3 申请

3.3.1 申请前准备

申请人应在民航局根据《民航行业信用管理办法(试行)》设立的民航行业信用信息记录(以下简称信用记录)中无严重失信行为记录。

虽然局方在受理补充型号合格证申请时,不对申请人的工程能力和内部程序进行评估,但申请人应确认已按照3.2节要求建立了专门机构和管理程序,具备开展设计大改的工程能力。

3.3.2 申请

申请人可向其注册地所属的民航地区管理局提交填写完整属实的"补充型号合格证申请书"(AAC-014),并随申请书一起提交如下资料。

(1) 无严重失信行为记录声明,并由法定代表人签字和盖章;

(2) 民用航空产品补充型号合格证"委任代表批准"申请书(附录 9);

(3) 设计更改项目情况说明(附录 10),包含建议的审定基础和审定计划草案;

(4) 建议的符合性确认委任代表人员名单(附录 11)。

3.4　受理

民航地区管理局在收到申请人提交的补充型号合格证申请书及相关资料后,5个工作日内一次性通知申请人对申请资料的受理意见。依据申请人提交的申请资料,受理意见包括如下几种情况。

(1) 受理申请,按照"委任代表批准"方式审查。对于拟申请的设计为常规设计,不包含新颖设计特点的情况,局方可以接受申请人的申请,向申请人颁发《受理申请通知书》(AAC - 150),并以正式函件形式通知申请人可以按照"委任代表批准"方式进行审查,并明确授权的委任代表名单及授权工作范围。

(2) 受理申请,但不能按照"委任代表批准"方式审查。对于拟申请的更改为非常规设计,包含新颖设计特点,并且使用经验表明存在潜在风险的设计情况,则不能按照简化程序进行审查,向申请人颁发《受理申请通知书》(AAC - 150),以正式函件形式通知申请人不可以按照"委任代表批准"方式审查。

(3) 不受理申请,以不受理函件正式通知申请人。

(4) 申请资料不完整,要求申请人对申请资料进行补充和完善。在申请人补齐资料后 5 个工作日内通知申请人受理意见。

3.5　审查和颁证

申请人在收到《受理申请通知书》并得到地区管理局可以按照"委任代表批准"方式审查的通知后,可按照"委任代表批准"方式开展补充型号合格证的设计和符合性验证工作。

采用"委任代表批准"方式审查的补充型号合格证,申请人仍需按照《补充型号合格证审定程序》(AP - 21 - 14)要求的内容开展符合性验证工作,但其符合性,包括审定基础、符合性验证计划、符合性文件批准、试验件的制造符合性检查、验证试验目击、申请人试飞大纲和报告、适航限制章节和飞行手册补充页等,可由局方授权的委任代表确认。申请人可以聘任企业内部或外部的相关专业局方委任代表,组成符合性确认工作组,在得到局方的授权后,开展符合性确认工作。符合性验证资料得到局方委任代表确认后,局方委任代表可用《型号资料批准表》(AAC - 039 表格)进行批准。

当申请人完成全部符合性验证工作,并且其符合性得到相关专业局方委任代表确认后,可向局方提交下列文件资料,申请批准。

(1) 设计更改项目报告(附录 12);

(2) 飞行手册补充页(AP - 21 - 14 附录 D);

(3) 修订后的适航限制章节(维护手册第四章);

(4) 设计大改符合性验证检查单(附录 13);

(5) 建议的补充型号合格证数据单(草案);

(6) 补充型号合格证符合性声明(附录 14)。

民航地区管理局在收到申请人提交的文件资料和符合性声明后,10 个工作日内完成资料完整性的确认,并在补充型号合格证符合性声明的背面签署意见。无特殊需要,原则上不再对局方委任代表确认过的符合性文件和航空器做进一步的审查。

对于同意批准的设计大改项目,由民航地区管理局向申请人颁发补充型号合格证及补充型号合格证数据单。对于不同意批准的项目,民航地区管理局以正式函件形式告知申请人。

3.6 限制

(1) 根据"委任代表批准"方式批准的补充型号合格证,必须在其数据单的注释中增加如下描述或使用限制:"本补充型号合格证是按照'委任代表批准'方式审查颁发的。按照本补充型号合格证实施了改装的航空器,不允许用于进行训练和空中游览等载客飞行活动"。

(2) 按照本程序取得的补充型号合格证,不适用于 CCAR-21 中有关权益转让的规定,其设计资料不可被他人用于其他航空器改装。

4. 个人自制航空器适航管理

4.1 适用范围

由个人制造和组装,且仅以个人使用为目的的个人自制航空器,如果其制造者持有合格的相应等级驾驶执照,可按照本实施细则向适航管理部门申请《实验类适航证》。个人自制航空器不得销售和载客。

4.2 定义

自制航空器:指由个人制造和组装,并且以个人使用为目的的航空器。自制航空器可以通过自制者原创或购买的设计方案制造,也可以由购买的零部件组装而成。

4.3 《实验类适航证》的申请、受理和颁发

4.3.1 申请人资格

个人自制航空器实验类适航证的申请人应该是完成航空器的制造和组装,并持有合格的相应等级驾驶员执照的自然人。

4.3.2 申请前准备

申请人在向民航地区管理局申请实验类适航证前要完成和确认以下工作。

(1) 完成航空器的制造和组装;

(2) 按照中国民用航空规章《民用航空器国籍登记规定》(CCAR-45)和适航管

理程序《民用航空器国籍登记管理程序》(AP - 45 - AA - 01),登录网址 http://safe-ty. caac. gov. cn 向民航局适航司申请并获得《民用航空器国籍登记证》(AAC - 016);

(3) 按照附录 15 要求,完成个人自制航空器项目说明;

(4) 按照附录 16 要求,完成对航空器进行检查,确认航空器随机文件齐全,技术状态良好,航空器上所装设备符合预期的运行要求,处于安全状态。

4.3.3　申请

完成各项准备工作后,申请人按照本细则要求,向户口、居住证所在地或航空器自制场所所属地区的民航地区管理局提交下述材料,申请实验类适航证。

(1)《民用航空器适航证申请书》(附录 17);

(2)《民用航空器国籍登记证》(AAC - 016)扫描件;

(3) 申请人身份证扫描件;

(4) 驾驶员执照扫描件;

(5) 个人自制航空器项目说明;

(6) 个人自制航空器申请《实验类适航证》检查单(附录 16);

(7) 个人自制航空器实验类适航证申请人声明 (附录 18);

4.3.4　受理

民航地区管理局在收到申请资料后 5 个工作日内,确认申请人提交的申请资料是否完整,并做出下列三种是否受理的决定。

(1) 如果申请资料完整,同意受理申请,向申请人下发《受理申请通知书》(AAC - 150);

(2) 如果因申请材料不完整而不同意受理申请的,书面通知申请人,待其补齐材料后 5 个工作日内重新受理;

(3) 如果根据申请人提供的资料,确定不予受理的,向申请人发出《不予受理通知书》(AAC - 5528)。

在收到《受理申请通知书》后,应完成该通知书中所规定的各项受理手续,缴纳相关费用。

4.3.5　颁证

基于个人自制航空器的用途和危险性评估,局方通过实施飞行区域限制等条件,可以对个人自制航空器的设计、制造以及航空器本身的适航条件予以豁免。申请人须声明该航空器处于安全状态,无特殊需要,地区管理局不做进一步的检查,在确认提交的资料完整后,向申请人颁发实验类适航证,并注明适用的限制条件。实验类适航证见附录 19《实验类适航证》(样例)。首次颁发实验类适航证时,在《民用航空器实验类适航证再次签发记录》页的"再次签发原因"栏内标注"仅限在限制区域内飞行"。

4.4　申请人的试验飞行

申请人取得实验类适航证后,须按照本节要求在限定的飞行区域内完成各项飞行试验,验证个人自制航空器在使用限制范围内和规定的试飞时间内可以安全飞行,之后可以解除对飞行区域的限制,在运行和使用限制范围内飞行。

4.4.1　试验飞行区域

持有实验类适航证的个人自制航空器在试验飞行阶段,仅限于在指定的区域内飞行,即在空中交通不繁忙的开阔水面或人口稀少区域上空飞行,直至已表明航空器在其正常的速度和所有机动动作范围内是可操控的,并且没有表现出任何危险的操作特性或设计特征。

4.4.2　飞行试验大纲

持有实验类适航证的个人自制航空器试验飞行时,必须按照制定的飞行试验大纲进行,飞行试验大纲的内容应至少包括以下几个方面内容。

(1)概述,包括航空器的总体参数、性能数据、提示和注意事项等;

(2)限制,包括空速指示标记和限制、操作面偏转限制、动力装置限制、重量限制、飞行限制、滑油温度和压力限制等;

(3)应急程序,在飞行过程中遇到紧急情况的操作程序,例如飞行中发动机空停、起火、飞行中或地面电气设备起火和尾旋或俯冲等;

(4)正常操作程序,包括试飞前准备工作、滑行、进场和着陆、侧风等程序;

(5)飞行试验,包括地面试验、滑行试验、低速滑行、高速滑行、前10个飞行小时、扩展飞行包线等;

(6)安全信息,包括每次飞行前的准备工作、维护和检查程序、气象信息、试飞机场的相关数据,以及飞行人员的身体状况要求等。

飞行试验大纲的制定主要为了实现两个目的:

(1)它确保航空器充分试验,并确认在航空器飞行包线内能安全运行;

(2)飞行试验数据也用于制定准确和全面的飞行员操作手册,并制定应急程序。

4.4.3　飞行试验时间

个人自制航空器应在指定的飞行试验区域内完成下列规定时间的飞行。

(1)当安装了具有型号合格证的发动机、螺旋桨或发动机/螺旋桨组合时,个人自制航空器取得实验类适航证之后应该在指定飞行试验区域内限制飞行至少25小时;

(2)当安装了未取得型号合格证的发动机、螺旋桨或发动机/螺旋桨组合时,个人自制航空器取得实验类适航证之后应该在指定飞行试验区域内限制飞行至少40小时;

(3)如果安装的发动机、螺旋桨或发动机/螺旋桨组合经过设计更改,且与已批

准的型号设计数据单有区别,则个人自制航空器取得实验类适航证之后应该在指定飞行试验区域内限制飞行至少 40 小时;

（4）取得实验类适航证的个人自制航空器经过任何构型更改后,需在指定飞行试验区域内运行至少 5 小时。

4.4.4　试飞人员

（1）申请人可以自己完成试飞工作,也可以请有经验的其他驾驶员试飞该航空器,验证该个人自制航空器在使用限制范围内和规定的试飞时间内安全飞行;

（2）有经验的驾驶员是指具有相同或相似机型执照的其他驾驶员,或者是已取证的自制航空器申请人;

（3）申请人邀请其他驾驶员开展试飞,应当与其签订安全责任书,明确安全责任;

（4）所有完成的试飞都需要记录在该航空器履历本中。

4.4.5　试验飞行期间的限制

申请人应根据具体情况制定适当的使用限制。出于安全考虑,局方可能会增加必要的附加限制。申请人应确认知晓这些使用限制。试验飞行阶段个人自制航空器的使用限制应至少包括下述内容:

（1）除持有驾驶员执照的实验类适航证申请人,与申请人签订安全责任书的试飞驾驶员以外,任何人不得驾驶该航空器,并且不允许载运任何与飞行无关的其他人员;

（2）任何人不得使用该航空器从事取酬为目的的飞行;

（3）必须在航空器驾驶舱展示《民航航空器国籍登记证》和个人自制航空器《实验类适航证》;

（4）该航空器不满足国际民航公约附件 8 规定的适航标准,除非得到飞越国的同意,否则不得使用特许飞行证飞越该国领空;

（5）试验飞行阶段应当遵守相应的飞行规则,仅限于在指定的区域内飞行;

（6）试验飞行应在试飞大纲所规定的性能限制以及局方对试验飞行所提出的其他限制条件下进行;

（7）试验飞行仅允许昼间目视（VFR）飞行规则运行,并在指定的试飞区域内完成规定的飞行小时。当该航空器满意地完成了飞行试验区域内所要求的飞行小时数之后,驾驶员应在履历本中描述下述语句或相似的语句:"我证明已经完成了规定的飞行小时数_____小时,航空器在其整个正常速度范围和拟进行的所有机动范围内是可操纵的,没有危害的使用特性或设计特征,且能安全飞行。在飞行试验期间下列航空器使用数据已经得到了演示:最大起飞重量_____、最大空速_____和最小失速速度_____";

（8）试验飞行期间禁止进行夜间目视飞行规则运行。在完成试验飞行后如果进

行夜间目视飞行,该航空器应按照 CCAR 91.407 条的要求安装适用的设备,并完成验证飞行;

(9) 试验飞行期间禁止进行仪表飞行规则(IFR)运行。在完成试验飞行后如果进行仪表飞行规则(IFR)运行,该航空器应按照 CCAR91.405 条的要求安装适用的设备,并完成验证飞行;

(10) 试验飞行期间禁止进行特技飞行。在完成试验飞行后如果尝试根据 CCAR-91 第 91.201 条进行特技飞行,包括飞行姿态的突然改变、非正常姿态、非正常加速等正常飞行不必要的故意机动等,应当制定适当限制,用以规定特技机动及其实施条件。在验证期间,有意的特技机动应正确实施,并通过使用下列语句或相似语句说明记录在航空器履历本上:"我证明已经飞行试验了下列特技机动并且航空器在整个机动的正常速度范围内是可操纵的以及是安全运行的。飞行试验的特技机动和速度为:(机动动作)在(飞行速度)、_____ 在 _____ 、_____ 在 _____ 和 _____ 在 _____ 。"

(11) 试验飞行期间,该航空器禁止在拥挤的空域中飞行,除非受到空中交通管制的指引或在动力装置失效的情况下,有足够的高度以实施一个安全的应急着陆而不致造成对地面人员或财产的危害;

(12) 试验飞行试验期间,该航空器不能用于滑翔机拖曳、旗帜牵引或故意的跳伞;

(13) 如果要对这些使用限制进行任何修改,应向相应的适航审定部门提出申请。

4.4.6　其他要求

(1) 维护要求

根据 CCAR-91 第 91.403 条、第 91.405 条和第 91.407 条规定,航空器上所安装和使用的仪表和设备应遵照 CCAR-43 部和 CCAR-91 部的要求进行检查和维修。

航空器在试验飞行阶段完成的维护工作,其检查结果应记录在航空器维修记录中。

(2) 其他要求

完成试验飞行后,航空器应符合 CCAR-91 部中适用的空中交通和一般运行规则,以及 CCAR-91 第 91.211 条规定的所有附加使用限制。这些使用限制和实验类适航证定义的使用限制,应是试验飞行阶段使用限制的一部分,并且所有时间内应放置在航空器上。

4.5　解除飞行区域限制

4.5.1　完成要求的试验飞行

在依据颁发的实验类适航证完成规定的试验飞行项目之后,驾驶员应在航空器履历本中以日志形式记录"航空器已经完成了规定的×××× 小时飞行要求,并且在其正常的速度范围内和拟进行的所有机动范围内是可操控的,没有表现出任何危险的操作特性或设计特征"的内容。

4.5.2　持续适航文件检查和确认

在完成试验飞行后,申请人应依据试飞大纲和试飞中航空器的实际状况编写《航空器操作说明》/《飞行员操作手册》,并参考 CCAR - 43 部的适用规定和试飞期间的维护和检查状况制定该航空器的《维护和检查程序/大纲》。如果安装了取得型号合格证的发动机或螺旋桨,评估其适用的所有适航指令已经完成,并记录在航空器履历本中。适航指令要由自制者或者具有相应资质的维护人员执行并记录在履历本上。

《航空器操作说明》/《飞行员操作手册》、《维护和检查程序/大纲》应满足以下要求:

(1) 手册的内容对于该航空器是正确的,手册中指明航空器的型号和序号;

(2) 在《维护和检查程序/大纲》中规定了关键部件的更换时间、检查间隔或相关程序。按照该大纲安装了适用的部件,并且部件的件号和序列号永久地和清晰地被标识;

(3) 发动机/动力装置的维护和翻修文件(可选)包含在《维护和检查程序/大纲》中。如果发动机/动力装置的维护和翻修文件(可选)是一份单独的手册(例如,××××发动机原始设备装机清册),则在航空器的《维护和检查程序/大纲》中可以引用发动机/动力装置的维护和翻修文件的文件号、版次和日期。对于所有其他设备和零部件,当《维护和检查程序/大纲》引用其他手册或程序时,这些被引用的手册和程序应当真实有效,《维护和检查程序/大纲》必须描述这些手册或程序的文件号、版次和日期;

(4)《维护和检查程序/大纲》应规定每一项检查和维护任务的内容和详细方法;

(5) 包含在上述手册的数据与标牌数据应是一致的。例如,在《航空器操作说明》/《飞行员操作手册》、《维护和检查程序/大纲》中,飞机燃油箱标牌上标注的燃油要求的内容是一致的;

(6)《航空器操作说明》/《飞行员操作手册》中应包含以下内容:

　　(a) 航空器基本参数概述;

　　(b) 使用限制;

　　(c) 应急程序;

　　(d) 正常程序;

　　(e) 航空器性能;

　　(f) 重量和平衡;

　　(g) 各系统说明;

　　(h) 其他。

4.5.3　解除飞行区域限制申请和批准

在完成规定的试验飞行和持续适航文件编制后,申请人可以向适航管理部门提交解除飞行区域限制申请。申请人可优先在原申请实验类适航证的民航地区管理局提交申请,也可以自主选择向户口、居住证所在地或向航空器自制场所所在地的民航地区管理局申请,并提交下述材料:

(1) 个人自制航空器《实验类适航证》解除飞行区域限制申请书(附录20);

(2) 已颁发的《实验类适航证》;

(3) 申请人驾驶员执照(复印件);

(4) 航空器履历本(复印件);

(5) 个人自制航空器《实验类适航证》解除飞行区域限制前文件检查单(附录21)。

民航地区管理局在收到申请人提交的申请资料后,5个工作日内对申请人提交资料的完整性进行确认。提交资料完整,并且满足所要求试验飞行时间的,局方在《实验类适航证》的第二页签注"完成试验飞行,解除飞行区域限制。"解除航空器的飞行区域限制。

4.6　运行要求和限制

(1) 获得实验类适航证,并完成试验飞行的个人自制航空器,应当在航空器的主舱门入口附近或者驾驶舱附近(或按民航局批准的位置)标记"实验类(个人自制航空器)"字样,该标识应采用耐久的方法附着在该航空器上并清晰可见,其字样的尺寸大小应当在5至20厘米之间;

(2) 该航空器的舱门处应安装或者粘贴标牌"警告:本航空器是个人自制实验类航空器,应按照规定的使用限制飞行";

(3) 该航空器不满足国际民航公约附件8规定的适航标准,除非得到飞越国同意,该航空器不得飞越该国领空;

(4) 该航空器不得用于拖拽牵引(包括但不限于滑翔机拖曳、旗帜广告牵引或故意的跳伞);

(5) 航空器应当按照CCAR-43附录6.1的规定、《维护和检查程序/大纲》或其他局方接受的项目进行维护检查,并表明其处于安全可用状态,检查结果应记录在航空器维修记录中;

(6) 持有驾驶员执照的实验类适航证申请人,以及有证据表明参与该航空器制造和组装的人员可以按照CCAR-43部的相关适用规定,或者《维护和检查程序/大纲》对该航空器进行检查;

(7) 检查应记录在航空器维修记录中,并使用以下或相似的声明:"我证明,该航空器已在_____年_____月_____日按照CCAR-43部附录6、《维护和检查程序/大纲》或其他经局方接受的维修方案进行了检查,并处于安全可用状态。"该记录应包括航空器总的服役时间和进行检查人员的姓名、签字、所持证件的类型和证件号码

（根据适用情况，应填写相应的航空人员执照号码或自制者的身份证件号码）；

（8）如果要对这些使用限制进行任何修改，应向相应的适航审定部门提出申请。

4.7　设计更改

个人自制航空器在取得《个人自制航空器实验类适航证》之后，包括试验飞行期间，如果对航空器进行加改装或任何构型更改，必须在空中交通不繁忙的开阔水面或人口稀少区域上空实施试验飞行，需在指定飞行试验区域内运行至少 5 小时和 5 个起落，验证改装或更改后解除限制。同时将设计更改的情况和试飞结果记录在航空器履历本中。

4.8　存档

负责受理和颁发实验类适航证（个人自制航空器）的适航管理部门应当对检查材料存档。

（1）《民用航空器适航证申请书》；

（2）申请人身份证扫描件；

（3）申请人驾驶员执照扫描件；

（4）个人自制航空器项目说明；

（5）个人自制航空器申请《实验类适航证》检查单；

（6）个人自制航空器《实验类适航证》申请人声明；

（7）《受理申请通知书》（复印件）；

（8）《实验类适航证》（复印件）；

（9）个人自制航空器《实验类适航证》解除飞行区域限制申请书；

（10）个人自制航空器《实验类适航证》解除飞行区域限制前文件检查单。

上述文件保存到该航空器取消注册后 2 年。

5. 从事经营性通用航空活动的通用航空企业航油适航管理

5.1　适用范围

本细则仅适用于从事经营性通用航空活动的通用航空企业的备案制航空油料适航管理。

5.2　基本要求

依据本实施细则，按照备案制进行航空油料适航管理的通用航空企业，应满足下列基本要求：

（1）从业人员应具有基本的航油适航管理知识；

（2）具有航油储运、加注相关设施设备；

（3）建立航空油料质量控制体系；

（4）按照附录 24《通用航空企业油料质量控制和操作程序》进行油品质量控制。

5.3　航油适航管理符合性确认

依据本实施细则,按照备案制进行航空油料适航管理的通用航空企业,每半年应对本单位的航空油料适航管理情况进行一次检查,检查工作可参考《通用航空油料适航检查单》(附录 22)进行。检查的评价标准为《民用航空油料适航管理规定》(CCAR-55)、本实施细则等局方要求。对检查发现的问题,应及时整改。如有需要,航油航化适航审定中心可以提供技术支持。

5.4　航油适航管理的备案

依据本实施细则,按照备案制进行航空油料适航管理的通用航空企业,应于每年1月15日前向航油航化适航审定中心提交以下资料,进行备案。

(1) 上一年度本单位的航油适航管理情况报告;

(2) 最近一次填写的本单位《通用航空油料适航检查单》(可参考附录22);

(3) 通用航空企业油料备案信息表(附录23)。

航油航化适航审定中心收到上述备案资料后,对备案资料进行存档。如无特殊情况,适航部门不再对该企业的航油适航管理情况做进一步审查。

5.5　向局方报告程序

从事经营性通用航空活动的企业发现航空油料质量异常时,应及时向航油航化适航审定中心报告,航油航化适航审定中心负责向适航司报告。

第5章 通用航空飞行安全

飞行安全,指在航空器运行期间不发生由于飞行或其他原因造成的人员伤亡、航空器损坏等事故。通用航空由于作业空域广、作业环境复杂等造成作业人员在作业过程中所面临的各类风险较多。2012—2016年通用航空发生飞行事故90起,造成至少59人死亡,事故率远高于运输航空,通用航空事故(含直升机事故)万时率高于运输航空万时率几个数量级。总体来说,通用航空飞行具有这些特点:飞行高度低、飞行速度慢、地形复杂、依赖目视飞行、飞机可靠性水平低于运输航空飞机。这些特点导致通用航空飞行安全水平比商业航空低,飞行员压力大,易疲劳等,有必要制定针对性的策略提升相关技术,以保障通用航空飞行安全。

5.1 通用航空飞行安全概述

5.1.1 通用航空飞行安全数据统计分析

统计近几年来通用航空发生的事故情况可以看出通用航空事故的变化趋势(见表5.1):经历了2016年、2017年的大幅度提升后,在2018年有所下降,但2018年由通用航空事故导致的死亡人数仍高于2017年,这说明提高通用航空飞行安全任重道远。

表5.1 通用航空飞行安全数据统计

	不安全事件	死亡人数
2014 年	6	7
2015 年	12	18
2016 年	23	26
2017 年	38	9
2018 年	18	16

在上述事故中,由机组原因导致的飞行事故一直占比较大。而对机组原因导致的事故,可以进一步进行细化。以2015年为例,机组原因导致的通用航空事故可以进一步分类为:

① 可控飞行撞地/障碍物,一般事故4起(4月13日Bell206B3飞机在四川省资阳市乐至县实施农林喷洒作业时坠毁;4月24日R44-Ⅱ直升机在新疆阿克陶县玉

麦乡南部作业时坠地;6月6日 R44-Ⅱ直升机在密云机场本场空域执行训练任务时坠机;9月21日 AS350飞机在桂林管制区执行航空物探时在作业区坠毁),一般事故征候2起。

②失速/失控,较大事故1起(7月9日 Bell407飞机在建德千岛湖机场执行定检试飞任务时坠毁),一般事故1起(7月15日 AC311直升机在德令哈机场坠毁)。

③迫降,一般事故1起(7月8日运-5B飞机在黑龙江查哈阳农场执行农化作业时起飞后坠地),一般事故征候1起。

④跑道外接地,一般事故1起(7月30日 R44-Ⅱ直升机在九三农场执行农化作业过程中坠毁),一般事故征候2起,未定1起。

5.1.2　通用航空飞行安全的影响因素

1. 飞行员人为差错

以往的研究表明,80%的航空事故与人的不安全动作直接相关。飞行人员是安全飞行的核心,他们能否熟练驾驶飞机,正确使用机载设备,按规章操作,恰当理解管制员的指挥口令,遇到复杂天气条件、飞机故障等非正常因素能否妥善处置,决定着飞机能否安全飞行。针对通用航空的飞行人员及飞行还具有如下特点:

①通用航空飞行所载乘客少,但往往执行重大活动如航拍、执法、要客飞行、抗震救灾等特殊任务,尤其在风景名胜区、地标建筑、政府机构等场所进行飞行活动时,一旦发生安全事件,特别是人为原因造成的安全事件,将产生恶劣影响。

②通用航空作业环境恶劣、作业人员外出作业时间长,通用航空企业的很多飞行任务中机组单次外出作业时间超过3个月,甚至每年外出作业时间总计超过200天。外出作业时间长,执行复杂、艰苦航拍、巡线等任务,容易诱发飞行员心理及情绪方面的问题。

③通用航空作业保障难度大,因保障原因导致的计划取消、返航、延误时有发生。民航局已在2015年就飞行员心理测试方面提出了相关要求,但对通用航空企业的定向招生等环节,因缺乏相关的依据和参考标准,也没有强制约束的条件等,未进行心理、人格方面的测试,从而导致存在飞行安全隐患。

2. 通用航空设备设施安全性对飞行安全的影响

与传统的航线运输相比,通用航空飞行器及配套设施安全性较低,这体现在以下几个方面。

(1) 通用航空作业空域飞行管制方式和手段落后

运输航空在雷达管制空域飞行,可以保证实时监视跟踪;通用航空多数在程序管制空域飞行,脱离雷达管制空域即没有监视跟踪,仅靠无线电通话跟踪,航行安全系数远低于雷达管制空域。目前,通用航空作业空域无有效的监视设备,在执行一些偏远地区作业、远距离海上作业、转场等特殊飞行任务时,受地形、距离、高度的影响,二次雷达无法覆盖,甚至会出现长时间无法进行空地无线电联系的情况。这一方面会导致管制部门采取保守的程序化管制,限制作业区内通用航空飞行的班次、时间,另一方面也不利于通用航空器遇险时获得救援。

（2）通用航空机场、军方批准的临时起降点设备配置不齐全

通用航空机场、军方批准的临时起降点存在欠重视、净空条件差的现象。因机场维护成本高,通用航空企业出于节省成本的考虑,缺乏对机场基础设施的投入,同时通用航空机场配置的运行岗位不足,并且缺乏针对通用航空运行的专业培训。

（3）通用航空新技术推进、新技术标准及认证等相关问题

国内二次雷达无法监视距离海岸线 100 海里之外低空飞行的通用航空器,在实际飞行中,通用航空企业只能通过单边带等无线电通信手段获取飞行动态,管制部门仅能通过通用航空企业获知通用航空器的飞行动态,这会延缓通用航空器遇险应急救援的时间。

目前,我国机载 ADS - B(广播式自动相关监视)设备还未获得中国民航局颁发的相关型号许可和装机许可。直升机厂家提供的相关机载 ADS - B 设备价格高,OEM(原始设备制造商)生产的产品质量良莠不齐,也缺乏相关标准,缺少强制认证等。

（4）通用航空机型多为轻型机,座舱空间狭小,提供的商载少,纸质手册多

以空客直升机 H155 机型为例,机载手册包括:中英文飞行手册各 2 册、中英文运行手册各 3 册、中英文 SOP/LOP(标准操作程序/本机操作程序)各 1 册、中英文EOP(设备操作程序)各 1 册、中英文 MEL(最低设备清单)各 1 册、中英文检查单各1 份、航行资料 2 册、民航其他文件 1 册,共计 21 册,重 15～20 kg。因座舱空间狭小,纸质资料多、杂、乱,容易发生纸质资料手册碰触应急设备电门、操作手柄卡锁(边距)等不安全事件。

3. 飞行情报欠缺

专业气象服务覆盖面窄致使航行资料获取难度大、获取不及时。石油平台飞行、海洋执法、引航等海上飞行,在近海区(距离海岸线 100 km 以内)一般参照中央气象台各雷达站的气象资料,在远海区(距离海岸线 100 km 以外),将很难获得气象数据信息。航空护林、巡线作业飞行往往在偏远、欠发达地区,气象雷达站的雷达测控的范围很难覆盖完整,例如:内蒙古的乌兰浩特、加格达奇以及新疆和云南等相对偏远的地区,恰好是通用航空飞行活动的重点区域。同时因通用航空单机作业情形多,偏远地区的网络、通信、交通等基础设施欠发达,导致航行资料分发、更新存在缺陷,容易诱发因天气原因、航行资料获取不及时造成的不安全事件。

4. 气象条件及地理环境

根据国际民航组织的统计,由于气象原因造成的严重空中事故占民航总事故的10%～15%,与气象直接或间接相关的事故占民航事故的 1/3 左右。造成飞行事故的天气状况主要有:能见度低(40%)、雷雨、冰雹和积雨云(25%)、颠簸和风急流(6%)、飞机积冰(10%)等。其中,对通用航空飞行安全威胁最大的主要是强风和低

空风切变、低能见度、强对流天气等。

一方面,通用航空器大多于低空空域飞行,飞行高度通常在 3 000 米以下,且相对高度 600 米以下低空空域的活动占大多数,而低空大气对流强,天气变化相对剧烈,局部地方性天气和小气候明显,近地面能见度变化快,气象条件复杂,易受云雨影响,且飞行员在飞行中还需考虑地理环境对飞行线路的影响;另一方面,通用航空器速度慢、体积小,受恶劣天气影响较大。因此通用航空飞行受到气象条件的严重制约。

气象服务无法满足通用航空飞行安全的需要,体现在以下几点。

(1) 缺乏专门的通用航空气象服务机构

目前,我国没有专门的通用航空气象服务机构向通用航空公司、通用航空机场及空管部门、私人飞行等用户提供通用航空气象服务。初期建设的 4 处飞行服务站尚不能通过一定的手段获得丰富的、针对通用航空飞行的气象情报,无法向通用航空用户提供规范的气象服务。例如,海南飞行服务站向用户提供的气象服务信息以从互联网上获取的民用气象信息为主,以从海南航空气象信息系统的显示终端了解的气象信息为辅;但以上方法无法提供各通用航空机场(起降点)、作业区的准确气象信息。珠海飞行服务站建设了一套本场气象观测系统,可输出温度、露点、气压、雨量、风向、风速等本场基本气象数据,但需利用专线获取中南空管局气象中心提供的气象信息。

(2) 气象观测探测设备匮乏

目前,我国通用航空气象观测探测设备相对匮乏,大部分通用航空机场(起降点)的气象观测设备由通用航空机场或通用航空公司自行建设、维护,除少数实力雄厚的通用航空机场配备气象雷达、自动气象观测系统等设备以观测多种气象要素外,大部分机场气象观测探测设备相对匮乏,作业区和其他区域几乎没有气象观测设备,也就无法提供相关区域的气象情报。并且大部分通用航空公司、通用航空机场的气象服务自成一体,各自为本航空公司、本场飞行提供本场的实况气象情报服务,未通过网络共享气象数据和获取其他机场的气象实况,只是在转场飞行时通过电话询问目的机场或起降点的实况天气情况。

(3) 缺乏适合通用航空飞行的气象情报服务

目前,我国切合通用航空用户需求的通用航空气象情报服务相对匮乏。通用航空用户在本场区域飞行主要依据本场气象设备观测的实况天气数据,参考相邻民用运输机场的气象雷达拼图、相邻机场的航站天气预报、通过互联网获得的民用气象信息、通过互联网或专线获得的民航气象情报;在除本场以外的作业区飞行、转场飞行时,则无及时、精细化的气象情报可参考,只能粗略参考民用气象资料和民航发布的报文、天气图等气象情报。以上气象信息为通用航空发展初期的气象保障起到了重要作用,但随着通用航空活动频率增加、活动区域扩展等,依靠目前的气象情报信息已不能满足通用航空发展的需要,这集中体现在三个方面。

1) 目前我国民用气象信息、民航气象情报不能很好地适应通用航空飞行气象
保障的需要

目前,我国民用气象主要关注城市、大范围天气预报或实况,且预报的精度、频度、准确性不高,不大适合应用在航空飞行气象保障方面,仅适合作为通用航空飞行前的粗略天气参考。民航气象情报目前针对通用航空飞行提供的气象情报,例如SIGMET(重要气象情报)、AIRMET(航空人员气象情报)、GAMET(低空飞行气象情报)、区内高空风温等低空气象情报,由于精度、频度、准确性不高,难以用来预测以低空大气对流强、天气复杂且变化快、局部小气候等为特点的通用航空飞行区域的气候情况。

2) 通用航空机场一般只能获取基本的实况天气预报

绝大部分通用航空机场(起降点)缺少针对通用航空机场的预报、警报类气象情报,只安装相对简单的气象观测、探测设备获取基本的实况天气数据,并未处理成天气预报形式的气象情报,一些通用航空机场只能参考相邻机场的航站天气预报。

3) 缺少作业区、低空航线及其他区域的气象情报

在除本场以外的作业区飞行、转场飞行时,比较关注的重要天气情况(如:雷暴、积冰、颠簸)、高空风温、水汽、能见度,目前无及时、精细化的气象情报可参考。

(4) 面向通用航空用户的服务方式和手段薄弱

目前通用航空公司、机场及广大通用航空用户主要通过互联网、专网、电话、传真等手段主动式地获得民用气象信息、民航气象信息。由民航气象部门、飞行服务站推送的通用航空飞行气象服务相对匮乏,缺少针对通用航空用户受众广、专业水平低等特点的标准化的气象讲解服务,在通用航空飞行中主要通过 VHF(甚高频)向飞行员提供气象服务,而面向私人飞行的气象服务则更少。

5.2　通用航空飞行人员合格审定和训练管理

5.2.1　美国对通用航空飞行员测试标准的改革实践

GAMA 在 FAA 致力于提升飞行员训练和认证过程中扮演着重要角色,大幅简化飞行员训练的规章框架是在飞行员测试和训练立法委员会(ARC)的议案基础上发展起来的。被提议的飞行员认证标准(ACS)把现行的训练测试标准和理论测试标准融合到一部标准当中,新标准把 61 部日常训练要求、理论知识、技巧训练以及危险情况处理都纳入飞行员的日常训练中。危险情况处理训练能够有效提高通用航空飞行的安全性,以及对通用航空飞行员进行分类管理。

1. 飞行学员

飞行学员必须年满 16 岁,由 FAA 体检医生检查合格并只能单飞或与飞行教员一同飞行。每次单飞的目的地和持续时间必须经过批准。飞行学员不能驾驶以取酬

或者出租为目的而载有旅客或资产的飞机。

2. 娱乐飞行员

除非另有授权,娱乐飞行员只能在良好天气条件下及日间飞行。娱乐飞行员可以驾驶运载不超过 1 个旅客的、少于 4 座的轻型单发飞机,并且不得在距离基地机场 50 公里以外的区域飞行。娱乐飞行员不能驾驶以取酬或者出租为目的而载有旅客或资产的飞机。

3. 运动飞行员

运动飞行员可以在一系列受限的飞行条件下驾驶轻型运动飞机(小型、低功率飞机)。其获得执照不要求进行 FAA 体检,但飞行员可以以车辆驾驶执照作为满足体检资格的证据。运动飞行员执照的持有人可以驾驶具有标准适航证的飞机,条件是该飞机符合轻型运动飞机的定义。

4. 私人飞行员

经过适当的训练、拥有执照登记和签注后,私人飞行员可在日间或夜间、良好或恶劣天气情况下驾驶任何飞机运输旅客。私人飞行员不能在以取酬或者出租为目的而载有旅客的飞机上担任机长,也不能在以取酬或者出租为目的而运行的飞机上担任机长。(例如,用于管线巡线但没有运输旅客的飞机)

5. 商业飞行员

商业飞行员可以在以取酬或者出租为目的而运输旅客的飞机上担任机长,但不能在航空承运人的飞机上,及以取酬或者出租为目的而运行的飞机上担任机长。

6. 航线运输飞行员

航线运输飞行员可以在航空承运人的飞机上担任机长。

5.2.2 有关通用航空器驾驶员合格审定规则的修订情况

1. 中国民用航空局 CCAR - 61 - R4 修订

2014 年 7 月 10 日,中国民用航空局公布了《民用航空器驾驶员、飞行教员和地面教员审定规则》的第四版(CCAR - 61 - R4),该版本于 2014 年 9 月 1 日起施行。本次修订距离第三版修订已有将近八年的时间。随着通用航空的发展,涌现了很多小型航空器,从事通用航空的人员也越来越多。这就涉及很多执照航空器类别、人员资质的签注等工作。其中涉及通用航空的变化有两条。

(1) 第 61.13 条关于执照种类和等级设置的变化

第 61.13 条关于执照种类和等级设置的变化较为明显,R3 和 R4 版中的对应如表 5.1 所列。

R4 版中新增了运动驾驶员和多人制机组驾驶员执照,这也是根据航空事业发展的需求相应增加的。低空空域的进一步开放,使得社会生活中涉及通用航空飞行领域的需求越来越广,从而出现了很多诸如自由气球、小型飞艇、旋翼机等运动型航空器飞行人员,于是增加运动驾驶员执照这一项来对这些人员进行规范管理是很有必要的。以后,飞行爱好者都可以根据法规的执照要求持照上岗了。

表 5.1　执照种类和等级设置 R3 和 R4 版本对比

R3 版本	R4 版本
(1) 驾驶员执照,包括: i. 学生驾驶员执照 ii. 私用驾驶员执照 iii. 商用驾驶员执照 iv. 航线运输驾驶员执照	(1) 学生驾驶员执照
	(2) 运动驾驶员执照
	(3) 私用驾驶员执照
	(4) 商用驾驶员执照
	(5) 多人制机组驾驶员执照
(2) 飞行教员执照	(6) 航线运输驾驶员执照
(3) 地面教员执照	(7) 地面教员执照

(2) 第 61.13 条取消了对 3 180 千克以下直升机的型别等级要求

R4 版中取消了对 3 180 千克以下直升机的型别等级要求,这样便于通用航空运行。众所周知,通用航空直升机运行中的机型较多,根据重量可分为以下几种:

① 较小型直升机:最大起飞重量小于 2 吨;

② 小型直升机:最大起飞重量小于 2～4 吨;

③ 中型直升机:最大起飞重量小于 4～10 吨;

④ 大型直升机:最大起飞重量小于 10～20 吨;

⑤ 重型直升机:最大起飞重量大于 20 吨。

在通用航空直升机运行中以小型直升机居多,按照修订中的说法只要通用航空公司的直升机重量认证小于 3 180 千克,就不需要再次获得型别等级批准了。

2. 交通部修改的《民用航空器驾驶员合格审定规则》(交通运输部令第 28 号)

(1) 第 61.13 条增加一款,作为(e)款

"(e)对完成相应训练并符合所申请无人驾驶航空器驾驶员执照和等级要求的申请人颁发无人驾驶航空器驾驶员执照和相应的等级。除第 61.13 条、第 61.15 条、61.17 条、第 61.37 条、第 61.241 条、第 61.243 条、第 61.245 条和第 61.251 条外,本规则的其他条款不适用于无人驾驶航空器驾驶员执照和等级。"

(2) 第 61.81 条修改

① (b)款(4)、(5)项分别修改为:

"(4)除增加初级飞机类别和自转旋翼机类别外,通过了相应执照类别等级和执照种类要求的理论考试;""(5)除增加初级飞机类别和自转旋翼机类别外,通过了相应执照类和级别等级(如适用)要求的实践考试。"

② (c)款(4)、(5)项分别修改为:

"(4)除增加初级飞机等级外,通过了相应执照级别等级要求的理论考试,但是持有飞机类别的申请人在同种执照的同类别等级中增加级别等级,不需要参加理论考

试;""(5)除增加初级飞机级别等级外,通过了相应执照级别等级要求的实践考试。"

(3) 第61.113条(f)款、(g)款、(h)款、(i)款和(j)款的修改

① (f)款修改为:

"(f)完成了本规则第61.115条要求的相应航空器等级的航空知识训练,并由提供训练或者评审其自学情况的授权教员在其飞行经历记录本上签字,对于初级飞机或者自转旋翼机等级的申请人,应当证明该申请人已掌握相应航空器等级的航空知识;对于滑翔机、自由气球或者小型飞艇等级的申请人,应当证明该申请人可参加规定的理论考试;"

② (g)款修改为:

"(g)对于滑翔机、自由气球或者小型飞艇等级的申请人,通过了本规则第61.115条所要求航空知识的理论考试;"

③ (h)款修改为:

"(h)完成了本规则第61.117条要求的相应航空器等级的飞行技能训练,并由提供训练的授权教员在其飞行经历记录本上签字,对于初级飞机或者自转旋翼机等级的申请人,证明该申请人已掌握相应航空器等级的飞行技能;对于滑翔机、自由气球或者小型飞艇等级的申请人,证明该申请人可以参加规定的实践考试;"

④ (i)款修改为:

"(i)对于初级飞机或者自转旋翼机等级的申请人,满足本规则第61.119条适用于所申请航空器等级的飞行经历要求;对于滑翔机、自由气球或者小型飞艇等级的申请人,在申请实践考试之前,满足本规则第61.119条适用于所申请航空器等级的飞行经历要求;"

⑤ (j)款修改为:

"(j)对于滑翔机、自由气球或者小型飞艇等级的申请人,通过了本规则第61.117条适用于所申请航空器等级的飞行技能的实践考试。"

(4) 第61.119条修改

① (a)款修改为:

"初级飞机类别等级的运动驾驶员执照申请人应当在有动力的航空器上至少30小时的驾驶员飞行经历时间,其中包括按照本规则61.117条飞行技能要求在相应级别的初级飞机或者飞机上由授权教员提供的至少15小时带飞训练(其中可以包括不多于2小时的飞行模拟机或者飞行训练器上的飞行训练时间)和5小时在相应级别的初级飞机或者飞机上的单飞时间。

"(1) 由授权教员提供的带飞训练至少包括:

"(i) 2小时转场飞行训练。不能满足本要求的,局方将在其驾驶员执照上签注'禁止转场飞行';

"(ii) 3小时的初级飞机夜间飞行训练,包括10次起飞和着陆。不能满足本要求的,局方将在其驾驶员执照上签注'禁止夜间飞行'。

"(2) 5 小时初级飞机上的单飞时间,至少包括 3 次起飞、3 次全停着陆和 1 次总距离至少为 120 千米(65 海里)的转场单飞。不能满足转场单飞要求的,局方将在其驾驶员执照上签注'禁止转场飞行'。"

② (b)款(1)项和(2)项分别修改为:

"(1) 由授权教员提供的带飞训练至少包括:

"(i) 2 小时转场飞行训练,不能满足本要求的,局方将在其驾驶员执照上签注'禁止转场飞行';

"(ii) 3 小时的自转旋翼机夜间飞行训练,包括 10 次起飞和着陆。不能满足本要求的,局方将在其驾驶员执照上签注'禁止夜间飞行'。

"(2) 5 小时自转旋翼机上的单飞时间,至少包括 3 次起飞、3 次全停着陆和一次总距离至少为 50 千米的转场单飞。不能满足转场单飞要求的,局方将在其驾驶员执照上签注'禁止转场飞行'。"

(5) 第 61.120 条增加一款,作为(g)款

"(g)初步飞机类别等级持有人可以在最大起飞重量不大于 1 200 千克且旅客座位数不大于 4 个座位(含驾驶员座位)的活塞发动机驱动的单发飞机上担任机长,但不得以取报酬为目的在经营性运行的单发飞机上担任机长,也不得为获取酬金在单发飞机上担任机长。"

(6) 第 61.129 条修改

① (a)款修改为:

"飞机类别单发级别等级的私用驾驶员执照申请人应当在初级飞机或者飞机上有至少 40 小时的驾驶员飞行经历时间,其中包括按照本规则 61.127(a)条飞行技能要求,在初级飞机或者单发飞机上由授权教员提供的至少 20 小时飞行训练(其中可以包括不多于 2.5 小时的飞行模拟机或者飞行训练器上的飞行训练时间)和 10 小时单飞训练,该训练至少包括:

"(1) 3 小时初级飞机或者单发飞机转场飞行训练;

"(2) 3 小时的初级飞机或者单发飞机夜间飞行训练,包括 10 次起飞和着陆,以及一次总飞行距离超过 180 千米的转场飞行。不能满足本要求的,局方将在其驾驶员执照上签注'禁止夜间飞行';

"(3) 至少 3 小时初级飞机或者单飞飞机仪表飞行训练,包括仅参考仪表进行平飞、上升、下降、转弯、从不正常姿态中改出,以及无线电通信、导航设备的使用和空中交通管制程序;

"(4) 3 小时为初级飞机或者单发飞机实践考试做准备的飞行训练,该训练应当在考试前 60 天内完成;

"(5) 10 小时初级飞机或者单发飞机单飞时间,至少包括:

"(i) 5 小时转场单飞时间;

"(ii) 一次总距离至少为 270 千米的转场单飞,在至少两个着陆点作全停着陆,

其中一个航段的起飞和着陆地点之间的直线距离至少为 90 千米；

"(iii) 在具有飞行管制塔台的机场作 3 次起飞和 3 次全停着陆。"

② (b)款修改为：

"飞机类别多发级别等级的私用驾驶员执照申请人应当在飞机上有至少 40 小时的驾驶员飞行经历时间"修改为"飞机类别多发级别等级的私用驾驶员执照申请人应当在初级飞机或者飞机上有至少 40 小时的驾驶员飞行经历时间"。

5.2.3 训练的实施和训练大纲

通用航空飞行人员执照和训练的管理，是按照 CCAR - 91 部运行的飞行人员的执照和训练管理进行的，其中包括：

① 从事通用航空飞行人员飞行训练的机构，应当通过 CCAR - 91 部规章要求的运行合格审定，满足商业非运输营运人相关飞行训练的资格要求。

② 实施下列训练的飞行教员应当持有根据 CCAR - 61 部颁发的具有相应等级的飞行教员执照：

a. 为取得私用、商用驾驶员执照或增加类别、级别等级、仪表等级的训练；

b. 为取得教员执照和等级的训练；

c. 为取得型别等级（飞行类）的训练；

d. 为取得型别等级（多发直升机或审定为多人驾驶直升机或最大起飞全重大于 3 180 千克[7 000 磅]的直升机）的训练；

e. 在型号合格审定为多人制机组的飞机上担任副驾驶的资格训练；

f. 申请"仪表等级——仅限 NDB"所进行的训练；

g. 实施复杂飞机训练、夜航训练、高空增压飞机训练、牵引滑翔机训练。

③ 实施下列训练的飞行人员不需要持有根据 CCAR - 61 部颁发的飞行教员执照，但须持有商用驾驶员执照或航线运输驾驶员执照，在同类运行中担任机长 50 小时以上，并报局方备案：

a. 农林喷洒作业训练；

b. 旋翼机机外载荷作业训练；

c. 后三点飞机训练；

d. 最大起飞全重小于 3 180 千克（7 000 磅）并且合格审定为单人驾驶的单发直升机的转机型训练。

④ 实施下列训练的教员不需要持有根据 CCAR - 61 部颁发的飞行教员执照：

a. 不涉及增加执照、等级的转机型训练，例如：不涉及持有商用飞机多发陆地执照转 Y - 12 机型的或者持有商用飞机单发陆地执照转 CESSNA172 机型的训练等；

b. 渔业、探矿、摄影、人工降水、直升机野外自选场地着陆等作业项目训练。

5.2.4　执照和等级的要求

1. 对商用驾驶员执照的要求

依照 CCAR - 91 第 7 条的规定,在以取得报酬或出租为目的的商业飞行中担任航空器驾驶员的人员,或为他人提供民用航空器驾驶服务并以此种服务获取报酬的驾驶员,应当至少取得商业驾驶员执照和相应的航空器登记和运行许可。

2. 对商用驾驶员执照的要求

① 航空器驾驶员应依据 CCAR - 61 或 CCAR - 141 部,经训练和考试取得运行所需要的执照和等级。

② 对军转民的飞机驾驶员,可以按照 CCAR - 61 部第 91 条的规定以及《具有军用航空器驾驶经历的人员办理民用航空器驾驶员执照有关问题的说明》(AC - 61 - 02)的要求,申请颁发所需执照和等级。

③ 如果由于其训练机型或其他因素限制,不能进行复杂飞机的训练,且不能在复杂飞机上实施相应的商用驾驶员执照考试时,根据 CCAR - 61 部第 61.27 条的规定,局方在为其训练人员颁发执照时,应签注“不得运行复杂飞机”的限制。持有上述带有限制执照的人员在满足 CCAR - 61 部规章要求的复杂飞机训练经历并通过局方组织的实践考试后,可以取消其执照上的限制。

④ 如果由于其训练机型或其他因素限制,不能进行夜间训练时,根据 CCAR - 61 部第 61.171 条的规定,局方在为其训练人员颁发执照时,应签注“禁止夜间飞行”的限制。持有上述带有限制执照的人员在满足 CCAR - 61 部要求的夜间飞行训练经历并通过局方组织的实践考试后,可以取消其执照上的限制。

3. 仪表等级的取得

① 在低于目视气象条件或在仪表气象条件下运行的驾驶员,应当取得仪表等级。仪表等级的取得按照 CCAR - 61 部第 83 条或 CCAR - 141 部附件 B 的规定进行。申请仪表等级须在局方批准的训练机构进行训练和实践考试。

② 对于机载设备不全,无法在该机型上取得仪表等级而又需要进行 NDB 飞行的(如运 - 5 机型),可以申请“仪表等级——仅限 NDB”,总飞行训练时间不少于 30 小时。

③ 已取得“仪表等级——仅限 NDB”的驾驶员申请不带限制的仪表等级的,按照 CCAR - 61 部第 83 条的规定进行,总飞行训练时间可缩减为至少 20 小时。

④ 型别等级的取得:

a. 在要求型别等级的航空器上担任机长,必须取得型别等级。申请型别等级须在局方批准的单位进行训练和实践考试。型别等级训练大纲需根据《型别等级训练要求》(AC - 61 - 12)制定并报所在地区管理局,地区管理局在对训练大纲、设施、教员等进行审查并认为其合格且可进行相应型别等级的训练后,可以批准训练大纲。局方将对整个教学训练实施监督检查,并负责组织型别等级考试。

b. 对于已获得一种以上直升机型别等级的飞行人员,转机型到其他最大起飞全重 3 180 千克(7 000 磅)以下并且审定为单人驾驶的单发直升机时,不需要在执照上申请新的型别等级,但需要至少 5 小时(同厂家机型 2 小时)的飞行训练,并通过实践考试,由考试员在执照记录页签注该机型的熟练检查记录,实践考试工作单交局方存档。

4. 有关军转民人员飞行训练的特殊规定

军转民飞行人员申请民用航空器驾驶员执照,如果满足商用驾驶员执照和等级的知识和飞行经历要求,并且满足免除私用驾驶员执照实践考试条件,可以先申请私用驾驶员执照,通用航空公司可以为其实施实践考试前的熟练性飞行,提供此类教学的飞行员须向局方备案,不需要持有教员执照。

5.3　通用航空飞行风险控制

5.3.1　飞行避让

CCAR - 91 - R3《一般运行和飞行规则》对除水面运行外的航空优先权作了如下规定:

(1) 当气象条件许可时,无论是按仪表飞行规则还是按目视飞行规则飞行,航空器驾驶员必须注意观察,以便发现并避开其他航空器。在另一架航空器具有航行优先权时,驾驶员必须为该航空器让出航路,并不得以危及安全的间隔在其上方、下方或前方通过。

(2) 遇险的航空器享有优先于所有其他航空器的航行优先权。

(3) 在同一高度上对头相遇,应当各自向右避让,并保持 500 米以上的间隔。

(4) 在同一高度上交叉相遇,驾驶员从座舱左侧看到另一架航空器时,应当下降高度;从座舱右侧看到另一架航空器时,应当上升高度;但下列情况除外:

① 有动力装置重于空气的航空器必须给飞艇、滑翔机和气球让出航路;

② 飞艇应当给滑翔机及气球让出航路;

③ 滑翔机应当给气球让出航路;

④ 有动力装置的航空器应当给拖曳其他航空器或物件的航空器让出航路。

(5) 从一架航空器的后方,在与该航空器对称面小于 70 度夹角的航线上向其接近或超越该航空器时,被超越的航空器具有航行优先权。而超越航空器不论是在上升、下降或平飞均应当向右改变航向给对方让出航路。此后二者相对位置的改变并不解除超越航空器的责任,直至完全飞越对方并有足够间隔时为止。

(6) 当两架或两架以上航空器为着陆向同一机场进近,高度较高的航空器应当给高度较低的航空器让路,但后者不能利用本规则切入另一正在进入着陆最后阶段的航空器的前方或超越该航空器。已经进入最后进近或正在着陆的航空器优先于飞行中或在地面运行的其他航空器,但是,不得利用本规定强制另一架已经着陆并将脱离跑道的航空器为其让路。

(7) 一架航空器得知另一架航空器紧急着陆时,应当为其让出航路。

(8) 在机场机动区滑行的航空器应当给正在起飞或即将起飞的航空器让路。

5.3.2　目视飞行情景意识

观察并避让是飞行员在目视飞行条件下飞行时避免碰撞危险的主要方法。这是飞行员的情境意识的一个重要部分,即观察驾驶舱外环境并判断当前情况的能力。该技能包括:有效的观察能力,从地面和其他飞机的通信中获取信息,掌握理解当前空域情况,不断提升飞行技能。

统计结果表明,在所有飞行阶段和所有飞行高度都可能发生碰撞。在空域内飞机密度较大时,尤其是靠近机场的情况下,当飞机转向、下降或爬升时,更容易发生碰撞。

经验丰富或经验不足的飞行员都有发生碰撞的风险。经验不足的飞行员由于操作不够熟练,飞行技能生疏,因此容易对驾驶舱外的情况观察不足;而经验丰富的飞行员,由于经历了长时间的安全飞行,可能会导致放松警惕从而对驾驶舱外的情况观察不足。

空域内飞机密度过大和飞行速度过快,且空中交通管制人员由于流量过大或受地形、天气影响无法正常服务时,容易引起空中碰撞。例如,喷气发动机和轻型双引擎飞机相向飞行时,飞行员需要最少 10 秒来观察、识别且意识到可能存在碰撞风险并做出避让操作。但是两架飞机在高速相向飞行时,从飞行员发现对方到两机交汇的时间可能不足 10 秒,因而容易导致碰撞的发生。

5.3.3　恶劣天气下飞行风险的控制

许多事故的主要原因都是飞行员在不适宜飞行的气象条件下决定起飞或继续飞行。研究表明,超过 80% 的可控飞行撞地(CFIT)都是飞行员在气象条件恶化时继续飞行或对当前状况认知不明确造成的。与气象条件有关的飞行降落事故通常发生在阵风、横风或湿滑跑道的条件下,最终造成航空器受损和人员伤亡。通用航空器低空飞行时,气象条件会发生快速变化,需要飞行员保持高度警惕。

通常,在起飞前机组人员会根据天气预报制订相应的飞行计划,但是由于气象条件的多变性和天气预报的不完全可靠性,难免会出现飞行途中气象条件低于预期水平或必须在恶劣天气下执行飞行任务的情况,这就会增加飞行的风险。因此需要机组人员掌握基本的气象学知识并事先对恶劣气象条件下的飞行有所准备。

1. 气压场的分类及其对飞行安全的影响

(1) 高气压

高气压又称反气旋,通常产生晴朗无云、较为稳定的气象条件。但在冬季可能产生辐射雾或白天产生、夜间消散的层积云,影响飞行能见度。

（2）高气脊

高气脊产生稳定的气象条件,但移动速度较快,不过对飞行安全的不利影响较小。

（3）低气压

低气压移动迅速,通常产生云雨天气,其中心位置通常有间隙较小的对流云。

（4）低气槽

低气槽通常产生多云雨的气象条件,尤其在高原地区的低空容易产生大量云团或雷暴天气,直接影响飞行安全。

（5）鞍形气压场

鞍形气压场在秋、冬两季时容易产生辐射雾,在夏季容易产生雷暴。

2. 降低恶劣天气对飞行安全的影响的措施

（1）飞行人员对恶劣天气危害飞行的认识

恶劣天气包括大风、暴雨、雷电、冰雪等,一旦飞机遭受到恶劣天气的威胁,必然影响到飞行的安全。针对恶劣天气对飞行的危害,飞行人员须掌握具体恶劣天气对飞行安全的影响,充分认识在恶劣天气下飞行时可能出现的危险。

（2）加强与气象部门的联系

飞行前飞行人员要认真向气象保障部门详细了解飞行区域和航线的天气情况,特别是对有可能产生雷暴天气的区域和航线,要认真研究雷暴的性质、位置、范围、强度、高度、移向移速及变化趋势,同时还要考虑到绕飞方案及注意事项。

（3）加强空管

在云中飞行时,遇到的天气更加复杂多变,飞行人员不仅要根据机上雷达判断情况,同时也要请求地面雷达配合,听从空中管制人员的指挥。只要有可能,飞行人员就应尽量避开雷暴活动区,其方法是推迟起飞时间、改变航线及飞行高度,如有必要还须采取空中等待、绕飞、改降或返航等措施。当起飞机场有雷暴时,通常不要起飞;如雷暴较弱,任务又紧急,又有绕飞的可能,可向无雷暴的方向起飞;当降落机场有雷暴时,一般应飞到备降机场降落;如任务紧急或油量不足时应找有利方向降落;当有雷暴时,应采取绕飞或爬高飞越,在机场上空上升后出航或下降后降落。在雷暴区边缘机场起飞、降落时,应注意低空风切变的影响。

（4）加强对天气的监测

由于天气不断变化,为保证飞机的飞行安全,一方面要加强同地面的联系,与气象部门建立信息通道,及时掌握天气变化情况;另一方面,飞行时应用机载雷达监视天气变化,当发现积雨云回波时,应不间断地注意其强度变化。

（5）避免在雷暴、云雾天气飞行

飞机尽量不要在雷暴云的下方飞行,因为云与地之间被闪电击的次数最多,飞机在这个区域也最容易遭到闪电击。如已在云下飞行,应设法避开孤立的山丘、大树、塔和高大的建筑物的尖顶。另外,飞机尽量不要在中等强度以上的降水中飞行,以避免飞机遭受雷击。在雷雨季节,飞机停放时,需做好防护,接好地线,做好防止飞机在地面遭受雷暴、大风、冰雹的各种工作。

5.3.4　结冰防控

飞机结冰是指飞机机体表面某些部位聚集冰层的现象。它主要由云中的过冷水滴或降水中的过冷雨碰到飞机机体后结冰形成,也可由水汽直接在机体表面凝华而成。飞机在云中飞行时间过长易导致积冰。

当机身的部分部位温度低于冰点时,就可能发生结冰情况。在温度较高时,积冰通常出现在机翼前缘等部位,容易被观察到;当温度较低时,积冰可能出现在机翼上下表面,不易被发现。即使气温不是很低,活塞式发动机也可能发生结冰情况,尤其是在潮湿的环境下飞行。发动机结冰后工作效率会下降,甚至失效,从而增加飞行风险。

1. 积冰等级程度划分

FAR 和 AIM 将积冰程度划分为 4 个等级,用以说明积冰情况的严重性。

① 微量积冰(trace):这种程度的积冰率稍大于升华。除非出现的时间很长,一般情况下微量积冰被认为是不会造成危害的。

② 轻度积冰(light):这种程度的积冰出现时间超过 1 小时就会给飞机带来一些问题,但如果间断地使用除冰/防冰设备就不会给飞行安全造成危害。

③ 中度积冰(moderate):即使短时间遇到这种程度的积冰也会有潜在的危险性,遇到这种情况必须使用防冰设备,同时也可以考虑改变飞行高度或航向。

④ 严重积冰(severe):在这种积冰率下,防冰设备已不能减少或控制积冰,必须立即改变航向。

应当注意,不同类型的飞机在相同的环境下对积冰程度的反应是不一样的,如驾驶大型飞机的机组所报告的轻度积冰对一架赛斯纳 150 飞机来说可能就是严重积冰。

2. 结冰的类型

(1) 迎冰雪结冰

在雪天、雨夹雪或气温低于零度的云层中飞行时,机体的迎风面可能会结冰。当机翼上结冰时,会破坏机翼的气动外形,根据风洞试验数据,直径 1~2 毫米、食盐大小的细小霜粒或冰粒,按每平方厘米一个的密度稀疏分布在机翼上表面,就会造成机翼上表面粗糙,从而导致最大升力系数在地面效应和自由空气两种条件下分别损失 22% 和 33%;当机翼前缘有半英寸厚的积冰时,会减少 50% 的升力而增加 60% 的阻力。另外,当发动机吸入空气中或飞机上破碎掉落的冰时,可能会对发动机造成损伤。

（2）燃油结冰

在气温较低的环境中,燃油中含有的水分可能会结成冰,这种情况常见于管路弯曲位置。

（3）活塞式发动机化油器结冰

对于活塞式飞机来说,化油器结冰是最常出现的结冰类型,同时也是风险程度最高的。燃油在汽化时,温度会下降;当油气混合物通过节流阀时,压力降低,温度再次下降。如果混合物的温度低于露点,则混合物中的水分会凝结;若混合物的温度低于冰点,则混合物中的水分会在化油器表面结成冰。这种结冰情况会堵塞管路,严重影响发动机正常运行。

3. 结冰的原因

（1）天气条件

① 冻雨、毛毛雨:外界温度在 0 ℃以下时,过冷状态的雨滴一旦与物体接触即会结成冰。

② 冻结的降水,如雪、雨夹雪或冰雹。雪的种类(湿雪/干雪)与温度、露点有关。湿雪通常出现在温度和露点之差在 1 ℃以内,外界温度为 $-4\sim1$ ℃的天气。干雪出现在温度和露点之差在 5 ℃以上,外界温度在 -8 ℃以下的天气。

③ 过冷的地面雾和冷低云。在寒冷天气条件下,带有过冷水滴的云会在物体表面结成冰。

④ 温度在冰点或以下,相对湿度很高的情况下,飞机表面会形成霜。飞机停场过夜时以及飞机从巡航高度下降着陆后,飞机表面、燃油温度仍保持在冰点以下时容易积霜。

（2）地面条件

冰的积聚还可以源于其他地面运作或地面运行;露天停放的飞机上也会形成积冰。

① 在有水汽、雪水或雪的停机坪、滑行道和跑道上运行,可能导致结冰。

② 地面风、其他飞机或地面辅助设备不断把雪吹起来,可能导致结冰。

③ 活塞式发动机化油器结冰的情况不仅仅在寒冷天气里发生。当湿度较高时,即使在温暖的天气里飞行也会产生结冰,尤其是在发动机转速降低或迅速降低转速时(这种现象称为诱导结冰)。测试表明,气温高于 25 ℃相对湿度达到 30% 时,即可导致发动机在转速下降时发生化油器结冰状况。在巡航速度下,当相对湿度达到 60% 时,20 ℃即可发生结冰。

（3）其他天气条件

当在如下天气条件下飞行时,由于相对湿度接近较高,因而容易发生结冰情况。

① 云雾消散后不久的晴朗天气,或雾霾层顶部下方容易发生结冰情况。

② 在云层底部或云层之间容易发生结冰情况。

③ 降雨天气,尤其是持续性降雨天气时容易发生结冰情况。

④ 地表或低空能见度较差,尤其是在水域上空的清晨或傍晚,容易发生结冰情况。

⑤ 地表潮湿,且风力较弱容易发生结冰情况。

(4) 发动机自身的原因

① 由于汽油的易挥发性及其中含有水分,使得用汽油的活塞式发动机容易发生化油器结冰状况。

② 化油器表面的粗糙程度会影响其结冰程度,粗糙的表面会加剧结冰的程度。

③ 液冷式的活塞式发动机在降低转速时,发动机温度降低较慢,可降低结冰的程度。

5.3.5　鸟击防范

鸟击是指鸟或蝙蝠等动物与航空器相撞的情况。它是随着飞机的诞生而出现的一种自然灾害,具有突发性和多发性的特点。鸟击对飞机造成的损伤程度差异可能很大,鸟击事故无法完全避免,但可以通过各种措施将其对飞行安全的威胁降低,如事先了解本地区鸟类迁徙的规律,飞行前观察机场周围是否有鸟群,以及在发生鸟击事故后及时降落等。

1. 鸟击对飞行安全的影响

鸟击集中发生在发动机、机翼/旋翼、雷达罩、风挡等部位,发生最多的部位是发动机,会造成机体损伤、空速管堵塞、发动机受损等,严重危害飞行安全。通用航空飞机大多飞行速度较慢,受鸟击的影响与航线飞机相比较小。但在特殊情况下,由于小型飞机和直升机的风挡玻璃强度较低,发生鸟击事故时可能导致风挡碎裂,从而对飞行员造成伤害。大多数情况下,鸟击事故中通常只是单只鸟与飞机发生碰撞,造成的损伤程度有限。但是,仍然需要尽快降落以检查机体受损程度。

2. 鸟击的时间季节规律

中国民航鸟击事件高发于春、夏、秋季,尤其以秋季(9 月)最为突出。2008—2014 年能够确定发生时间的鸟击事件达 10 700 起,其中,白天发生的占 45%,晚上发生的占 42%,黄昏发生的占 11%,黎明发生的占 2%,晚上发生的鸟击次数与白天发生的基本持平。

3. 鸟击发生的飞行阶段和飞行高度

中国民航 2007—2015 年鸟击发生阶段的统计数据显示,发生在飞机起飞、爬升、进近、着陆等低高度阶段的鸟击占绝大多数。据统计,0～100 米高度发生鸟击的次数最多,但鸟击事故征候率不高,2 500 米以上发生鸟击的次数较少,但鸟击事故征候率最高。

5.3.6　失速控制

飞机失速是飞机迎角超过临界迎角,机翼升力面出现严重的气流分离,导致飞机升力骤然下降,阻力急剧增大的现象,具体表现为飞机失去控制,自动进入滚转或飘摆状态,进而造成飞机失事。

1. 迎角发生变化时,机翼升力的变化规律

当飞机迎角发生变化时,机翼产生的升力变化规律如下:

① 迎角较小时,升力较小。

② 迎角增大时,升力随之增大。

③ 迎角增大至机翼上表面气流开始产生分离时,上表面的气流变得较为平坦,升力随着迎角的增大而等比例增大。

④ 达到临界迎角时,升力最大,此时也是失速的临界点。

⑤ 迎角大于临界迎角时,上表面的气流与上翼面完全分离,升力迅速下降,飞机进入失速状态。

2. 影响失速的因素

(1)迎　角

在固定的参数下飞行时,一架飞机的失速迎角是固定不变的(在高速或高空飞行时除外——受马赫数影响时失速迎角会改变)。

(2)翼型的改变

打开缝翼可以增大临界迎角。在迎角相同时,缝翼的打开对升力影响不大,但可以允许飞机在更低的速度、更大的迎角下安全飞行。在迎角不变时,打开襟翼可以增大升力。

另外,机翼结冰会破坏机翼的空气动力学特性,容易引起失速。

(3)飞机质量

飞机质量不影响临界迎角,但会影响失速速度。在速度不变时,飞机质量越大,其所需的升力越大,迎角越大,更容易达到临界迎角。

(4)发动机转速

螺旋桨飞机发动机转速增大时,会在机翼上表面形成气流,减缓上翼面气流的分离,在迎角不变的情况下增大升力,减小失速速度。

3. 失速的判断与告警

若飞机在迎角增大、速度减小过程中出现不可控的机头下俯、对俯仰/横滚操作的响应异常、高度迅速降低、不能正常迅速制止滚转、剧烈的抖振等情况,便可判断飞机已进入失速状态。此外,有两种例外情况:一是当飞机操纵到后止动点,升降舵达到上偏极限时,飞机迎角不再增加,速度也不再减小;二是飞机安装了防失速装置(推杆器),当达到其工作点并使飞机迎角再增大 10% 时,飞机所能达到的最小稳定速度也称为失速速度。在这两种情况下,所能达到的最小稳定速度为失速速度。

(1)失速的判断

失速的预测由失速告警计算机完成。失速告警计算机通过对迎角传感器、大气压力传感器、襟翼传感器、着陆机构传感器、飞机姿态和过载传感器的信息进行计算,实现对飞行状态的实时监控,对飞机飞行趋势进行预测,在飞机进入失速状态前向告警系统发出告警信息。失速警告系统一般依据以下几种情况发出警告:

① 大迎角失速:比较临界迎角和飞机实际迎角,在接近临界迎角且失速之前发出警告。临界迎角是根据襟翼和缝翼的位置计算出来的。

② 最低速度失速:对于某个襟翼位置,在空速太低时发出警告。

③ 激波失速:在飞机因速度太快,接近临界马赫数,产生激波,出现颤抖失控(音障)等之前发出警告。

(2) 失速告警和措施

失速告警系统一般通过如下形式发出警告和采取措施:

① 屏显上会有俯仰限制符号,以及最小和最大安全飞行速度符号。

② 随着迎角增大:发动机会连续点火,以防止迎角过大造成发动机喘振,甚至空中停车。

③ 迎角继续增大:抖杆,同时断开自动驾驶。抖杆器使驾驶杆抖动,同时发出音响和灯光警告,提醒驾驶员立即采取措施。

④ 迎角仍然增大:推杆。装了推杆器的飞机会自动推杆,并强制压低机头来防止失速。这已经不是警告而是实际的措施。

⑤ 自动襟翼:当速度大于失速速度而小于安全速度时,自动襟翼系统使前缘襟翼从伸出位变为全伸出位,以增大临界迎角,延迟失速。

⑥ 驾驶杆变沉:当空速接近失速时,升降舵感觉计算机增加驾驶杆的感觉力,这时候如果飞行员想拉杆使升降舵向上移,企图让飞机抬头的话,驾驶杆会变得特别沉,以防止飞行员实现拉杆动作,造成飞机大迎角失速。

为了避免失速,在起飞、爬升等阶段,特别是在起飞重量较大或天气炎热时,迎角不应过大。一旦出现失速状况,须尽快通过推杆等措施改正。

第6章 通用机场安全

2016年5月,民航局发布的《关于促进通用航空业发展的指导意见》中提出,到2020年建成500个以上的通用机场,还指出要加快通用机场建设,统筹协调通用航空与公共运输航空,优化规划布局,合理确定标准,完善审核程序,分类推进通用机场建设,解决"落地难"问题。

加强通用机场安全管理是保证安全降落的有效途径。

6.1 通用机场概述

6.1.1 通用机场的定义

1996年3月1日起施行《中华人民共和国民用航空法》所指的民用机场是指专供民用航空器起飞、降落、滑行、停放,以及进行其他活动使用的划定区域,包括附属的建筑物、装置和设施。民用机场分为运输机场和通用机场两类。我国现有的对通用机场的定义如表6.1所列。

表6.1 我国现有的对通用机场的定义列表

序号	法规、条例	对通用机场的定义
1	《民用机场管理条例》（国务院）	通用航空为使用民用航空器从事公共航空运输以外的民用航空活动,包括从事工业、农业、林业、渔业和建筑业的作业飞行,以及医疗卫生、抢险救灾、气象探测、海洋监测、科学试验、教育训练、文化体育等方面的飞行活动。通用机场定义由此衍生而来
2	《通用机场建设规范》（中国民用航空局）	通用机场是指全部功能仅用于开展通用航空活动的机场,不适用于水上机场
3	《通用航空术语》（中国民用航空局）	通用机场是指专供通用航空器起降使用,设有必要设施的规定场所
4	《民用航空运输机场消防站装备配备》（中国民用航空局）	通用机场是指使用民用航空器从事公共航空运输以外的民用航空活动而使用的机场,包括可供飞机和直升机起飞、降落、滑行、停放的场地和有关的地面保障设施
5	《一般运行和飞行规则》（中国民用航空局）	通用机场是指无公共航空运输定期航班到达的民用机场

通用机场一般是指为从事工业、农业、林业、渔业和建筑业的作业飞行,以及从事

医疗卫生、抢险救灾、气象探测、海洋监测、科学试验、教育训练、文化体育等飞行活动的民用航空器提供起飞、降落等服务的机场。

FAA 对通用机场的定义是："用于接纳供通用航空领域使用的、总量不超过 17 500 磅（约 7 938 千克）的运输型飞机的机场。"与我国从功能出发对通用机场的定义不同，FAA 对通用机场的定义以飞机类型及其起飞重量为界定标准。

6.1.2　通用机场的分类

通用机场为从事工业、农业、林业、渔业和建筑业等行业的作业飞行，以及从事医疗卫生、抢险救灾、气象探测、海洋监测、科学试验、教育训练、文化体育等飞行活动和公务飞行、包机（出租）飞行、空中游览等经营性载人飞行活动的民用航空器提供起飞、降落等服务，包括可供飞机和直升机起飞、降落、滑行、停放的场地和有关的地面保障设施。

1. 中国通用机场的分类

根据不同的分类依据和目的，可以将通用机场分为很多不同的类型。如可以依据对公众利益的影响程度或按照可起降航空器和最高月飞行量来划分，也可以依据飞行活动的长短和机场使用频次等进行划分。而根据是否对公众开放可以将通用机场分为 A、B 两类。

① A 类通用机场：对公众开放的通用机场，是指允许公众进入并获取飞行服务或自行开展飞行活动的通用机场。A 类通用机场分为三级：A1 级通用机场：含有使用乘客座位数在 10 个以上的航空器开展商业载客飞行活动的 A 类通用机场；A2 级通用机场：含有使用乘客座位数在 5～9 个之间的航空器开展商业载客飞行活动的 A 类通用机场；A3 级通用机场：除 A1、A2 级以外的 A 类通用机场。

② B 类通用机场：即不对公众开放的通用机场，指除 A 类通用机场以外的通用机场。

科学合理的分类对于通用机场在功能定位、规划建设、运营管理和工程审批等诸多方面均具有基础性作用。

2. 国外通用机场分类比较

国外通用机场的分类方式各有不同特色。以美国、英国和澳大利亚为例，我们可以看出国外部分通用机场分类的种类、分类依据和主要功能。具体内容如表 6.2 所列。

由表 6.2 可以看出：英国按照主要功能和运营规模将通用机场细化为 6 级；澳大利亚根据民用机场所有权及机场规模划分的方式有意模糊了对运输机场和通用机场的界定；FAA 从国家通用机场规划体系的角度，以通用机场所承担的主要功能为标准，依据通用机场的飞机数目、种类，以及交通量和飞行任务，将通用机场分为国家型、区域型、本地型和基础型四大类，这一按照功能定位的分类方法奠定了全美通用机场布局规划的基础。

表 6.2　国外通用机场的分类

国　家	分类依据	分　类	主要功能
美国	根据机场驻场飞机数目、种类以及交通量和飞行任务	国家型通用机场	服务于公务航空活动;喷气式飞机、多种发动机的螺旋桨飞机活动频次很高;平均驻场飞机 200 架,其中含 30 架喷气式飞机
		区域型通用机场	服务于城市交通;喷气式飞机、多种发动机的螺旋桨飞机活动频次较高;平均驻场飞机 90 架,其中含 3 架喷气式飞机
		本地型通用机场	服务于社区及私人航空活动;多种发动机的螺旋桨飞机活动频次中等;平均驻场飞机 33 架,全为螺旋桨飞机,无喷气式飞机
英国	根据跑道及滑行道长度、停机坪面积、油料加注方法等指标	第一类通用机场	区域性机场,往往坐落于城市边缘,同时为运输航空航班、公务机飞行和其他通用航空活动提供保障
		第二类通用机场	坐落于城市边缘,但不对运输航空航班开放,仅服务于公务机、直升机和小型私人飞机
		第三类通用机场	定位于成熟型,地点大多位于乡间,设施设备相对简单,无法到达公务机飞行标准,可用于小型通用飞机和直升机起降、停放、维护等
		第四类通用机场	定位于基本型,也位于乡间,以起降点为主,设施设备更为简陋,基本无法提供除起降、短期停场外的其他保障服务
		第五类通用机场	位于乡间,往往仅有一条简易土质或草地跑道,没有其他建筑,仅能提供目视起降服务
		第六类通用机场	位于乡间,只有一条草地跑道,仅能提供私人飞机、轻型航空器起降场地
澳大利亚	根据民用机场所有权划分(2007 年数据)	前国家机场管理公司(FAC)管理的机场	22 个由国家机场管理公司管理的机场(1997 年以前),现均通过长期租赁合同由私人企业经营,包括墨尔本机场、悉尼机场等
		地方政府所有权下的公共机场	234 个"机场当地所有权计划"(ALOP)机场是由地方政府经营的,包括奥尔伯利机场、莫里机场等可供飞机起降的机场和供小型飞机使用的草坪和土质跑道
		私人所有和经营	约 1 750 个私人所有和经营的机场,这类机场包括可供喷气式飞机起降的机场和供小型飞机使用的草坪和土质跑道

相比之下,我国尚缺乏从全国通用机场布局规划角度考虑的国家通用机场分类标准,仅有从建设审批角度划分的等级标准。

6.1.3　通用机场与运输机场的区别

1. 总平面规划特征

相对于运输机场,通用机场的总平面规划及功能分区较为简单。通用机场的通用航空飞机起飞降落标准具有多样性,设施设备的水平也参差不齐。对运输机场和通用机场总平面规划的比较分析见表 6.3。

表 6.3　运输机场和通用机场总平面规划的比较分析

分　项	运输机场	通用机场
飞行区	由跑道、平行滑道、停机坪、联络道等组成	一般不设平行滑道,由跑道、停机坪、联络道等组成
航站区	航站楼、地面交通中心	航站综合楼、停车场
货运区	承担航空货运功能	无
维修设施	基地航空公司配置机库	维修站
通信导航、气象设施设备	航管楼和塔台	航站综合楼
工作区	独立分区	工作区、航站区等功能区融合
助航灯光系统	普遍配备	一般不配备或仅有简易灯光进近系统
进场交通	多种交通方式和多种路径	通常为单一交通方式和单一路径

2. 跑道建设

我国运输机场一般有很长的跑道,而通用机场的跑道相对会短一些。目前我国按照飞行区等级对机场进行划分,并用"数字＋字母"形式的编码来表示。第一部分的数字表示与飞机性能相应的跑道性能和障碍物的限制。第二部分的字母表示飞机的尺寸,它决定了所要求的跑道和滑行道的宽度。具体标准如表 6.4 所列。

表 6.4　我国飞行区等级代号

场地长度/米	翼展/米	轮距/米	代　号
<800	<5	<4.5	1A
800～1 200	5～24	4.5～6	2B
1 200～1 800	24～36	6～9	3C
>1 800	36～52	9～14	4D

目前,我国运输机场的飞行区等级均在 4D 以上,也就是说都有长度在 1 800 米以上的跑道。而通用机场的跑道及导航设施往往比较简陋,一般不具备大型民航飞机起降的条件,其跑道的长度宽度比较小,甚至没有跑道,只有供直升机起降的停机坪。运输机场的跑道是水泥跑道,而通用机场的跑道可以是草地、沙石地、雪地等。

3. 机场选址位置

运输机场都是陆上的,在山区需要削平山头,沿海则填海造机场。而通用机场就灵活许多,可以在陆上,也可以是楼顶停机坪,通用航空器甚至可以在水上起飞。

4. 机场用途

运输机场主要承担旅客和货物运输。通用机场则开展飞行员培训、空中巡查、空中测绘、气象探测、防林护林、喷洒农药等作业飞行,并具有应急救援、商务包机、空中摄影、景点观光、空中表演、私人飞行、短途运输、航空运动等民生功能。

5. 服务对象

执行通用飞行任务的飞行器大都是小型飞机、轻型飞机、直升机等;民用航空机场则是专供大型航空器起飞、降落、滑行、停放以及进行其他活动的划定区域。

6. 维　修

和运输航空相比,目前我国通用航空的飞机维修基地分布少,维修企业规模小、数量少,航空器大修能力不足,未能掌握深度维修核心技术,总体上通用航空飞行MRO(通用航空维修设施)服务保障水平低。

6.2　通用机场的发展规划

6.2.1　通用机场总体规划

建设通用机场是实现"县县通"的战略。截至 2018 年 6 月 30 日,取得 A 类使用许可证的机场为 68 个(A1 级机场 50 个、A2 级机场 10 个、A3 级机场 8 个);取得 B 类使用许可证的机场为 100 个,取证通用机场达 168 个。截至 2018 年 10 月 29 日,我国已取证通用机场达 183 个。

1. 通用航空机场建设总体思路

① "十三五"进一步推进了我国通用机场建设。立足于市场需求和发展实际,引导通用机场布局建设,纳入国家综合机场体系。鼓励枢纽运输机场所在城市建设综合性通用机场,缓解枢纽机场非核心业务。加快建设具有区域辐射功能、公益性服务功能的通用机场,支持建设具有产业培育功能和聚焦功能的通用机场,优先支持支线机场增设通用航空设施,拓展业务范围,兼顾区域通用机场运营服务综合保障。优先利用既有通用机场,鼓励相邻地区打破行政区划,共建共用通用机场,逐步形成布局合理、功能协调、兼容互补的通用机场系统。

② 简化通用机场建设审批程序,理顺通用机场建设机制。支持支线运输机场建设通用航空设施,开展通用航空业务。民航地区管理局协调各省发改委、地区空军,指导省级政府编制和修订通用机场布局规划,与《全国民用运输机场布局规划(2030 年)》有效衔接,发挥好通用机场对民用运输机场的补充作用,完善综合交通体系。

2. 优化通用机场布局

(1) 东北地区

改造升级农林作业通用体系,提升小兴安岭林业通用机场和北大荒农业通用机场功能,支持在沈阳、大连、哈尔滨等地加强机场建设,推进公务机运营基地建设,探索区域通用机场联合管理模式,充分发挥通用航空在振兴东北中的作用。

（2）华北地区

加快建设京津冀地区综合性通用机场，培育北京通用机场的全国航空应急救援体系核心功能，发挥其在华北通用机场群的中心辐射功能，建设适应京津冀一体化发展的通用机场网络，建设天津等公务机运营基地，完善京津冀现代综合交通运输体系。完善满足内蒙古通用航空短途运输功能的通用机场，改善偏远地区的综合交通水平。

（3）华东地区

推进长三角地区综合性通用机场规划与建设，提高长三角国际城镇群核心竞争力。培育镇江大路、滨州大高、建德千岛湖、福清等通用机场的区域服务功能，支持利用江河湖海优势建设水上机场，探索镇江大路通用机场开展运输机场与通用机场管理共享新模式，提升通用机场在长江经济带、长三角地区、海西地区、山东半岛蓝色经济区的支持功能。

（4）中南地区

开展广州通用机场的选址研究等前期工作，推进珠三角地区综合性通用机场建设，促进粤港澳公务航空一体化发展，加快珠海、上街、株洲、钦州等区域的通用机场发展，满足海上丝绸之路、国际航空经济区、北部湾地区等的发展需要。充分发挥张家界、桂林等地通用机场的旅游功能，提升航空旅游与短途运输保障能力，探索深圳通用机场可持续发展新模式。

（5）西南地区

培育重庆、昆明等地区通用机场的区域性功能，推动枢纽机场、干线机场公务机运营基地建设，服务于海上丝绸之路、长江经济带、云南桥头堡、贵阳国家级新区等战略。完善西南航空护林通用机场网络，推动西藏、四川、云南等省区的短途运输与应急救援通用机场建设。

（6）西北地区

培育阎良、银川月牙湖等通用机场的区域性功能，使之成为新丝绸之路经济带通用航空发展的重要支点。推动西安、兰州等地区公务机运营基地建设，建设中卫、白银、安康等通用机场，建设偏远地区、老少边贫地区通用航空公共服务网络，增强天水、黄南等通用机场的旅游支持功能，充分利用支线机场提供通用航空服务，研究青海通用机场的"通廉航空"发展模式，满足公益性通用航空发展的需要。

（7）新疆地区

改造提升新疆通用机场保障能力，推进乌鲁木齐加强机场建设，支持乌鲁木齐建设公务航空运营基地，打造面向西亚、中亚的新丝绸之路经济带通用航空产业基地，发挥通用机场对短途运输、应急救援、农林航空和工业航空等的保障功能，使之成为新疆民生航空体系的重要组成部门。

3. 加快通用航空机场设施设备建设

对具有容量资源的运输机场，鼓励建设通用航空保障设施，完善现有通用机场的供油、机库及机务维修等保障设施，提升通用航空保障能力，鼓励具有航空保障容量的干线机场、旅游机场等新建 FBO,推动通用机场 FBO 建设,提升通用航空维修、保养等综合服务能力,支持具有实力的维修企业建设 MRO。

6.2.2　各省市通用机场规划

2010 年 5 月,民航局发布的《中国民用航空第十二个五年规划》提出"加快通勤机场的建设和布局";2012 年 6 月《通用机场建设规范》确定了"通用机场的建设规模和运行设施";2016 年 5 月《关于促进通用航空业发展的指导意见》指出"到 2020 年,建成 500 个以上通用机场,基本实现地级以上城市拥有通用机场或兼顾通用航空服务的运输机场,覆盖农产品主产区、主要林区、50% 以上的 5A 级旅游景区"。《通用航空"十三五"发展规划》中再次提出"通用机场建设目标为 500 个",预计到 2020 年机场建设的产业规模达 1 000 亿元,增量规模超过 400 亿元。在未来的航空发展中,我国潜在机场建设需求达 2 000 多个,具有广阔空间。

不仅仅是国家层面,各地政府也在加快通用机场的建设工作:自从 2014 年国务院向地方政府下放通用机场项目审批权限后,我国各地省市区都加快了通用机场建设的规划。作为建设推进的主体,地方政府的积极态度将促进通用机场建设加速,我国 2020 年通用建设目标落地预期愈发强烈。经过一年半的时间,几乎全国所有省、自治区、直辖市都发布了详细的通用航空产业发展规划,其中,机场建设数量是最能直观体现地方政府雄心的指标,除去吉林、上海、西藏等三地未公布具体数量,其他省(自治区、直辖市)到 2020 年的通用机场建设目标达到 937 个,远远超过"500 个",这意味着我国通用机场建设有望超预期。各省市自治区通用机场规划汇总如表 6.5 所列。

表 6.5　各省市自治区通用机场规划汇总

地　区	规　划	规划内容
北京	《北京市通用航空产业发展规划（2011—2020 年)》	用 5～10 年的时间,成为具有国际先进水平的通用航空研发高地和高端制造的重要承载区,打造国际重要的公务机营运枢纽,建成以通用航空销售、会展、金融、教育为特色的亚太地区最重要的通用航空服务业中心,形成经济规模达 3 000 亿元的战略性新兴产业
天津	《关于贯彻落实"十三五"现代综合交通运输体系发展规划的实施意见》	发展低成本航空,精准支持低成本航线航班发展,疏解首都机场压力。发展公务航空,适度增加公务航空飞行量,建立公务航空精品服务品牌。编制通用航空机场规划,启动相关建设,研究出台支持通用航空发展的政策措施
河北	《河北省通用机场布局规划》	到 2020 年,河北省将新建通用机场 20 个;到 2030 年,全省通用机场达 50 个左右。2020 年,新建石家庄行唐、赞皇、邯郸魏县、涉县、邢台威县、平乡,保定阜平,张家口张北、怀来、赤城,承德围场、宽城,秦皇岛青龙、唐山曹妃甸、汉沽,廊坊香河、安次,衡水冀州、辛集,定州通用机场。开展邯郸大名,邢台清河、柏乡,承德滦平,唐山旅游岛、乐亭、迁安,廊坊三河,沧州任丘,肃宁等项目的前期工作

续表 6.5

地 区	规 划	规划内容
山西	《山西省关于促进通用航空发展的实施意见》	到 2020 年,建成运输机场和通用机场协调发展、互为补充的机场体系,通用机场力争达到 10 个以上,全省通用机场网初步建成。通用航空服务实现"市市通",通用航空运营保障体系基本形成。通用航空组装制造业起步发展,通用航空运营能力显著提升,运营服务网络覆盖全省;培育 2 个以上综合实力较强的通用航空企业,打造 2 个各具特色的通用航空产业示范园区
内蒙古	《关于促进通用航空业发展的实施意见》	到 2020 年,力争全区通用机场总数达到 37 个,"十三五"期间建成 32 个通用机场,争取实现全区境内通用机场或兼顾通用航空服务的运输机场覆盖农畜产品主产区、主要林区、主要旅游景区,全区 80% 以上区域实现低空管控、保障与飞行服务覆盖;全区通用航空器超过 150 架,年飞行量超过 4 万小时,培育一批具有市场竞争力的通用航空企业
黑龙江	《关于促进我省通用航空业发展的若干意见》	到 2020 年,黑龙江省将在现有 70 个通用机场(起降点)的基础上,新建、改建 41 个通用机场。其中,新建肇东、木兰、兰西、富裕、同江、嘉荫、萝北等 22 个一类,二类通用机场,初步建成布局合理、衔接紧密、层次分明、功能完善的全省通用机场网络。改扩建通用机场 19 个。利用已有运输机场、航空护林站及农化作业起降点等,增设或完善跑道、航站楼、空管、航油供应等通用航空设施,做好通用机场与各类交通运输方式的有效衔接,满足日益增长的通用航空服务需求
吉林	《吉林省通用机场布局规划(2016—2030年)》	到 2020 年实现全省 80% 的县级行政单元能够享受到通用航空服务,到 2030 年全省所有县级行政单元能够享受到通用航空服务。根据全省东中西区域发展定位、资源禀赋、产业基础等,构建运输和通用机场功能互补、联合保障的中部、东部、西部通用机场群,打造长吉图区域短途运输航线网络
辽宁	《辽宁省"十三五"综合交通运输发展规划》	支持沈阳、大连国家通用航空产业综合示范区建设,做大做强东北地区通用航空市场。建设通用航空机场 15 个:法库、沈北、康平、三涧堡、登沙河、太平湾、台安、葫芦岛、本溪明山区、喀左、黑山、铁岭腰堡、建平、盘锦、抚顺
山东	《关于进一步加快民航业发展的意见》	重点打造滨州飞机制造和租赁、青岛通用航空运营服务、莱芜航空运动、烟台南山飞行培训等通用航空产业板块。鼓励和支持通用航空企业发展,重点培育 3~5 家在国内具有一定影响力的骨干通用航空企业。到 2030 年,民用机场力争达到 46 个。其中运输机场 16 个,通用机场 30 个左右,航空服务覆盖率达到 100%
浙江	《关于加快通用航空业发展的实施意见》	到 2020 年,建成 A 类通用机场 20 个,实现每个设区市至少拥有 1 个 A 类通用机场,覆盖通用航空研发制造集聚区、农产品主产区、主要林区、50%以上的 5A 级旅游景区、国家级旅游度假区。力争通用航空器达到 200 架以上,年飞行量 8 万小时以上,培育 5 家以上具有通用航空器研发制造能力的通用航空企业和 10 个左右各具特色的通用航空小镇,打造 2 个国家级通用航空产业综合示范区,通用航空业经济规模达到 500 亿元

续表 6.5

地 区	规 划	规划内容
江苏	《江苏省中长期通用机场布局规划(2018—2035 年)》	至 2020 年,江苏省加快通用航空市场培育,积极推进通用航空应急救援网络,有条件的运输机场设置通用航空服务区域,通用机场密度达到每万平方公里 1.25 个以上,力争形成"6+10"国家(区域)、地区(省市)两级通用机场体系,基本实现 30 分钟航程覆盖全省域。 全省通用机场,"十三五"布局 16 个,至 2020 年布局 35 个,远期布局规模为 70 个(包括 10 个国家级通用机场和 60 个市级通用机场)
安徽	《安徽省通用机场布局规划（2017—2030年)》(征求意见稿)	立足市场需求和发展实际,因地制宜推进通用机场建设,合理确定机场建设标准和规模。发挥宁国等通用机场功能,开展通用航空业务。加快砀山等已批复通用机场建设。着力推进合肥骆岗、庐江、黄山、泾县、泗县、岳西、无为等通用机场项目前期工作,对看得准、有效益的通用机场项目加大力度推进
福建	《关于促进通用航空业发展的实施方案》	到 2020 年,建成二类以上通用机场 10 个以上,通用航空运营服务基地初具规模,全省通用航空公共服务实现地级城市全覆盖;到 2030 年,基本形成布局合理、功能完善、层次分明、安全高效的通用机场体系,全省通用航空公共服务实现县县全覆盖。 到 2020 年,通用航空器达到 100 架以上,通用航空作业量 3 万飞行小时以上,培育形成 3 家以上具有较强市场竞争力的通用航空企业,通用航空业经济规模达 200 亿元以上;到 2030 年,通用航空器达到 600 架以上,通用航空作业量 15 万飞行小时以上,培育形成 10 家以上具有较强市场竞争力的通用航空企业,通用航空业经济规模达 800 亿元以上
江西	《江西省通用机场布局规划（2016—2030年)》	到 2020 年,确保全省建成通用机场 20 个以上、起降点 50 个以上。对新建通用机场给予不超过 1 000 万元的资金补助(其中完成选址批复等前期工作的给予 200 万元以内补助,开工建设后再给予 800 万元以内补助);对直升机起降点,给予每个不超过 10 万元的资金补助
上海	《上海市综合交通"十三五"规划》	推进以公务航空和城市公共管理为主的通用航空发展。利用两场资源,改扩建公务航空基础设施,增加上海的公务飞行业务,初步形成东北亚公务航空中心;加大对警务、应急救援等城市公共服务飞行业务的投入力度,满足城市管理、应急救援任务快速响应的需求;推进通用机场规划研究和编制工作
河南	《河南省建设中原城市群实施方案》	打通国内跨区域运输通道:开通郑州机场至国内主要城市的"空中快线",建成信阳明港、商丘、安阳等支线机场和林州、西华、鹿邑等 15 个通用机场,开工建设平顶山鲁山机场,研究南阳姜营机场搬迁
湖北	《湖北省通用航空中长期发展规划》	"十三五"期间,加快通用机场等基础设施建设,率先完成一批产业基础好、市场需求旺盛地区的机场建设项目,通用机场基本覆盖全省 17 个市(州),并建成一批直升机临时起降点和停机坪,初步形成结构合理、功能完善的通用机场体系。通用航空公共服务、通用航空制造、职业教育与飞行培训和空中观光游览等四大产业初具规模。在航空应急救援和飞行培训领域形成比较优势,努力发展成为国内通用航空发展的示范和标杆

续表 6.5

地 区	规 划	规划内容
广东	《广东省综合交通运输体系发展"十三五"规划》	积极发展通用航空,依托现有航空基础设施,规划建设遍布全省的通用航空机场、固定运营基地(FBO)、飞行服务站(FSS)等通用航空保障设施,构建多元化通用航空综合服务体系。在广州、珠海、汕头、东莞、梅州、汕尾、肇庆、茂名、江门、河源、清远等市新建一批通用机场。迁建深圳南头直升机场。开展怀集、连州等机场前期研究
广西	《广西通用机场布局规划方案》	规划布局 90 个二类以上通用机场和一批三类通用机场,逐步形成功能完善、层次清晰的通用机场网络体系。力争到 2020 年,全区 23.6% 的县级行政单元能够在地面交通 1 小时的车程内享受到通用航空服务,服务的总人口达到全区总人口的 28%;到 2030 年全区 85.5% 的县级行政单元能够在地面交通 1 小时车程内享受到通用航空服务,所服务区域的人口数量占全区总人口的 83%
海南	《海南省"十三五"通用机场布局规划》	到 2020 年,在原有已建的 3 个通用航空机场的基础上,利用"十三五"已建、规划建设的 5 个运输机场兼顾通用机场功能,共规划新建 7 个一类机场、7 个二类机场、4 个三类机场。同时,为执行紧急任务,海南省将在符合条件的城市核心商务区、主要景区、酒店集中区、医院、岛屿设置直升机临时起降场
湖南	《关于促进通用航空业发展的实施意见》	到 2020 年,基本实现全省地级以上城市拥有通用机场或兼顾通用航空服务的运输机场,通用航空服务力争覆盖农产品主产区、主要林区、三级甲等医院、50% 以上的 5A 级旅游景区。 通用航空器达到 250 架左右,培育发展 2~3 家核心领军企业和一批规模化通用航空企业,重点扶持具有国际先进水平的通用航空制造龙头企业。通用航空装备研发制造水平大幅提升,实现专业化、规模化、集群化发展,产业规模处于中部领先。大力支持航空贸易、航空金融租赁消费、航空大数据等新业态发展,初步形成安全有序、制造先进、运用广泛的通用航空发展格局
四川	《四川省通用机场布局规划(2016—2030 年)》	到 2020 年,全省规划新增二类及以上通用机场 24 个,建成累计达 27 个,按需建设 100 个以上三类通用机场,实现成德绵地区通用航空服务基本覆盖,每个市(州)均有一个二类及以上通用机场。全省二类及以上通用机场平均密度达到每 10 万平方公里 5.5 个。 进一步加强 150 个以上三类通用机场建设,形成较为完善的通用机场体系。全省二类及以上通用机场平均密度达到每 10 万平方公里 18.1 个,通用航空服务基本覆盖省内所有县级行政单元
重庆	《重庆市通用航空业发展行动计划(2017—2019 年)》	充分发挥市场在资源配置中的决定性作用,以企业为主导,坚持社会资本投入通用机场建设,建成永川、万盛、两江通用机场以及巴南、北碚等一批临时起降点,并建立通用机场建设项目储备库。 积极推进军民融合发展,争取大足区、梁平区等地机场资源向通用航空开放。力争到 2018 年,全市建成、在建通用机场及临时起降点超过 10 个;到 2019 年,基本实现通用机场服务网络市域全覆盖

续表 6.5

地 区	规 划	规划内容
贵州	《贵州通用机场布局规划(2016—2030)》	至 2020 年,全省建设 A1 级、A2 级通用机场达 20 个以上以及若干 A3 级通用机场,运输机场全部兼顾通用航空服务,初步构建形成全省通用机场网络基本框架,覆盖所有市(州)、40%以上的县(市)、5A 级旅游景区、部分 4A 级主要旅游景区,初步适应通用航空企业运营和业务拓展的需要
云南	《促进通用航空业发展的实施意见》	到 2020 年,全省建成 50 个通用机场,其中一类通用机场 20 个,一类、二类通用机场在 50 公里范围内对全省经济和人口的覆盖率分别达到 80%和 75%以上,初步形成布局合理、规模适度、功能完善、安全高效的通用机场网络体系。培育一批具有市场竞争力的通用航空企业,全省通用航空年飞行量达到 4 万小时以上。通用航空产业初具规模,成为全省新的经济增长点
西藏	《西藏自治区"十三五"时期国民经济和社会发展规划纲要》	加快通用航空和应急救援能力建设,发展通用航空事业
陕西	《陕西省全域旅游示范省创建实施方案》	打造全域旅游的重点任务,建设一批低空旅游体验地。加快建设西安、富平、黄陵、壶口、韩城、横山、神木、靖边、丹凤一批通用机场和低空飞行服务站,使通用机场和起降点达到 80 个。 在秦岭、黄河、渭河、汉江、榆林沙漠等区域增设供直升机、滑翔伞等使用的旅游通用航空机场,开发省内通用航空旅游线路。鼓励低空旅游产业园和航空旅游小镇发展,加大航空主题旅游产品开发,培育建设一批低空旅游示范基地
甘肃	《甘肃省"十三五"通用航空发展规划》	规划期内布局建设通用机场 25 个,其中一类通用机场 8 个、二类通用机场 6 个、三类通用机场 11 个,配套建设固定基地运营设施(FBO)、通用航空维修设施(MRO)等,力争实现全省 65%的县级行政单元能够在陆路交通 60 公里或 1 小时车程内享受到通用航空服务
宁夏	《关于促进宁夏通用航空业发展的实施意见》	到 2020 年,建成红寺堡、同心、隆德等一批通用机场,实现地级市拥有通用机场或兼顾通用航空服务功能的运输机场。通用航空服务覆盖全区 5A 级旅游景区,争取开通区内旅游航线 20 条左右,区外旅游航线 10 条左右。 力争发展通用航空企业 10 家以上,通用航空器达到 50 架以上,年飞行量 3 万小时以上,初步形成集通用航空作业、航空旅游、飞行培训、航空会展、航空运动、航空应急救援等于一体的发展态势,将宁夏打造为全国通用航空培训基地、全域低空旅游和通用产业示范区,实现通用航空业持续健康发展
青海	《青海省"十三五"通用航空业发展规划》	到 2020 年,青海将完成全省主要城市及景区的通用机场基础布局,以"一主八辅"运输机场为支撑,以 5 个一类、二类通用机场为补充,实现对全省重点区域和重要旅游景区航空服务全覆盖

地　区	规　划	规划内容
新疆	《关于加快通用航空业发展的意见》	到 2020 年,建成 100 个以上通用机场;到 2030 年,建成 200 个以上通用机场,基本实现通用航空县县通、团团通,覆盖农产品主产区、重点国有林区、重点产业集聚区、国家级风景名胜区、世界自然文化遗产。建设低空飞行航线网络,建立完善的低空安全监管及通用航空飞行服务体系,基本实现自治区区域内低空飞行常态化,通用航空年飞行量 20 万小时以上。规划建设 5 个以上通用航空产业集聚区,并争取成为国家通用航空发展综合或专业示范区

6.2.3　通用航空产业园建设

通用航空产业园是利用国内航空产业资源和引进国外技术,以规划的通用航空产业园区为依托,包括总部基地、通用航空商旅飞行、通用航空 FBO 运营、MRO 运营、飞行培训、飞行器展示中心、航空物流、航空展览、航空救援等项目和飞行器组装、改装等业务,建设集原材料供应、零部件制造、整机组装、机场运营、飞行培训等于一身的通用航空产业基地。通用航空产业园的投资建设不但可以带动就业、创造税收、提升居民的收入,而且能促进当地经济、社会的发展,在园区内打造集生产制造、通用航空运营、通用航空服务于一体的通用航空全产业链。下面对我国的主要通用航空产业园进行介绍。

1. 北京密云通用航空产业园

北京密云通用航空产业园是北京市重点发展的航空产业园区之一。目前,以密云机场为核心,紧靠北京密云主城区,华彬集团将通过国内航空产业资源和引进国外技术,重点发展总部基地、贝尔中国汇、通用航空商旅飞行、通用航空 FBO 运营、MRO 运营、飞行培训、飞行器展示中心、航空物流、航空展览、航空救援等项目,未来还将引入飞行器组装和改装等业务,以建成在国内外航空领域具有较大影响力、较强竞争力、集多元化于一体的通用航空产业基地。产业园共分南北两区,北区为密云机场,以起降直升机及小型固定翼飞机为主;南区为公务机机场;并将建设通用航空产业链配套设施。

2. 武汉通用航空及卫星产业园

2015 年 4 月,中共武汉市委、武汉市政府批准成立武汉经济技术开发区通用航空及卫星产业园。通用航空及卫星产业园位于武汉经济技术开发区南部,占地面积24.75 平方公里,距武汉市中心 30 分钟车程,距天河国际机场和武汉火车站 50 分钟车程,距武昌、汉口火车站 40 分钟车程。按照"国际最好、功能最全、展示最佳、产品最齐"的要求,为打造集小型通用飞机整机制造、飞机零部件制造、飞行培训、营运维修、展示交易、旅游观光、卫星应用设备研发制造等于一体的通用航空及卫星产业链,产业园规划建设机场核心功能区、通用航空研发制造区、卫星产业区、综合保税区、航空商务区、航空运动休闲区、通用航空社区七大功能区。通过十年的建设,将建成国际航空联合会"世界飞行者大会"常态化会址、中国航空运动产业中心,中国卫星应用设备制造中心,长江经济带通用航空产业新典范,中部区域通用航空枢纽和未来武汉公务机基地,实现总产值 1 000 亿元。

3. 珠海航空产业园

珠海航空产业园规划大致可概括为一轴、两翼、三核、四区。一轴:航空产业发展轴线。两翼:航空制造翼和航空服务翼。三核:制造运营中心、金融科研中心、商业服务中心。四区:航空产业核心区、航空产业加工区、航空城配套加工区、航空城生活配套区。珠海航空产业园发展重点方向包括:通用航空制造,通用航空及公务机运营与配套服务,以通用航空维修为核心的维修,通用航空零部件、航材销售配送,航空航天博览娱乐,航空科研教育,配套航空产品制造、保税仓储物流等。其发展目标是建设"四个基地,一座新城",即广东省的民用航空产业基地,国内一流的通用航空(公务机)制造和服务基地,亚太地区综合性的航空维修基地,世界著名的航空展览基地,最终使产业园不仅具有以航空为特征的经济功能,而且具有以航空为特征的社会功能和城区形态,成为拥有相当一部分从事航空产业人口的、现代化的、宜居的珠海航空新城区。

4. 镇江航空航天产业园

镇江航空航天产业园的规划面积为 10 平方公里,其中,南区 6 平方公里,主要发展航空航天新材料和零部件产业;北区 4 平方公里,配套有大路通用机场,主要发展大飞机部件组装、通用飞机制造总装以及通用航空关联服务业等。园区整体定位是打造具备领先优势的通用飞机整机、航空航天复合材料、飞机内饰设计、研发、生产基地以及通用航空运营基地。

5. 绵阳科技城(北川)通用航空产业园

通用航空产业是绵阳市委市政府重点培育发展的战略性新兴产业。2014 年2 月,依托四川北川经济开发区(省级开发区),组建了绵阳科技城(北川)通用航空产业园。园区规划占地 15 平方公里,起步区面积 5 平方公里,设计建设 1 条长 1 000 米、宽 30 米的跑道,1 条平行滑行道,4 条垂直联络道,面积为 600 米×50 米的停机坪,8 800 平方米的机库,以及通信、导航、供油、航管综合楼等配套设施。

6. 大连通用航空产业园

大连航空产业园总规划面积约 14 平方公里,将重点发展通用航空器组装制造、航空零部件制造、飞机修理、通用航空运营、通用飞机销售、通用航空教育培训和航空旅游等产业,致力于成为东北亚通用航空工业基地、通用航空物流保税基地、通用航空教育培训基地和航空旅游度假基地,成为世界通用航空产业转移主要承接基地、中国通用航空产业的总部经济区和资源配置中心。

7. 安阳通用航空产业园

安阳(汤阴)航空产业园位于汤阴县东部,用地规模为 7 平方公里。该产业园将依托安阳机场,以飞行服务保障基地、航空实训基地、飞机展销中心、轻型通用飞机制造基地为平台,全力打造航空运输、通用航空运营、通用航空制造、展示交易、教育培训等产业。预计到 2025 年,安阳机场将建成并投入使用,可实现年旅客吞吐量 55 万人次;连接航空产业园内外的主要交通通道基本建成,基础设施和公共服务体系初步完善,航空产业园开发建设初见雏形,未来将带动就业人口约 2 万人。

8. 银川通用航空产业园

银川通用航空产业园由宁夏银宇通用航空投资管理有限公司与西安国家通用航空产业基地通航机场管理有限公司合作,计划投资 10 亿元,规划用地 4 143 亩,修建包括通用机场、航空培训、航空科普、飞行体验、航空救援、航空表演、旅游及航空器材生产维修等在内的多功能综合性产业基地。银川通用航空产业园的建成运营在改善宁夏民航运输航空和通用航空结构,加快宁夏发展战略转型,推动区域经济发展方式转变,促进第三产业发展等方面具有十分重要的意义。

6.3　通用机场规章规范体系

6.3.1　通用机场规章规范

我国通用机场的沿用法规体系包括国际和国内的两大法规体系。在国际法规方面,主要有国际民航组织附件十四卷Ⅰ《机场》和卷Ⅱ《直升机机场》等,可供参考的国际技术标准有美国联邦航空局的咨询通告 AC No. 150/5390 - 2B《直升机机场设计》、AC No. 150/5395 - 1《水上机场》等。

6.3.2　通用机场分类管理

依据 2017 年 4 月民航局发布的《通用机场分类管理办法》,不同机场的使用许可管理标准如下:

1. A 类通用机场的使用许可管理

申请 A 类通用机场许可证的应当具备下列条件:

(1) 运营人具有法人资格;

(2) 运营人对机场具有运营权;

(3) 机场飞行场地满足相关技术标准要求;

(4) 具有对飞行场地进行检查和维护的制度安排;

(5) 具有符合《通用机场分类管理办法》附录一要求的《机场手册》并载有体现本条除第(1)、(2)项之外要求的具体内容;

(6) 民航局规定的其他条件。

对于 A1 级和 A2 级具有跑道供固定翼飞机起降的机场(简称跑道型机场)和表面直升机场,还应具备下列条件:

（1）具有机坪运行管理制度；

（2）具有《通用机场分类管理办法》附录2要求的消防能力；

（3）具有针对航空安全突发事件的应急预案。

对于A1级跑道型机场和表面直升机场，还应具备下列条件：

（1）具有防止未经授权的人员、车辆误入机场活动区以及体型较大的动物进入机场活动区的管控措施；

（2）具有残损航空器搬移预案。

2. B类通用机场的使用许可管理

申请B类通用机场许可证的，机场运营人应当向公众公布下列信息并承诺发布信息与实际情况相符：

（1）机场名称及地理位置；

（2）机场权属情况；

（3）机场运营人（自然人或组织）身份信息以及随时可以与之取得联系的地址与电话号码、网络邮箱地址；

（4）通用机场飞行场地情况的说明。

1）跑道型机场应提供如下信息：

a. 以世界大地测量系统1984（WGS-84）数据标定的机场基准点的地理坐标；

b. 机场标高；

c. 跑道信息：真方位角、磁偏角、识别号码、长度、宽度、跑道入口内移的位置（如适用）、坡度、表面类型、跑道类型、精密进近跑道（如适用）的无障碍物区；

d. 升降带、跑道端安全区和停止道的长度、宽度及表面类型；

e. 滑行道的编号、宽度及表面类型；

f. 机坪表面类型和停机位情况；

g. 净空道的长度、表面纵断面（如适用）；

h. 目视助航设施，包括指示和信号装置、飞行区道面标志、助航灯光、标记牌、标志物以及可用的备用灯光电源等；

i. 如适用，用"飞机等级号-道面等级号"（ACN-PCN）的方法表明道面类型和强度；

j. 跑道公布的距离：可用起飞滑跑距离（TORA）；可起飞距离（TODA）；可用加速停止距离（ASDA）；可用着陆距离（LDA）；

k. 机场平面图。

2）直升机场应提供如下信息：

a. 以世界大地测量系统1984（WGS-84）数据标定的机场基准点的地理坐标，当直升机场设置在陆地机场内时，陆地机场的基准点与直升机场共用；

b. 接地和离地区（TLOF）的标高和最终进近和起飞区（FATO）的每个入口的标高（如适用）；

　　c. 直升机场类型：表面直升机场、高架直升机场、船上直升机场或直升机水平台；

　　d. TLOF 尺寸、坡度、表面类型、以吨计的承载强度；

　　e. FATO 的类型、真方位角、识别号码(如适用)、长度、宽度、坡度、表面类型；

　　f. 安全区长度、宽度、表面类型；

　　g. 直升机地面滑行道、空中滑行道的编号、宽度、表面类型；

　　h. 机坪表面类型和机位状况；

　　i. 净空道长度、地面纵剖面图；

　　j. 用于进近的目视助航设施，FATO、TLOF、地面滑行道、空中滑行道和机位的标志和灯光；

　　k. 机场平面图。

　　3）水上机场提供相应设施信息。

6.4　通用机场安全分析

6.4.1　通用机场的安全状况

　　通用机场安全管理是航空安全管理的重要组成部分，通用机场区域范围内的安全和管理，尤其是飞行区、油库区、维修区等敏感区域的安全管理，直接关系到空中飞行安全。根据通用航空资源网和中国民航安全信息统计报告 2015 至 2018 年 2 月的数据等资料，统计出了与通用机场有关的航空事故，如表 6.6 所列。

表 6.6　2015 至 2018 年 2 月与通用机场有关的航空事故

序　号	事故时间	事故经过
1	2015 - 3 - 6	新疆天翔航空学院一架单发固定翼飞机在克拉玛依机场进行本场单飞起落训练，在 31 号跑道着陆过程中偏出跑道，飞机螺旋桨桨叶、前起落架、左侧大翼受损，人员安全
2	2015 - 5 - 16	天津拓航一架直升机在窦庄机场执行带飞训练任务，当时教员正在带领私照学员做悬停接地科目，连续几个学员均已独立完成，10:50 左右，在最后一个学员悬停接地过程中，飞机刚刚接地就突然抖动，向右侧翻，桨叶打地。直升机旋翼受损，未造成人员伤亡
3	2015 - 6 - 22	南航珠海直升机分公司的 S76A 直升机(美国双发12座四片主旋翼直升机)执行漠河—南瓮河护林任务，机组成员 2 名，护林防火检查组成员 7 名。10:30 起飞，离地后增速过程中，在距离起降点约 30 米处旋翼打到一棵白桦树树枝，下降过程中在距离起降点约 50 米处挂碰一条光纤线缆，直升机旋翼受损，人员安全

序　号	事故时间	事故经过
4	2015 - 7 - 4	7 月 4 日 14:40,陕西凤凰飞院钻石 DA40 飞机在宝鸡训练基地执行本场训练,着陆过程中发生跳跃,偏出跑道,飞机受损,人员安全
5	2016 - 1 - 6	西林凤腾公司 2 名飞行人员在进行 EC120 直升机本场训练过程中,离地面约 1 米高时发生意外,造成直升机受损,事故过程中仅一名飞行人员脸部轻微擦伤,另一名未受伤
6	2016 - 8 - 19	海南三亚亚龙通用航空有限公司的 BELL407GX/B - 70CL 直升机在执行飞行训练任务时,因疑似鸟击迫降于武汉市蔡甸区后官湖附近
7	2017 - 3 - 2	一架西锐 SR20 飞机在洛阳执行单飞训练任务。着陆拉平时拉飘,发生重着陆。滑回后检查发现:左轮外胎内侧擦伤,左刹车排气嘴轻度磨损
8	2017 - 3 - 20	上午 11 点左右,贵州瓮安县瓮安工业园区高速收费站路口处,一架旋翼机在降落时机翼扫到了停在路边的汽车,机身破碎、机翼折断;小汽车尾部受损
9	2017 - 3 - 26	一名机械师在肇东机场二号机库内使用氮气钢瓶为一架 S2R 飞机轮胎充气时,轮胎突然发生爆胎,该机械师被气流作用下飞出的轮胎零件击中,当场死亡
10	2017 - 4 - 6	一架 Y5B(D)飞机在石河子山丹湖机场组织起落航线训练。在第 24 个起落着陆滑跑过程中,机身失去平衡,螺旋桨触地,桨叶受损,无人员伤亡
11	2017 - 6 - 8	一架 Y5B 在内蒙古翁牛特旗执行飞播作业,着陆时飞机翻扣在跑道上,人员安全
12	2017 - 7 - 5	一架赛斯纳 208 水上飞机执行从三亚湾到蜈支洲的训练飞行。在三亚湾着陆过程中,由于海浪及飞机着陆速度偏大等原因,飞机下沉较快,机组修正不及时,飞机下沉过快拍水后着陆。无人员受伤,机身与浮筒连接杆断裂,需停场维修
13	2017 - 7 - 23	湖南某通用航空公司的一架 SA60L 型双座轻型运动类飞机,在株洲市芦淞区五里墩乡临时起降点起飞离地时发动机失效迫降于跑道北头,飞机着地后起火燃烧损毁,一名乘客受了轻伤
14	2017 - 7 - 26	一架 Y12IV 型飞机在北戴河机场牵引进入 4 号位过程中前起落架断裂
15	2017 - 9 - 29	上午 11 点左右,成都一名男子在驾驶旋翼机降落时,撞上场地内的一棵树,该男子颌面部重度挫裂伤,下颌骨粉碎性骨折,同时右锁骨也有骨折。据了解,该架旋翼机未办理适航证等手续,当天也没有提交飞行计划申请,属于"黑飞"
16	2018 - 2 - 26	在东营胜利机场训练时塞斯纳 172 飞机起飞时偏出跑道发生侧翻

上述事故与天气、鸟击、周围建筑物、跑道等因素有关。我国通用机场安全管理工作,在管理手段和管理理念方面,还存在不足:第一,缺乏通用机场安全规章标准体系,通用机场使用许可和安全运行尚缺少统一的行业管理文件及全规章标准。第二,现在主要是各部门对各自功能领域内的通用机场进行管理,缺乏一个独立的通用航空安全管理部门,因而无法做到合理利用、协调统一管理,从而导致了通用航空资源的浪费。第三,对通用机场安全的重要性认识不足。在我国,通用航空是近年发展起

来的,因此对通用机场安全建设和发展的相关基础性研究还较少,对通用机场安全重要性的认识还不够。由于对通用机场安全等重要问题欠缺深入的分析和探讨,因此难以提供通用机场安全建设实践理论指导,这在一定程度上影响了机场的安全建设和发展。第四,通用机场安全管理信息化发展有待提高。我国通用机场缺乏一个可对机场安全信息进行汇总、统计、管理和分析,并能有效处理潜在安全隐患的统一的安全管理信息系统。

6.4.2　机场安全影响因素

在运输机场和通用机场中存在着一些影响安全的共性因素,包括机场危险源、机场安全管理、飞行区运行、鸟撞及动物入侵、航空燃料供应、天气、不停航施工、机场净空和电磁环境、航站和机场共用设施的保障等。

1. 机场危险源

存在于机场各区域的主要设施设备中的影响机场安全的危险源如表 6.7 所列。

表 6.7　机场危险源

序　号	项　目	主要设施设备	危险源/安全因素
1	飞行区	飞行器、跑道、特种车辆、目视助航设施等	火灾爆炸、车辆伤害、机械伤害、噪声振动、物体打击、电气伤害等
2	航站区	航站楼、案件设施、X 射线机、皮带机、停车场、机动车辆等	火灾爆炸、高处坠物、腐蚀泄漏、灼烫、电气伤害、机械伤害、噪声震动、物体打击、中毒窒息等
3	空管区	塔台、导航通信设施、蓄电池	电磁辐射、触电等
4	货运区	库房、特种车辆	车辆伤害、机械伤害等
5	供电及电气系统	变压器、电机、电缆、电气	火灾、爆炸、电气伤害、噪声振动等
6	给排水系统	供水站、污水处理、给排水管道、机泵	淹溺、中毒窒息、触电、噪声等
7	供热锅炉房	锅炉、供热管线	火灾爆炸、烫伤、物体打击、噪声等
8	机务场务	维修设施、清洁设施等	机械伤害、物体打击、触电等

2. 机场安全管理

机场的安全管理体系和机制的完善程度、适用性以及功能区的划分有着非常重要的意义。根据机场的性质、作用、规模对各功能区及设施进行合理规划是机场安全稳定运行的重要保障。如果功能区划分不明确,可能使得部分功能区发生交叉甚至重叠,从而造成机场运行混乱,频繁发生飞行器、车辆及相关设施设备碰撞伤害事故,严重时可能会产生机毁人亡的后果。此外,对机场工作人员及旅客的管理也会对机场的安全造成一定的影响。

3. 飞行区运行

飞行区包括机场跑道、滑行道、机坪、目视助航设施等。飞行区安全运行的关注点如下：

① 机场跑道、滑行道、机坪的道面、升降带及跑道端安全地区、围界、巡场路和排水设施是否始终处于适用状态。当出现破损等情况是否制定了紧急抢修预案、防范措施，是否按预案进行及时的抢救。机坪维修、机坪类别、停放飞机类别和数量、停放飞机间的安全净距、飞机停放和进出机位方式等是否符合要求。机场跑道、滑行道、机坪是否有一个周期的综合评价及反馈。

② 目视助航设施的风向标、各类道面（含机坪）标志、引导标记牌、助航灯光系统（含机坪照明）是否按要求设置。各类标志物、标志线是否清晰，颜色是否正确；助航灯光系统和可供夜间使用的引导标记牌的光强、颜色、有效完好率、允许失效时间等是否符合要求。是否按时对各设施进行评估，以防对航空器或工作人员进行误导。

③ 飞行区的防洪排水设施、危险源的识别及管控等。

4. 鸟撞及动物侵入

鸟撞事故最容易发生在飞行器起飞和降落过程中且容易发生在飞行器进气口处。一些动物的入侵轻则造成航班的大面积延误，重则使正在执行飞行计划的航空器机毁人亡。

5. 航空油料供应

航空油料供应是飞机正常飞行的重要保障业务，航空油料供应的及时性、充足性等因素对飞行器在整个飞行过程中能否安全地完成空中旅行有着重要的影响。

6. 天气因素

（1）风切变

风切变是一种常见的大气现象，指风向、风速在水平或垂直方向的突然变化。航空气象学中，把出现在 600 米以下空气层中的风切变称为低空风切变。其中 500 米以下的低空风切变是目前国际航空和气象界公认的对飞行有重大影响的天气现象之一，是飞机在起飞和着陆阶段的"无形杀手"。航空气象学根据飞机相对于风向的不同情况，把风切变分为顺风切变、逆风切变、侧风切变和垂直气流切变 4 种类型。

（2）雷暴

雷暴能产生各式各样的危及飞行安全的天气现象——强烈的湍流、积冰、闪电击（雷击）、雷雨、大风，有时还有冰雹、龙卷风、下冲气流和低空风切变。当飞机误入雷暴活动区时，轻者造成人机损伤，重者导致机毁人亡。这种天气现象在夏季常出现。闪电和强烈的雷暴电场，能严重干扰中、短波无线电通信，甚至使通信联络暂时中断，严重时会使飞机失去控制、损害、动力减少，直接危及飞行安全。因此，雷暴是目前航空界、气象界公认的严重威胁飞行安全的敌人。

（3）颠簸

颠簸对飞行的影响：颠簸强烈时，会使飞行员操纵飞机变得困难，甚至使飞机暂时失去控制,或者使飞机结构遭到破坏,造成机毁人亡的事故。强的颠簸会使机组和旅客十分疲劳,头昏眼花,恶心呕吐,特别是飞机突然强烈颠簸时,如果乘客未系好安全带,则很可能会造成伤亡。

(4) 云

云是在飞行中经常遇到且常会给飞行活动带来影响的一种气象条件。云对飞行的影响主要有:云底高度很低的云影响飞机的起降;云中能见度很差,影响目视飞行;云中的过冷却水滴会使飞机积冰;云中的湍流会造成飞机颠簸;云中明暗不均容易使飞行员产生错觉;云中的雷电会损坏飞机;等等。

(5) 降 水

降水对飞行的影响主要有:水使能见度降低;过冷却水滴会造成飞机积冰;降水产生的碎雨云会影响飞机起飞和着陆;大雨下方容易出现较强的下降气流;大雨和暴雨能使发动机熄火;大雨会恶化飞机的空气动力;降水影响跑道的使用。

(6) 冰雪天气

在 0 ℃以下的云中飞行时,飞机的外表通风面上往往会凝结冰霜,这种现象叫飞行结冰。结冰对飞行是很危险的。因为冰霜的聚积会增加飞机的重量,更重要的是它会改变机翼的空气动力结构,它还会使汽化器中的进气管封闭,致使起落架收放困难,使无线电天线失去作用,使驾驶舱窗门结冰进而封闭驾驶员的视线等,造成飞机失事。

7. 不停航施工

不停航施工是指在机场不关闭或者部分时段关闭并按照航班计划接收和放行航空器的情况下,在飞行区内实施工程施工。机场不停航施工主要包括飞行区土质地带大面积沉陷的处理工程,围界、飞行区排水设施的改造工程等;跑道、滑行道、机坪的改扩建工程;扩建或更新改造助航灯光及电缆工程等。不停航施工会影响到机场航空器的安全活动,如飞机的起飞、降落、滑行等。

8. 机场净空和电磁环境

机场的净空影响到航空器是否能够顺利安全起飞。周边的电磁环境对航空器的无线电导航和通信系统有很大的影响。如场址周边存在电磁波发射装置,会对导航通信系统产生电磁干扰,在飞行器起飞、爬升和着陆阶段,由于航空器处于低高度,任何电磁干扰都有可能造成机毁人亡的严重后果。

9. 航站综合服务区设施

航站综合服务区设施分为专业服务设施和服务保障设施两大类。其中专业服务设施是指与航空器直接相关的业务设施,而服务保障设施是指与航空器间接相关的业务设施。航站综合服务区的设施是保障机场安全运行的重要因素之一。

10. 机场共用设施的保障

机场供电、供水、供热、供冷、供气、排水及通信等公用设施的保障对机场的安全稳定运行也有影响。机场供电应按一级负荷规划,如供电系统出现问题不能及时切入另一独立电源或备用电源,可能造成机场运行中断事故;供水不畅对机场生产生活和消防系统的正常运行将产生不利影响;排水及防涝设施应不低于防洪标准并能在当地暴雨中发挥作用;如通信系统发生故障及瘫痪,则可能造成导航中断,引发飞行安全事故。

11. 其他因素

其他影响机场运行安全的因素,主要有以下几种:

① 火灾爆炸:机场潜在的火灾爆炸危险主要来自机场设施、飞机加油与维护作业、飞机本身及危险物品等方面。

② 车辆伤害:在机场运行过程中,相关车辆发生故障、超速行驶、驾驶员精力不集中、场务人员违反作业手册、道面标志不清及机场管理不到位均可导致各种车辆伤害事故。

③ 触电:机场运行过程中,各类电气设备、元器件及线路、开关等因质量低劣或老化、绝缘损害而漏电,则易引发相关人员触电的事故。此外,在机场内乱拉临时电线、电工作业失误、不按要求穿戴防护用品、未保持足够的安全距离及发生雷击等均易导致人员的触电伤亡。

④ 机械伤害:航站楼的机械设施可能会卷、夹、绞、碾、碰、压伤人体,产生伤害事故。

⑤ 淹溺、烫伤、噪声、辐射、高温作业、传染病毒等也可能影响机场安全运行。

6.4.3　通用机场安全影响因素

通用机场具有与运输机场不同的特点,其特有的安全影响因素有如下这些。

1. 机场所在的位置

距离人口聚集区或敏感区域越近,机场的安全特性测量值越高。人口聚集区是指城市(镇)总人口数≥10万人的区域。敏感区域是指被视为重要资产或关键基地所在地的区域,包括军事基地、核武器或化工基地、政府机构所在地、纪念碑、标志性地带或港口等。

2. 基地飞机

基地飞机的数量越多,安全特性测量值越高;基地飞机的载重越大,机场的安全性测量值越大。

3. 跑道特性

跑道越长、道面铺设等级越高,机场的安全特性测量值越大。

4. 起降架次

起降架次的多少和作业类别都会影响机场的安全特性。

5. 维修服务

和运输航空相比,目前我国通用航空的飞机维修基地分布少,维修企业规模小、数量少,航空器大修能力不足,未能掌握深度维修核心技术,总体上通用航空飞行

MRO 服务保障水平低。

6.4.4　低空空域的安全影响因素

1. 低空电线电缆

当前,我国城镇、农村的电线电缆密集分布,其高度低且在空中不易辨识,加上私人直升机飞行高度不高,稍不注意,直升机就容易和低空电线电缆撞在一起。据不完全统计,目前,低空线缆仍是直升机超低空飞行的头号杀手。可以预见的是未来一段时间,随着通用航空的快速发展,由于超高压电缆导致的低空飞行安全事故将越来越多。欧美通用航空发达国家主要采用航空障碍球作为标识超高压输电缆线的警示。

2. 黑　飞

未获民航局审批就擅自飞行的"黑飞",为通用航空安全埋下了隐患。事实上,"黑飞"事件屡禁不止,已成为通用航空业内公认的祸患。相比于运输航空,通用航空飞行一般都是用小飞机低空飞行,"黑飞"多出现在低空空域,对通用航空的安全影响更为直接。

3. 建　筑

我国城市,尤其是一线城市,高楼鳞次栉比,且相互之间的距离较小,会对低空空域飞行造成威胁。另外,现在建筑外的大屏、灯光也会对低空空域飞行造成影响。

6.4.5　通用机场运行程序和安全措施

依据 2017 年 4 月民航局发布的《通用机场分类管理办法》附录一《机场手册》,通用机场运行程序和安全措施包括:

1. 机场报告的要求

机场信息变化的报告程序和细节要求,包括:

(1) 在机场正常运行时段和正常运行以外的时段,向民航地区管理局报告任何信息变动以及对报告活动进行记录的安排方式;

(2) 在机场正常运行时段和正常运行以外的时段,负责通报变动信息的人员的姓名、职位及电话号码;

(3) 变动信息所提交部门的地址和联系电话,由民航地区管理局提供。

2. 关于出入机场活动区的规定(适用于 A1 级跑道型机场和表面直升机场)

为防止未经授权的人员、车辆误入机场活动区以及体型较大动物等进入机场活动区,须提供相关职能机构及管理规定,具体包括:

(1) 机场运营人及其他驻场机构的职责;

(2) 负责控制出入机场活动区的人员的姓名和职位,以及值班时间和非值班时间内与其联系的电话;

(3) 车辆和人员进入活动区的相关控制措施及通报制度。

3. 飞行区应急计划(适用于 A1 级、A2 级机场)

飞行区应急计划的具体事项,包括:

(1) 发生在机场以及机场临近区域的航空安全紧急事件的处置计划;

(2) 用于机场应急作业的设施、设备的检测方法以及检测频率;

(3) 用于验证应急计划的演练具体方案和演练频率;

(4) 机场内和机场外的经授权的组织、机构和个人名单及其电话和传真、电子邮箱、航务动态电报(SITA)地址(如有),以及工作用无线电频率的清单;

(5) 成立机场应急委员会,以组织培训,并开展应急准备工作;

(6) 指定一名现场指挥员,负责应急行动的全权指挥。

4. 消防(适用于 A1 级、A2 级跑道型机场和表面直升机场)

须提供符合消防要求的设施、设备、人员和作业规程的具体信息,包括机场负责消防工作的人员的姓名和职责。如可通过外部资源获得相应能力,则提供证明材料。

5. 机场运营人对机场活动区和障碍物限制面的检查

机场活动区和障碍物限制面检查程序,包括:

(1) 在机场正常运行期间和正常运行以外的时间段,对跑道摩擦力状况的大致评估程序和跑道及滑行道积水深度的检测安排;

(2) 在检测期间与跑道活动控制机构进行通信联络的程序与方式;

(3) 检测记录文件的存放要求和存放位置;

(4) 检测间隔和次数的详细说明;

(5) 检查单;

(6) 检测报告,以及对发现的安全问题进行整改的措施安排;和

(7) 负责执行检查的人员姓名、职责及其在工作时间内和工作时间外的联系电话。

6. 目视助航设施和机场电力系统

对拥有的目视助航灯光系统(包括障碍灯)、标记牌、各类标志以及飞行区电力系统进行检查和维护的规定,包括:

(1) 在机场正常运行期间和正常运行以外的时间段进行检查的规定,以及检查单;

(2) 检查结果的记录方式和对发现缺陷的整改行动安排;

(3) 例行维护和紧急维护的规定;

(4) 如有备用电源,则提供备用电源的设置安排;如果适用,还要有针对部分或全部系统断电的处置方案;

(5) 负责检查和维护目视助航设施的人员的姓名和职责,以及其在工作时间内和工作时间外的联系电话。

7. 飞行区的维护

对飞行区进行维护的设施和作业规程,包括:

（1）铺筑场地的维护安排；

（2）非铺筑跑道和滑行道的维护安排；

（3）升降带和滑行带的维护安排；

（4）机场排水系统的维护安排。

8. 机场不停航施工（适用于跑道型机场）

在飞行区内或邻近区域，为安全地开展可能会突破障碍物限制面的工程施工或维护作业所做的具体规定（包括须在短时间内完成的作业）：

（1）作业期间与跑道活动控制部门进行通信联络的程序与方式；

（2）工程规划与现场管理人员及机构的名称、职责和电话号码，以及随时可以与之保持通信联系的方式；

（3）在作业期间和作业结束后需要告知信息的驻场机构的名称及其在工作时间内和工作时间外的联系电话；

（4）作业计划分发单（如果需要）。

9. 机坪管理（适用于 A1 级、A2 级跑道型机场和表面直升机场）

机坪管理的具体作业程序，包括：

（1）跑道活动控制部门和机坪管理部门之间的责任划分；

（2）航空器机位的分配规则；

（3）发动机启动程序规定，以及航空器推出过程的安全间隔规定；

（4）停机坪调度服务；

（5）可能的引导（车）服务。

10. 机坪安全管理（适用于 A1 级、A2 级跑道型机场和表面直升机场）

确保机坪安全的作业程序，包括：

（1）如适用，针对喷气发动机尾流吹袭的防范措施；

（2）航空器加油作业期间安全防范措施的强制执行；

（3）机坪清扫（去除积雪，FOD 等）；

（4）机坪清洁（去除油渍等，恢复机坪原始形态）；

（5）机坪事故和事故征候的报告规定；

（6）对所有机坪作业人员安全符合性的审计安排。

11. 活动区车辆管控（适用于 A1 级、A2 级跑道型机场和表面直升机场）

对在活动区或其临近区域运行的场面车辆实施管控的具体内容，包括：

（1）适用的行驶规则（包括速度限制和相应的行驶规则执行办法）；

（2）对活动区内的行驶活动进行管控的办法。

12. 野生动物危害管理（适用于 A1 级、A2 级跑道型机场和表面直升机场）

在机场起落航线或活动区内，鸟类或哺乳动物的活动可能对航空器运行带来危害。如具有具体应对措施，则提供以下信息：

（1）野生动物危害评估办法；

（2）野生动物控制实施方案；

（3）负责应对野生动物危害的人员的姓名、职位及其工作时间内和工作时间外的联系电话。

13. 障碍物控制

障碍物控制的具体措施，包括：

（1）对障碍物限制面以及起飞面障碍物 A 型图进行监测；

（2）在运营人权限范围内控制障碍物；

（3）监测障碍物限制面范围内建筑物或构筑物的高度；

（4）控制机场临近区域的发展；和

（5）向局方通报障碍物的属性和位置以及后续必要的障碍物增加或移除措施，包括修改可能的航空情报信息。

14. 残损航空器搬移（适用于 A1 型跑道机场）

如具有在活动区及其临近区域搬移残损航空器的措施，则提供具体操作规定，包括：

（1）机场运营人和航空器登记证持有人的职责；

（2）情报航空器登记证持有人的规则；

（3）与控制交通管制机构联系的规则；

（4）调集残损航空器搬移设备和人员的规则；

（5）负责安排残损航空器搬移工作的人员的姓名、职责和电话号码。

15. 危险品的处置

机场内如有需要特别处置的危险物品，则提供安全处置与存储机场内危险物品的具体规则，包括：

（1）在机场内设立储存易燃液体（包括航空燃油）以及其他危险物品的专门区域；

（2）危险品的运输、储存、发放和处置方法。

16. 低能见度运行（如适用）

如具有低能见度运行规则，则提供在需要时对跑道视程进行测量和报告的程序，以及负责测量跑道视程的人员的姓名及其工作时间内和工作时间外的联系电话。

17. 雷达和导航设施的保护（如适用）

如飞行区内具有雷达和无线电导航设施，则提供保护其场地的具体规则，以确保设备性能不受影响，包括：

（1）控制雷达和导航设施周围活动的规则；

（2）雷达和导航设施周围场地维护的规则；

（3）提供和安装微波辐射危害警告标志的规则。

第7章 面向低空空域的
通用航空空管安全

通用航空活动占用的高度层较低，一般集中在相对高度3 000米以下的中低空空域。一直以来，通用航空作业与转场飞行的高度大多集中在1 000米以下的低空空域，尤其是相对高度600米以下的低空空域占绝大多数。长期以来，低空空域开放不足是制约我国通用航空产业发展的政策痛点，也是目前空域改革的主要突破口。我国从2009年起开始逐步推进低空空域管理改革，以改进现有空域管理体系，创造利于通用航空产业发展的法律法规生态环境。《国务院关于促进民航业发展的若干意见》(国发〔2012〕24号)中明确提出"加大空域管理改革力度，以充分开发和有效利用空域资源为宗旨，加快改革步伐，营造适应航空运输、通用航空和军事航空和谐发展的空域管理环境，统筹军民航空域需求，加快推进空域管理方式的转变。加强军民航协调，完善空域动态灵活使用机制。科学划分空域类别，实施分类管理。做好推进低空空域管理改革的配套工作，在低空空域管理领域建立起科学的基础理论、法规标准、运行管理和服务保障体系，逐步形成一整套既有中国特色又符合低空空域管理改革发展特点的组织模式、制度安排和运行方式"。因此，在放开低空空域的同时，加强对低空空域的管理与安全保障是十分必要的。

7.1 低空空域的分类安全管理

空域的划设主要考虑国家安全、飞行需要、飞行管制能力和通信、导航、雷达设施建设以及机场分布、环境保护等因素。空域通常划分为机场飞行空域、航路、航线、空中禁区、空中限制区和空中危险区等。依据空域管理与飞行任务需求，还需要划设空中走廊、空中放油区和临时飞行空域。空域可根据不同高度来划分，1 000以下是低空，1 000~6 000米是中空，6 000米以上是高空。

7.1.1 低空空域的分类

美国有大约85%的空域被划分为民用空域，其中3 000米以下的空域为低空空域。低空空域管理政策相对宽松。一些航空产业较发达的国家在低空空域管理中通过严格控制飞机使用者的资质来确保飞机使用者的安全，同时提高相关设备的精度和准确性，例如每架飞机上都装有TCAS系统(空中自动避让系统)以提高低空相关航路航线设备的精密度；通过先进技术手段来保障飞行安全；规定飞机在使用空域时必须提交飞行计划，其审批程序较简单；还规定管制部门要第一时间与驾驶员取得联系;并且明确规定了相应的处罚措施。国外这些健全的法律法规为安全使用低空空域提供了有效保障。

从 20 世纪 80 年代开始,为了保证美国航空运输业的快速发展,加速空管现代化建设步伐,FAA 开始着力于制定国家空域系统规划。1994 年,美国国会批准了《FAA 战略发展计划》。1995 年,FAA 以此计划为指导,着手制定新的全国空管系统建设的国家空域计划。1996 年 10 月,FAA 出版了国家空域系统规划,提出将现有空域结构演变成支持自由飞行概念的全国空域系统。此后又经过多次调整,直至1999 年 1 月,FAA 在综合各方面意见的基础上,公布了第四版《FAA 战略发展计划》,其目标是建立一个先进、集成与安全的空域结构,并具备安全、易行、灵活、前瞻、高能、高效、保密等 7 项性能。

我国借鉴国际上的通行做法,根据国家空中安全防卫和军用航空、民用航空的飞行情况,将 1 000 米以下空域分地域、分类别地划设为三类低空空域,分别为:管制空域、监视空域、报告空域与目视飞行航线(目视飞行航线是为确保航空用户能够飞到预定空域,且飞行人员在目视条件下飞行的航线)。

1. 管制空域

管制空域是为飞行活动提供空中交通管制服务、飞行情报服务、航空气象服务、航空情报服务和告警服务的空域。管制空域通常划设在飞行比较繁忙的地区上空,如机场起降地带、空中禁区、空中危险区、空中限制区、地面重要目标、国(边)境地带等区域的上空。在此空域内的一切空域使用活动,都需要经过飞行管制部门批准并接受飞行管制。

2. 报告空域

报告空域是指为飞行活动提供航空气象服务和告警服务,并根据用户需求提供航空情报服务的空域。报告空域通常划设在远离空中禁区、空中危险区、空中限制区、国家边境地带、地面重要目标以及飞行密集地区、机场管制地区等其他区域的上空。在此空域内的一切空域使用活动中,空域用户在向飞行管制部门报备飞行计划后,即可自行组织实施飞行并对飞行安全负责,飞行管制部门根据用户的需要提供航行情报服务。

3. 监视空域

监视空域提供监视服务,飞行管制部门在有需要的时候能够与航空器进行联系但不再提供管制服务。监视空域通常划设在管制空域周围,在此空域内的一切空域使用活动,空域用户在向飞行管制部门报备飞行计划后,即可自行组织实施飞行并对飞行安全负责,飞行管制部门严密监视空域使用活动,并提供飞行情报服务和告警服务。

目视飞行航线按照监视空域或报告空域的标准划设,在管制空域内划设目视飞行航线,必须明确进出通道。

7.1.2　低空空域的管理

可以根据对不同类别空域的使用需求和航空器活动的特点等情况,将不同空域划设在相应的区域。低空空域划设由飞行管制分区主管部门主导,并与所在地区民航空管部门一起,在充分采取地方政府与航空用户意见的基础上共同进行。低空空域划设由相应的飞行管制区主管部门批准;跨飞行管制分区并在飞行管制区内的,由飞行管制区主管部门与民航地区空管局划定;在飞行管制区间的,由空军航管部门与民航局划定。

为了实现低空空域动态管理、灵活使用,军用航空战备训练和执行紧急任务需要使用低空空域时,可将监视空域、报告空域调整为临时管制空域;遇有紧急突发事件、地方政府组织重大活动、军用机场无飞行活动等情况时,可以临时调整低空空域类型,适时放宽低空空域使用权限。

1. 管制空域的划设

管制空域原则上只能划设在下列区域:

① 空中禁区和空中危险区;

② 国境地带我方一侧 10 公里范围内;

③ 全国重点防空目标区和重点防空目标外围 5 公里区域;

④ 终端(进近)管制区;

⑤ 军用和民航运输机场的管制地带(担负飞行保障任务且未划设机场管制地带的军用机场,以机场跑道中心点为中心,沿跑道中心线方向,两端各 25 公里,两侧各 10 公里的区域);

⑥ 其他需要重点保护的地区。

2. 报告空域的划设

报告空域原则上只能划设在下列区域:

① 通用机场和临时起降点 10 公里范围内;

② 不依托通用机场和临时起降点,使用动力三角翼、滑翔伞、动力伞、热气球等通用航空器具,从事文化体育、旅游观光、空中广告宣传等活动的地区上空半径 5 公里范围内;

③ 作业相对固定、时间相对集中,且对军用航空飞行与民用运输航空飞行没有影响的通用航空飞行区域。

3. 监视空域的划设

管制空域和报告空域之外的空域被划设为监视空域。

4. 目视飞行航线的划设

目视飞行航线按照监视空域或者报告空域的标准划设,在管制空域内划设目视飞行航线,必须明确进出通道。

7.1.3　面向通用航空的临时飞行空域管理

为了满足通用航空空域使用临时性、不确定性的需求,《通用航空飞行管制条例》规范了临时飞行空域,并进行了可操作性的具体细化,同时明确了批准权限。临时飞行空域和一整套明确的保障实施办法,解决了通用航空空域使用管理上的滞后问题,较好地处理了国家防空、空管监视与通用航空空域使用方便快捷的关系。

从事通用航空飞行活动的单位、个人,根据飞行活动要求,需要划设临时飞行空域的,应当向有关飞行管制部门提出划设临时飞行空域的申请。国(边)境线至我方一侧10公里之间地带上空禁止划设临时飞行空域。通用航空飞行有特殊需要时,经所在地大军区批准后由有关飞行管制部门划设。划设临时飞行空域的申请应当包括的内容如图7.1所示。

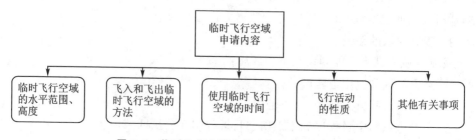

图 7.1　临时飞行空域申请应包括内容的示意图

划设临时飞行空域的申请,应在拟使用临时飞行空域7个工作日前向有关飞行管制部门提出;负责批准该临时飞行空域的飞行管制部门在拟使用临时飞行空域3个工作日前做出批准或者不予批准的决定,并通知申请人。临时飞行空域的使用期限根据通用航空飞行的性质和需要确定,通常不得超过12个月。因飞行任务的要求,需要延长临时飞行空域使用期限的,应报经批准该临时飞行空域的飞行管制部门同意。

通用航空飞行任务完成后,从事通用航空飞行活动的单位、个人应当及时报告有关飞行管制部门,其申请划设的临时飞行空域即行撤销。对已划设的临时飞行空域,从事通用航空飞行活动的其他单位、个人因飞行需要,经批准划设该临时飞行空域的飞行管制部门同意后方可使用。

临时飞行空域按照如下规定的权限批准:

① 在机场区域内划设的,由负责该机场飞行管制的部门批准;

② 超出机场区域在飞行管制分区内划设的,由负责该分区飞行管制的部门批准;

③ 超出飞行管制分区在飞行管制区内划设的,由负责该管制区飞行管制的部门批准;

④ 在飞行管制区间划设的,由中国人民解放军空军批准。

批准划设临时飞行空域的部门将划设的临时飞行空域报上一级飞行管制部门备案,并通报有关单位。

7.2　低空空域的使用

7.2.1　空域准入使用

1. 管制空域准入

航空用户使用管制空域必须同时具备以下条件:

① 飞行计划获得许可;

② 航空器配备甚高频通信设备、高精度高度表、二次雷达应答机和广播式自动相关监视设备(ADS‑B);

③ 无线电保持持续双向畅通;

④ 民用航空器驾驶员实施目视飞行最低应持有私人执照或运动执照、学生执照,实施仪表飞行最低应持有私人执照。

2. 监视空域准入

航空用户使用监视空域必须同时具备以下条件:

① 飞行计划已报备;

② 航空器配备甚高频通信设备和广播式自动相关监视设备(ADS‑B);

③ 无线电保持持续双向畅通;

④ 民用航空器驾驶员最低应持有运动执照或学生执照,空域内飞行,航空器空速不大于 450 千米/小时。

3. 报告空域准入

航空用户使用报告空域必须同时具备以下条件:

① 飞行计划已报备;

② 民用航空器驾驶员最低应持有运动执照或学生执照;

③ 空域内飞行,航空器空速不大于 450 千米/小时。

4. 多类空域准入

航空活动如涉及多类型低空空域,按照最高准入条件标准执行。

5. 飞行方法

管制空域内允许实施仪表飞行和目视飞行;监视空域、报告空域内以及目视飞行航线只允许实施目视飞行。

6. 空域类型调整

低空空域实行动态管理、灵活使用。军航战备训练和执行紧急任务需使用顶空空域时,可将监视空域、报告空域调整为临时管制空域;遇有紧急突发事件、地方政府组织重大活动、军用机场无飞行活动等情况时,可临时调整低空空域类型,适时放宽低空空域使用权限。

7. 空域调整部门

空域类型调整由飞行管制分区主管部门负责,报飞行管制区主管部门备案,由民航地区飞行情报管理部门向社会公布。如需长期调整空域类型,按照空域类型和空域划设权限申报批准。

8. 空域调整时限

临时管制空域启用需提前 4 小时,管制空域调整为临时监视空域或临时报告空域需提前 2 小时,在监视空域和报告空域之间调整需提前 1 小时确定并发布,临时空域使用时限原则上不超过 24 小时。

9. 临时关闭权限

监视空域、报告空域和目视飞行航线通常不得关闭,确需临时关闭,空域划设单位应及时报上一级部门审批,并通过相关军民航空管部门,由相应民航飞行情报管理部门向社会公布。

7.2.2 飞行计划审批报备

1. 飞行计划申请

飞行计划主要是指低空空域内通用航空飞行计划,其申请内容包括:航空用户名称、任务性质、航空器型别及架数、机长姓名、航空器呼号、通信联络方法、起降机场(起降点)、备降机场、使用空域(航线)、飞行高度、预计飞行起止时刻、执行日期等。

2. 飞行计划受理

通用航空飞行只向一个单位申报飞行计划。建有飞行服务站的地区,通过飞行服务站受理飞行计划。未建飞行服务站的地区,依托军用和民用运输机场的,由所在机场空管部门受理飞行计划;不依托机场的,由所在地区飞行管制分区管理部门直接受理或指定相关军民用机场空管部门受理飞行计划。

3. 转场飞行计划审批

民用机场(含通用机场临时起降点)之间的飞行计划,机场按照飞行计划所涉及区域和现行民航申报程序逐级上报,民航空管部门负责审批,并将飞行计划审批情况及时通报给相关军民航空管部门。民用机场(含通用机场临时起降点)与军用机场之间的飞行计划,机场(通用航空器在军用机场起飞时,由军用机场委托附近民用机场)按照飞行计划所涉及的区域和现行民航申报程序逐级上报,民航空管部门商相关飞行管制主管部门或空军航管部门后审批,并将飞行计划审批情况及时通报给相关民航主管部门。军用机场之间的飞行计划,按照飞行计划所涉及的区域和现行军航申报程序执行,相关飞行管制区主管部门或空军航管部门负责审批,并及时通报给相关军民航空管部门。

4. 场内场外飞行计划审批

通用航空用户向飞行服务站或军用机场、民用运输机场提出飞行计划申请(飞行活动范围在民用机场区域内由该机场审批),受理该飞行计划申请的单位集中报飞行管制分区主管部门。飞行计划所涉及区域在飞行管制分区内的,由该部门审批;超出飞行管制分区在飞行管制区内的,由该部门上报飞行管制区主管部门审批;跨飞行管制区的飞行计划,由飞行管制区主管部门上报空军航管部门审批;仅需民航提供空管服务的,由民航按级审批,并报备相应的军航航管部门。飞行计划审批后,应及时通报给相关军民航空管部门。

5. 飞行计划审批时限

飞行管制分区内的飞行计划申请,应在起飞前 4 小时提出,审批单位需在起飞前 2 小时批复;超出飞行管制分区在飞行管制区内的,应在起飞前 8 小时提出,审批单位需在起飞前 6 小时前批复;超出飞行管制区的,应在起飞前 1 天 15 时前提出,审批单位需在起飞前 1 天 18 时前批复;执行紧急任务起飞的,应在起飞前 30 分钟提出申请或边起飞边申请,审批单位需在起飞前 10 分钟或立即答复。

6. 飞行计划报备时限

对于监视空域的飞行计划,通用航空用户应在起飞前 2 小时向飞行计划受理单位报备,飞行计划受理单位需在起飞前 1 小时进行报备;报告区域飞行计划,通用航空用户应在起飞前 1 小时向飞行计划受理单位报备,飞行计划受理单位需在起飞前 30 分钟进行报备。接受报备原则上视为同意,如不同意,需在起飞前 15 分钟通知飞行计划受理单位。

7. 飞行计划实施

军民航管部门严格按照飞行计划审批意见组织实施,对其他飞行计划确有影响时,按照现行空管运行体制,由相应军民航管部门实施管制调配。空军和民航局统计汇总通用航空飞行计划审批及申请实施情况,以季度为单位报备国家空管委办公室。

7.2.3　低空空域管理制约因素

当前,我国低空空域管理主要存在如下制约因素。

1. 现行的低空空域法律法规制度不健全

我国现有的低空空域法律法规制度并不完全适用于低空空域开放后管理的要求,在低空空域改革试点中明显暴露出现有的低空空域管理法规制度不能适应低空空域开放后出现的新问题、新情况等,如:低空空域开放后飞行计划申请和审批程序复杂烦琐问题、军民航协同问题;低空空域飞行航空器的注册登记管理与加改装机载设备标准问题;空管低空开放地面监视、导航、通信、气象服务等各设施、设备标准的问题;通用航空器驾驶员的资质问题与相应的检查机制问题;低空空域飞行通用航空器易被恐怖势力利用,影响国家安全管理等问题。

2. 监控技术与基础设备落后

我国通用航空器大多存在设备性能差、飞行高度低、通信范围小、导航能力差的缺点。军民航管部门的设备雷达覆盖范围不足,低空通信不通畅,致使不能随时监控低空的飞行活动;另外,设备相对落后还造成了不同程度的低空空域资源浪费。

3. 低空空域管理审批流程复杂,协调难度较大

与商业运输航空不同,通用航空活动因其不同的任务性质,作业高度与时间变化较多,因而区域内活动的航线不定。一个架次的飞行任务需要协调多个军民航管制单位才能完成,在放飞审批之前,通用航空运行单位面临着计划申报批复周期长、环节多的局面,影响任务的完成。目前,针对低空空域没有形成一个综合的管制部门来负责受理通用航空单位及个人之间的飞行计划和飞行动态,高效可靠的信息传输渠道没有建立,这增大了低空飞行组织实施的难度,不利于统筹安排飞行活动。

4. 低空空域管理机制落后,管制队伍规模偏小

现行的低空空域管理模式属于封闭的管理模式,空域属于完全管制空域,空军主管部门负责空域使用权的审批,民航部门负责航行活动资格的审批,每一个飞行活动都要向军民航相关管制部门递交飞行计划,这制约了通用航空活动的实施,使通用航空飞行机动灵活的特点不能很好地发挥。

监管机制可确保在低空空域提供各种管制运行服务,但是存在一些管理盲区;在一些技术不太到位或地理环境不允许的地区,低空空域的一些相关设备不能使用,这会使这些地区受到更多限制。同时,对这些设备的严格审批,在某种程度上限制了资源在这些地区的使用。只有增强低空监管服务能力,才能使低空空域的管制运行服务体系更加完善。

5. 航务人力资源的困境

我国通用航空专业人才非常匮乏,人才不足是通用航空产业发展的重要瓶颈。管制员工作的技术要求高,需掌握大量相关的法律法规知识。由于缺乏必要的培训,甚至部分从业人员能力达不到要求,致使我国现有的管制队伍不能满足低空空域日益增多的飞行活动的需求。

为确保通用航空飞行的安全、高效,通用机场都应当提供机场管制服务,并配备足够的空中交通管制人员;提供空中交通管制服务的人员应当取得相应的管制员执照;通用机场提供机场管制服务期间,应当至少安排 1 名管制员在塔台值勤;有经营性载人飞行或者有一个以上通用航空单位组织飞行活动的一、二类机场应当提供航空情报服务;通用机场航空情报服务可委托其他航空情报服务机构提供,提供航空情报服务的人员应当取得相应的执照。

7.3　低空空域监管技术

7.3.1　监视技术的概况

1. 监视的作用

监视(surveillance)为空管运行单位及其他相关部门和单位提供目标(包括空中

航空器及机场场面动目标)的实时动态信息。空管运行单位能利用监视信息判断、跟踪空中航空器和机场场面动目标的位置,获取监视目标识别信息,掌握航空器飞行轨迹和意图、航空器间隔及监视机场场面运行态势,并支持空-空安全预警、飞行高度监视等,整体提高空中交通安全保障能力,提升空中交通运行效率。

2. 监视的分类

(1) 监视技术分类

目前应用于空中交通管理的监视技术主要有一次监视雷达(PSR)、场面监视雷达(SMR)、二次监视雷达(SSR)、自动相关监视(ADS)和多点定位(MLAT)。

按照监视技术的工作原理,国际民航组织(ICAO)将监视技术分为独立非协同式监视、独立协同式监视和非独立协同式监视。

独立非协同式监视,指无需监视目标协作,直接通过地面设备独立辐射电磁波测量并获取监视目标定位信息的监视技术,目前主要包括一次监视雷达和场面监视雷达。其中,一次监视雷达按作用距离分为远程一次监视雷达和近程一次监视雷达。

独立协同式监视,指由地面设备向监视目标发出询问,并接收监视目标的应答信息,通过计算获取监视目标定位信息的监视技术。目前主要包括二次监视雷达和多点定位。其中,二次监视雷达按询问模式分为 A/C 模式二次监视雷达和 S 模式二次监视雷达;多点定位按应用范围分为场面多点定位系统(ASM)和广域多点定位系统(WAM)。

非独立协同式监视,是监视目标依靠定位系统获取自身位置信息,并通过数据链向地面设备主动发送定位信息的监视技术。目前主要包括契约式自动相关监视(ADS-C)、广播式自动相关监视(ADS-B)。

除国际民航组织定义的应用于空中交通管理的监视技术外,近年来还涌现出其他监视技术,包括基于卫星的广播式自动相关监视(星基 ADS-B)、卫星定位+北斗短报文(GNSS+RDSS)、卫星定位+移动通信网络(GNSS+4G/5G)和遥控无人驾驶航空器通信链路位置信息自动广播监视。

(2) 监视用途分类

监视可以按照不同用途定义为两种类别:

① 空中交通管理监视:为空管运行单位提供航空器目标的实时动态信息,是进行空中交通管理的基础。

② 非空中交通管理监视:不以空中交通管理为目的,为空管运行单位及其他相关单位和部门提供航空器目标的实时动态信息。它具体包括以下三类:

a. 国家空域安全监视:为国家空域管理部门、民航管理部门等提供涉及国家及公众安全的航空器目标实时动态信息;

b. 公共飞行服务监视:为飞行服务单位、通用航空运营人等提供飞行服务,保障所需的航空器目标实时动态信息;

c. 其他监视:用于科学研究、旅客航班信息服务等不涉及以上两类监视的航空器目标信息的获取或提供。

7.3.2 国外监视技术应用政策

美国、欧洲、澳大利亚等国家和地区通过缩小飞行间隔、增加空中交通流量实现提高运行效率、降低运营成本的目标。传统雷达已不能完全满足空中交通服务的监视需求,需要精确度高、更新率快的新监视技术提供监视支持。

与传统一次监视雷达、二次监视雷达相比,以广播式自动相关监视、多点定位为代表的新监视技术因其定位精度高、更新率快、系统构成简单,部署和维护成本低受到了各个国家和地区的重视和支持,在各个国家和地区近期和中远期监视设施建设规划中占据着重要地位。但与传统雷达技术相比,广播式自动相关监视依赖于星基,多点定位则需要多个站点协同工作。

1. 美国监视技术的应用政策

(1) 监视技术的应用规划

随着航空运输需求的不断增长及环境的发展变化,2004 年美国空中交通运输系统已不能适应空管流量的增长和系统灵活性的要求,为在确保航空运输安全的情况下不断提高运输容量和效率,美国于当年发布了《下一代运输系统运行概念(Next Gen)》,计划有步骤地推进监视技术的应用。根据计划,下一代空中运输系统的监视手段以协同式监视手段为主。为防止 GNSS 或机载电子设备失效,在繁忙终端区,一次监视雷达作为备份监视手段,将仍继续存在。为防止 GNSS 失效,对二次监视雷达也予以继续保留。广播式自动相关监视作为下一代空中运输系统的重要组成部门,将被广泛地应用于航路、终端和机场场面监视,为飞行员提供交通和气象服务。

(2) 广播式自动监视技术的应用

美国联邦航空局(FAA)对广播式自动相关监视的应用和部署,依托本土雷达网络,根据区域特征和本土技术现状区别实施。运输航空和通用航空采用 1090 兆赫扩展电文(1090ES)和 978 兆赫通用访问收发机(UAT)两种不同的 ADS-B 数据链技术。在阿拉斯加、墨西哥湾和夏威夷等地区推广应用以广播式自动相关监视技术为核心的监视系统,在美国本土,侧重于广播式自动相关监视与二次监视雷达结合,实现广播式自动相关监视覆盖,逐步过渡到广播式自动相关监视系统。根据航空公司的需求,安装广播式自动相关监视机载电子设备。2020 年以后,所有航空器都具备 ADS-B OUT 功能,在此基础上逐步推进 ADS-B IN 功能的实现。在此期间,广播式自动相关监视逐步取代二次监视雷达,二次监视雷达保持一定的规模,满足监视的基本需求。

FAA 公布美国 ADS-B 项目管理计划作为 ADS-B 长期计划,该计划涉及 2007—2025 年近 20 年的时间,分 4 个阶段执行,最终将淘汰交通信息服务广播(TIS-B),增加空-空应用,提供全新的监视服务。

1) 第一阶段(2007—2010 年)

开展相关电子设备的配置;扩展 TIS‐B/飞行信息服务广播(FIS‐B)的框架结构;定义更多的空‐空应用需求;发布 ADS‐B OUT 规则;开展空‐空应用的安排部署;实现 ADS‐B 框架体系。

2) 第二阶段(2011—2014 年)

发布 ADS‐B OUT 最终规则;继续空‐空应用的安排部署并增加新的应用;定义更多的空‐空应用需求;确定完整的 TIS‐B/FIS‐B 架构;确定完整的 ADS‐BNAS 总体框架部署;完成 40% 的相关电子设备的配置。

3) 第三阶段(2015—2020 年)

定义更多的空‐空应用需求;增加新的空‐空应用;制定过期监视设备的淘汰计划;完成所有相关电子设备的配置;完成空‐空应用部署的初始化工作。

4) 第四阶段(2021—2025 年)

淘汰过期的监视设备;淘汰 TIS‐B;完成空‐空应用部署。

多点定位作为 NextGen 的支撑监视技术。目前,多点定位部署于无场面监视雷达或场面监视雷达无法有效覆盖的机场,作为场面监视雷达的补充手段。多点定位作为场面入侵检测系统的组成部分,用于场面入侵检测。广域多点定位主要为受地理和气候条件限制,不易或不适合部署雷达的地区提供进近监视服务。

2. 欧洲监视技术的应用政策

(1) 监视技术的应用规划

欧洲雷达地面基础监视设施完善,实现了高空空域的覆盖,空管操作流程和体制规范健全。但空中交通量持续增长,越来越拥挤的空域制约了欧洲的经济增长和航空运输的国际竞争力。为此,2004 年欧洲空管(EUROCONTROL)发布了欧洲新航行技术应用政策,制定了"欧洲民航委员会通过新通信和监视技术应用推进空管一体化"实施项目(Co-operative ATS through Surveillance and Communication Application Deployed in ECAC‐CASCADE)。欧洲的监视技术应用政策为:以实际需求为基础,发展雷达、自动相关监视、广域多点定位(WAM)以及相关的综合监视系统,完善欧洲天空安全管理立法,推进空管技术革新,重组空中交通管制结构,在欧洲范围内建立起一体化的空管系统,满足未来安全和容量需要。

2008 年,欧洲结合自身的实际情况以及新旧监视技术的特点,制定了未来 15 年空中交通监视策略:为防止 GNSS 以及机载电子设备失效,维持一次监视雷达的规模,逐渐减小二次监视雷达规模;广播式自动相关监视先期在无雷达覆盖区域部署,逐步推广到雷达覆盖区域,取代二次监视雷达;多点定位作为广播式自动相关监视的过渡技术,在广播式自动相关监视精度等性能指标完全满足监视需求的条件下,多点定位地面站可直接作为广播式自动相关监视地面站使用。

(2) 广播式自动监视技术的应用

基于空中交通管理系统的应用需求,欧洲民汉会议(ECAC)将监视策略分为 4 个阶段,确定了航路、航线、终端区和机场场面可用的监视技术。

1) 第一阶段(2008—2010 年)

航路和终端区:一次监视雷达广泛应用于进近和终端区域,根据实际需求,部分航路使用一次监视雷达。以二次监视雷达或 S 模式二次监视雷达形式的合作监视仍是监视的主要手段。从成本效益上考虑,广域多点定位可作为(S 模式)二次监视雷达的替代监视手段。限制性使用广域多点定位。限制性的局部使用广播式自动相关监视,数据链为 1090ES 或模式 4 甚高频数据链(VDL),契约式自动相关监视用于洋区或偏远地区。

机场场面:场面监视雷达和多点定位可用于移动目标(航空器和车辆)的定位,部分使用基于 1090ES 的广播式自动相关监视技术,为目标提供二次代码,高级场面活动引导和控制系统应用于机场监视。

2) 第二阶段(2010—2015 年)

航路和终端区:一次监视雷达广泛应用于进近和终端区域,根据需求,部分航路使用一次监视雷达。适当地维持广域多点定位或 S 模式二次监视雷达的规模。广播式自动相关监视开始应用部署。契约式自动相关监视用于洋区或偏远地区。

机场场面:继续发展高级场面活动引导与控制系统,全面实现高级场面活动引导与控制系统 I 级和 II 级。二次监视雷达广泛应用于航路和终端区,S 模式二次监视雷达应用于欧洲核心区域,增强型 S 模式二次监视雷达应用于欧洲核心区域。限制性使用广域多点定位系统。限制性的局部使用广播式自动相关监视,数据链为 1090ES 或 VDL 模式 2。

3) 第三阶段(2015—2020 年及以后)

航路和终端区:在未来可替代一次监视雷达的独立监视技术的条件下,一次监视雷达继续用于进近和终端区域。广域多点定位或 S 模式二次监视雷达继续用于监视协同目标。广播式自动相关监视完成建设并用于进近和终端区域的监视。契约式自动相关监视用于洋区或偏远地区。

机场场面:继续部署基于场面监视雷达和多点定位的高级场面活动引导与控制系统,高级场面活动引导与控制系统达到 III 和 IV 级应用水平。多点定位和广播式自动相关监视用于接收并分发目标提供的数据。随着交通信息服务广播在机场场面的应用,为航空器和机场场面车辆提供正确的场面交通态势图。

3. 澳大利亚监视技术的应用政策

(1) 监视技术的应用规划

2003 年 9 月,澳大利亚运输部宣布高空空域计划,放弃以航管雷达覆盖澳大利亚大陆的思路,采用跨越式、低成本发展策略。在无雷达区域直接部署 ADS-B,实现高空空域的 ADS-B 覆盖;在雷达覆盖区域,与雷达集合使用,雷达和 ADS-B 共同检测的目标信息送往空管自动化系统终端显示,同时,在不适合安装雷达设备的洋区安装 ADS-B,第一期的总体目标是实现澳大利亚大陆地区 30 000 英尺(约 9 144 米)

(含)以上高空空域 5 海里间隔空中交通管理服务,二期扩展到 20 000 英尺(约 6 096 米)。

高空空域计划分为两个阶段完成,第一阶段 2004 年 3 月到 2010 年 2 月,建立包括 28 个双冗余(每个地面站配置主用和备用两套设备)ADS－B 1090ES 地面站;第二阶段 2010 年 4 月启动,实现澳大利亚全境 FL200 以上航路覆盖,预计建设 16～18 个地面站,包括二次雷达覆盖区域、海洋上空等区域,进一步扩展监视范围。

(2) 广播式自动监视技术的应用

为确保高空空域计划的完成,澳大利亚制定了一系列的政策和规章,提出支持 ADS－B 实施的具体要求,支持 ADS－B 项目的开展。澳大利亚宣布,2013 年 12 月 12 日,28 500 英尺(约 8 687 米)上的飞行必须具备 ADS－B 能力。在机载设备配置方面,澳大利亚当局在 2012 年 2 月发布机载自动相关监视设备适航准入(AC21－45)。2014 年 2 月 6 日,所有仪表飞行的飞机必须装备 ADS－B OUT;2017 年 1 月 6 日,所有的仪表飞行都具备 ADS－B(OUT 和 IN)。

多点定位因其独特的优点受到澳大利亚的重视,目前,多点定位系统已在澳大利亚的多个机场得到应用。广域多点定位作为澳大利亚高空空域计划的一部分,主要用于终端空域的监视。与传统二次监视雷达相比,广域多点定位系统的成本低、部署简便,多用于替代使用年限到期的二次监视雷达。

4. 加拿大监视技术的应用政策

加拿大计划在不具备雷达覆盖的哈德森湾进行 ADS－OUT 试验,要求从 2008 年 11 月 20 日起,飞越哈德森湾地区的飞机必须安装 ADS－B OUT 设备。该实验采用 1090ES 数据链,飞行高度层为 FL330 至 FL370,并计划扩展到 FL290 以上,使用 ADS－B 技术后,有望将管制间隔标准缩小 5 海里,并可优化航路结构,缩短飞行时间,减少燃油消耗。经过前期的实验和验证,加拿大民航局发布了 A0944/11 航行通告,决定从 2011 年 2 月 11 日 21:44 起在哈德逊湾以及 MINTO 空域实施 ADS－B 监视,不具备 ADS－B 能力的运营人可能会限制使用最佳的飞行路线或高度。

5. 新西兰监视技术的应用政策

新西兰 AIRWAYS 公司是世界上第一家采用商业化运行的空管服务公司,在新西兰承担空域的空管服务和运行。新西兰的 ADS－B 应用主要基于 ADS－B 低成本和定位精度优势,采用多点定位与 ADS－B 综合应用策略,以解决南部山区无雷达覆盖区域运输航空和通用航空的中低空监视瓶颈问题。

新西兰采用 MLAT(多点相关监视)与 ADS－B 综合应用主要基于以下考虑:

① 低成本,比雷达建设成本降低 40%。

② 适应复杂的地形,可使监视覆盖达到更低的高度。

③ MLAT 和 ADS－B 可集成到同一传感器设备中。

④ 良好的可扩展性,皇后镇现有的 MLAT 处理系统可在南部地区扩展,易于扩大监视覆盖面。

⑤ MLAT 和 ADS－B 综合应用在定位方面比雷达具有更高的精确度。

7.3.3　广播式自动相关监视技术

通用航空具有机型组成复杂,作业区域和作业时间灵活多变,作业种类繁多,对通信导航监视等服务的需求差异较大等特点。低空飞行活动的快速增加,迫切需要增强低空空域监视能力,加快推进以广播式自动相关监视技术为代表的新监视技术的应用,将有效增强对低空空域的监视,从而更好地保障通用航空飞行,实现军民航监视信息共享,促进通用航空持续健康发展。

1. 术语解释

(1) 广播式自动相关监视

广播式自动相关监视是航空器、机场活动区车辆和其他物体通过数据链以广播模式自动发出或者接收诸如标识、位置和其他应用数据的一种监视技术。机载广播自动相关监视应用功能可分为发送(OUT)和接收(IN)两种。广播式自动相关监视的 OUT 和 IN 的功能都是基于数据链通信技术。目前,国际上广播式自动相关监视技术可选的数据链技术有 1090 兆赫扩展电文(1090ES)、978 兆赫通用访问收发机(UAT)、模式 4 甚高频数据链(VDL MODE 4)等,我国采用 1090 兆赫扩展电文(1090ES)。

(2) 广播式自动相关监视信息网

广播式自动相关监视信息网由数据站、数据处理中心、数据传输网、信息发布网关等组成。数据站和数据处理中心完成广播式自动相关监视的数据处理、存储和共享,实现对所有广播式自动相关监视信息和运行管理信息的综合处理和管理。数据传输网主要实现地面站数据到数据站、各级数据处理中心和空管用户的数据传输。该网络结构充分采用传输双链路模式,以保障广播式自动相关监视数据的可靠、稳定和安全传送。信息发布网关实现一级数据处理中心对航空公司、机场、航空保障企业、运行监管部门和社会公众以及国际间数据交换等的信息发布。

2. 广播式自动相关监视技术的优缺点及应用

广播式自动相关监视技术的优点:可提供更多的监视目标信息,定位精度高,更新率快,可实现空-地协同监视和空-空监视。建设维护成本低,地面站建设简便灵活,各地面站可独立运行。

广播式自动相关监视技术的缺点:由于其依赖全球导航卫星系统对目标进行定位,所以广播式自动相关监视系统本身不具备对目标位置的验证功能。如果航空器给出的位置信息有误,地面站设备(系统)就无法辨别。在全球导航卫星系统失效的情况下,广播式自动相关监视系统不能正常工作。

广播式自动相关监视可用于航路、航线、终端(进近)管制区和机场场面监视。目前,我国结合国内外 ADS-B 的发展情况,制定了监视技术应用政策,在飞行标准、航空器适航、空中交通管理等方面颁布了相关规章和技术标准,提出了机载及地面设备技术要求,明确了适航与运行规范,制定了空管运行规程,初步建立了规章标准体系。

3. 我国广播式自动相关监视技术的应用规划

通用航空 ADS - B 的建设与运行:到 2017 年底,实现重点区域、重点通用航空活动 ADS - B 监视服务应用;到 2020 年底,全面实现通用航空活动的 ADS - B 监视服务;到 2025 年底,根据国家低空空域管理改革方案和逐渐开放,完善和增强低空空域的 ADS - B 监视覆盖。

通用航空采用国际民航组织标准的 1090ES 数据链。

(1) 2015—2017 年

1) 目标:实现重点通用航空应用

在国家低空空域管理改革试点区域、通用航空飞行繁忙区域,如航空教学训练、海上石油服务、航空护林等区域完成 ADS - B 监视系统建设,实现 ADS - B 监视运行。在指定地区开展农化飞行 ADS - B 监视服务试点。

2) 主要任务

相关通用航空企业完成在 ADS - B 监视服务区域运行的通用航空器机载设备加改装,并获得适航与运行批准。

完成相关区域 ADS - B 地面站与数据应用系统建设,根据需要完成与 ADS - B 信息网的互联,加快北斗卫星导航在通用航空监视中的应用。

(2) 2017—2020 年

1) 目标:实现通用航空 ADS - B 全面运行

随着低空空域管理改革的逐步深化,实现在管制空域和监视空域的 ADS - B 全面覆盖。实现在报告空域的部分覆盖,为教学训练、海上石油服务、航空护林、空中游览、农化作业、公务飞行、通用航空短途运输等通用航空活动提供完善的 ADS - B 监视服务。引入北斗卫星导航系统作为 ADS - B 定位数据源,推进 ADS - BIN 技术的应用,为通用航空自主飞行提供安全与技术保障手段。

2) 主要任务

通用航空企业完成航空器机载设备加改装并满足 ADS - B OUT 运行要求,在 ADS - B 运行前,获得适航与运行批准。

完成通用航空 ADS - B 地面站与数据应用系统建设。

结合国际民航 ADS - IN 技术应用的进展情况及我国通用航空发展的实际,推进机载设备 ADS - B IN 功能升级,在部分区域试验并应用航空器 ADS - B IN 运行。

(3) 2020—2025 年

1) 目标:完善通用航空 ADS - B 监视覆盖网络

随着低空空域管理改革的逐步深化,结合通用航空的发展情况,完善和增强低空空域 ADS - B 监视能力,实现连续可靠覆盖。为教学训练、海上石油服务、航空护林、空中游览、农化作业、公务飞行、通用航空短途运输等通用航空活动提供安全可靠的 ADS - B 监视服务。推广北斗卫星导航系统作为 ADS - B 定位数据源的应用,推进 ADS - B IN 技术应用,为通用航空自主飞行提供安全与技术保障手段。

2）主要任务

完善通用航空 ADS-B 地面站与数据应用系统的功能。

结合国际民航 ADS-IN 技术应用进展情况与我国通用航空发展实际,进一步推进机载设备 ADS-B IN 功能升级,在部分区域实现 ADS-B IN 初始运行。

4. 远景展望

航路航线、终端（进近）和机场塔台全部使用以 ADS-B 为主的新监视技术作为空中交通主要监视手段,构建完善的 ADS-B 运行保障与信息服务体系。

全面引入北斗卫星导航系统,提高 GNSS 安全性与定位能力,为 ADS-B 应用提供更加安全、可靠、准确和连续的定位信息。

在运输航空和通用航空领域试验、推广并全面应用 ADS-B IN 技术,实现空空监视,建设天地空协同运行体系。

7.3.4 我国广播式自动相关监视的实施

1. ADS-B 应用架构

中国民航 ADS-B 应用架构主要包括 ADS-B 空地数据交换、数据传输处理以及数据应用三个方面,如图 7.2 所示。

ADS-B 空地数据交换由航空器和地面站完成。ADS-B 地面站接收航空器机载设备发射的 ADS-B 信号,处理后生成 ASTERIX CAT021 格式的监视数据,并输入到 ADS-B 信息网;通用航空 ADS-B 地面站数据也可直接输入通用航空数据应用系统。ADS-B 数据传输处理由 ADS-B 信息网完成。ADS-B 信息网包括数据站、数据处理中心、数据传输网、信息发布网关。数据站与数据处理中心完成 ADS-B 数据的综合处理,并通过数据传输网向相关用户单位提供航空器动态监视数据;数据传输网完成地面站数据上传以及各数据站、数据处理中心和用户之间的数据传输;信息发布网关为航空公司、机场、航空保障企业、运行监管部门、社会公众以及国际间数据交换提供信息服务。

ADS-B 地面系统主要包括 ADS-B 地面站、ADS-B 信息网和 ADS-B 数据应用系统。

2. 定位数据源

当前 ADS-B 应用的主要航空器定位数据源是全球定位系统（GPS）,数据源可靠性受到卫星导航技术体制和航空器机载设备的影响。在 ADS-B 实施过程中需要在开展北斗导航卫星系统的应用研究和试验验证基础上,将北斗导航卫星系统作为辅助监视定位信息源;中远期,在北斗导航卫星系统满足国际民航组织的要求后,将北斗导航卫星系统和 GPS 共同作为 GNSS 监视定位信息源。

3. ADS-B 机载设备

航空器制造企业、机载设备供应商、运输航空企业、通用航空企业等单位应按照推广广播自动相关监视的政策,适时取得适航批准和运行批准。

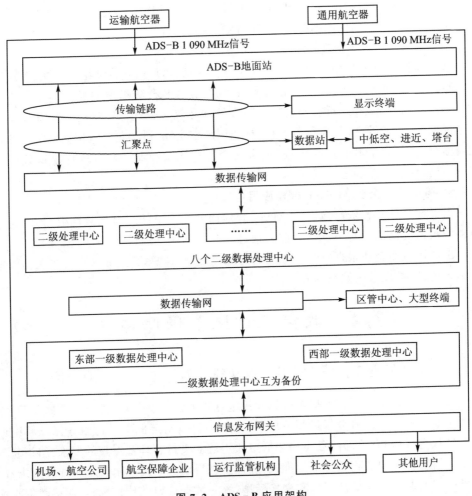

图 7.2　ADS - B 应用架构

在民航管制空域活动的航空器应安装机载应答机,按照全国 ADS - B 实施推进计划。2019 年之前,在已实现广播式自动相关监视覆盖的航路、航线、机场内运行的航空器,应具备 ADS - B OUT 功能。在西部主要航路、航线运营的航空器,应具备 ADS - B IN 功能。

4. 地面监视基础设施

广播式自动相关监视地面设备应具有应用功能扩展能力,运输航空广播式自动相关监视地面站应兼顾通用航空应用的需求。

5. ADS - B 信息网

(1) 通信系统

民航局加快推进民航数据通信网的应用,将其作为监视数据传输的基础,以完成监视数据共享。

不具备应用民航专用通信网传输与交换条件的,可选用安全、可靠、经济的传输方式进行数据传输,确保数据传输的实时性和有效性。

(2)低空监视信息处理中心

低空监视信息处理中心完成对低空空域监视信息(广播式自动相关监视、多点定位、卫星定位+北斗短报文/移动通信网络、遥控无人机驾驶航空器通信链路位置信息自动广播监视等)和运行管理信息的综合处理及统一管理,为空域管理部门、民航管理部门、运行监控部门、飞行服务单位、通用航空企业、科学研究机构提供实时综合监视信息,为低空空域管理与服务、国家安全监控体系和通用航空运行提供数据支持,并具备信息发布功能。

6. 通用航空企业 ADS - B 数据应用

由民航局统一投资与建设的 ADS - B 地面站接入 ADS - B 信息网数据,为通用航空应用系统提供实时 ADS - B 监视信息。

由通用航空企业根据自身业务发展需要建设的 ADS - B 地面站直接接入其数据应用系统,以提高通用航空的安全性。

7.4　低空飞行服务保障体系

7.4.1　国外低空飞行服务保障体系实践

在实现为低空飞行服务提供政策和规范保障方面,欧洲主要进行了这些实践:完善通用航空低空飞行服务保障相关规章规范性文件,制定低空飞行服务保障系统评估管理规定,协调有关部门逐步简化低空通用航空飞行管理及保障的要求;组织起草低空飞行服务系统的相关行业标准,明确低空飞行服务系统技术要求和配置要求;制定低空飞行服务数据概念模型和交换模型,统一数据接口和传输标准,明确数据交换的内容和格式,确保飞行服务体系各运行单位间的信息能有效地相互传递。

为满足发展需求,确保在不扩大机场容量的前提下,合理解决飞行需求不均衡问题,欧盟委员会制定了"机场一揽子建议",其中涉及各项有关欧洲机场容量、效率、通信安全和实施地面操作指令的报告,机场在未来发展中所扮演的角色以及欧盟内部航空市场的合理竞争,并通过集中各国之间的管制,来确保欧盟机场的未来发展,从而在不同种类的空域使用者之间找到最合适的平衡点。该建议还将通用航空产业的发展纳入到机场建设规范中,明确了运营人的权利与义务。在权利方面,1993 年欧盟理事会制定的关于欧盟机场时刻分配的 95/93 规章(之后于 2002、2003、2004 年修改)中,对通用航空运营人的权利进行了明确说明,指明了通用航空有进入机场的权利。

在决定机场的容量状况时,需要征求经常使用机场的通用航空的代表的意见,机场协调委员会应吸纳经常使用机场的通用航空代表成为其成员。作为协调委员会的成员,通用航空代表可以对机场容量状况提出实际需求,以有效利用和改进机场容量的指导纲要。随着欧洲机场中公务航空活动的增加,95/93 规章采用了特殊的规定,允许这种运营成为时刻分配程序的一部分。根据计划运营的公务航空运营人有权申请一系列时刻,从"不豁免适用新法"规则和"时刻灵活性"规定中获益。

在通用航空运营人义务方面,欧盟通过"自由化第三组合"规范了通用航空运营人可提供的服务及必须遵守的准则。其集中体现为:关于航空承运人许可的规章,规定对于由无动力驱动的航空器、超轻型动力驱动的航空器和不涉及在不同机场之间运输的地方飞行所进行的旅客、邮件、货物航空运输,不予适用。保障国内法对运营执照的要求,结合欧盟和国内法关于航空运营人合格证的相关规定,对于仅从事最大起飞重量在 1 万千克以下和 20 座以下的航空器运营的承运人,提出了相对宽松但资本准入标准很高的要求。这些类型的航空器通常也用于公务包机。

7.4.2　我国低空飞行服务保障体系设计

到 2022 年,我国将初步建成由全国低空飞行服务国家信息管理系统(简称国家信息管理系统)、区域低空飞行服务区域信息处理系统(简称区域信息处理系统)和飞行服务站组成的低空飞行服务保障体系,为低空飞行活动提供有效的飞行计划、航空情报、航空气象、飞行情报、告警和协助救援等服务。

到 2030 年,低空飞行服务保障体系将全面覆盖低空报告、监视空域和通用机场,各项功能完备、服务产品齐全。根据通用航空用户的需求,飞行服务体系各组成单位和其他飞行服务相关机构,将依据基础服务和产品,发展多样化、个性化服务。建设形成功能层次清晰、体系布局合理、资源数据共享的低空飞行服务保障体系,实现与国家空域管理体制改革目标趋同相向而行、与通用航空业发展需求匹配相互适应、与运输飞行服务保障体系协调发展相互支撑,推动航空市场充分发展,促进经济社会发展,增进民生福祉。我国《低空飞行服务保障体系建设总体方案》中对低空飞行服务保障体系建设的基本原则、低空飞行服务保障体系的布局和功能定位进行了说明。

1. 低空飞行服务保障体系建设的基本原则

(1) 统筹规划、顶层设计

低空飞行服务保障体系的建设应当统筹考虑国家重点防卫目标、军事航空发展、运输航空发展、通用航空发展以及社会公众空域使用需求,做好顶层设计,确保体系建设方向不偏、稳妥前行。同时,要充分考虑低空空域的分类划设以及空域准入标准,做好低空飞行服务保障体系建设的长远规划,避免无序开发、无效建设。

(2) 分级管理,分类服务

按照功能定位和服务范围的不同,结合不同地区通用航空发展的差异化需求,逐步建立由国家级、区域级和服务站构成的低空飞行服务保障体系。以提供便捷高效服务为出发点,按照飞行服务站服务范围和服务功能的差异,实施分类管理,逐步建立全覆盖飞行服务站服务体系。

（3）数据共享，信息互联

充分利用行业和社会现有的数据信息资源，拓展低空飞行服务保障的内容。充分利用国家和地方地理信息、气象信息、数据网络等资源，确立适合低空飞行需要的数据种类，完善数据交换途径，充分发挥互联网、大数据等信息化手段，实现资源共享、数据共享、信息互联。

（4）行业引导，社会管理

民航行业管理要贯彻落实简政放权的要求，按照"分类管理、放管结合、以放为主"的管理思路，重点在体系框架设计方面强化行业引导。充分认识通用航空的社会属性，发挥社会管理的作用，充分运用和发挥市场机制作用，鼓励地方政府和社会力量参与飞行服务保障体系建设。鼓励飞行服务运行单位根据不同通用航空用户需求，扩展服务功能，发展定制化服务和产品。

2. 低空飞行服务保障体系的布局和功能定位

全国低空飞行服务保障体系由 1 个国家信息管理系统、7 个区域信息处理系统以及一批飞行服务站组成。国家信息管理系统与区域信息处理系统之间、区域信息处理系统与飞行服务站之间，实现低空飞行服务保障数据和产品的交换。

（1）国家信息管理系统功能定位

国家信息管理系统依托民航局空中交通管理局建设。其主要功能定位是：收集全国低空航空情报原始资料，汇总区域信息处理系统上报的航空情报初级产品，制作并发布通用航空情报产品和相关航行通告；收集汇总全国低空气象情报；掌握全国通用航空飞行计划及实施情况；掌握全国空域管理使用信息；集成各类服务信息，为区域信息处理系统和飞行服务站统一提供基础产品和信息；管理低空飞行服务保障信息管理系统。国家信息管理系统应逐步增强统一向全国提供飞行服务的能力，不断拓展服务渠道，推动服务产品和信息共享，便利通用航空飞行的实施。

（2）区域信息处理系统功能定位

区域信息处理系统依托民航地区空中交通管理局建设，鼓励有能力的社会力量参与区域信息处理系统的建设和运行工作。其功能定位是：收集处理区域内低空航空情报原始资料，制作航空情报初级产品，发布通用航空相关航行通告，并上报国家信息管理系统；收集上报区域内低空气象情报；向区域内各类飞行服务站提供航空情报、航空气象等信息；掌握并上报区域内通用航空飞行计划及其实施情况，将本区域内飞行计划分发至相关飞行服务站；掌握并上报区域内空域管理使用信息；协调飞行服务站，提供告警和协助救援服务；集成各类服务信息的，为飞行服务站统一提供基础产品和信息。

（3）飞行服务站的分类及功能

飞行服务站是低空飞行服务保障体系的重要节点，是服务低空空域用户的窗口和平台。飞行服务站可以单独设立，也可以依托现行空管单位或通用航空机场设立，鼓励利用现有的空中交通服务资源，鼓励地方政府和社会力量参与飞行服务站的建设和运行。飞行服务站按照其服务范围和功能,分为 A 类飞行服务站和 B 类飞行服务站。B 类飞行服务站应当具备飞行计划处理、航空情报服务、航空气象服务、告警和协助救援服务等功能,向服务范围内的通用航空飞行活动提供服务,定期向区域信息处理系统提供飞行计划及实施情况相关信息。A 类飞行服务站还应当具备监视和飞行中服务等功能。

(4) 飞行服务站的布局

每个省级行政区原则上设立 1～3 个 A 类飞行服务站,根据需要设立若干个 B 类飞行服务站。省(自治区、直辖市)人民政府职能部门根据本行政区低空空域分类情况、通用机场布局规划以及通用航空发展实际,负责制定本行政区飞行服务站布局规划。飞行服务站应当明确其服务范围,根据运行需求确定具体功能模块,并配置相应的设施设备,在相关通用机场及通用航空活动区域部署信息收集、服务终端。

(5) 通用航空用户接受飞行服务要求

通用航空用户实施低空飞行活动前,应当根据飞行任务和飞行路线,掌握相关空域准入和运行要求,掌握飞行服务站提供的服务和程序。通用航空用户原则上只向起飞所在地的飞行服务站报批或报备飞行计划,接受低空飞行服务。通用航空用户应当及时向飞行服务站报告起飞和落地信息,向飞行服务站报告空管设施服务状况。

7.4.3　低空飞行服务保障能力建设

1. 航空情报服务能力

要建立低空航空情报服务体系,提升航空情报系统对低空飞行活动的服务和保障能力。民航局空管局要建立通用航空情报原始资料收集、整理、编辑及航空情报服务产品设计、制作、发布体系,为通用航空飞行活动提供基础资料。根据行业标准,研制目视航图,满足通用航空飞行活动的需要。研究通用航空机场数据采集规范和特种航图编绘规范,研制《通用机场航空情报资料汇编》。研究航空障碍物收集方法,制定《电子地形及障碍物数据规范和产品规范》,逐步建立低空障碍物数据库。强化地区航空情报服务机构通用航空静态数据加工、处理的能力建设,通过整合飞行计划数据、航空情报数据和气象数据等信息为通用航空用户提供全面综合信息服务。研制通用航空情报数字化产品,根据用户需要,提供航空情报定制服务。

在通用航空服务保障体系中,飞行计划和航行情报处理系统是主要部分。要求在通用航空器取得中国民航总局核发的飞行适航许可证,并能确定与当地飞行管制部门建立可靠的通信联络后,在遵守法律法规的前提下,才能向有关管制部门提交飞行计划。同时管制部门要能够依靠设备对区域内相关的飞行实施监控,才能开放相关的低空空域。通用航空服务保障体系可以对低空空域飞行安全实时进行监控和管理,管制员可以利用配备的相关设备,根据冲突预测与低高度告警系统判断此空域内是否有飞行冲突,若存在潜在的飞行冲突则系统自动报警。还有定位与综合系统可以将航空器的位置信息以及系统中的各种数据信息进行综合处理,以图形化的方式传递到低空空域综合管理系统。这样,低空空域的飞行安全监控和管理便会大大增强,安全性也随之提高。

2. 低空通信监视能力

将 122.050 MHz、122.100 MHz 设置为全国统一的低空地空通信无线电频率,根据需要,民用航空无线电管理机构也可批准使用其他频率。低空地空通信无线电频率发射功率不大于 10 W。设台单位应当向台(站)所在地区管理局民航无线电管理机构进行备案。推动以北斗数据为基础,融合北斗短报文(RDSS)、广播式自动相关监视(ADS-B)数据的低空监视信息平台建设,实现对通用航空器低空飞行的实时监视。民航局运行监控中心会同相关技术支持单位,深入挖掘低空监视数据在通用航空领域的多种应用,不断拓展低空监视能力,为低空空域管理与服务、国家安全监控体系和通用航空运行提供数据支持。低空监视信息应当引接至国家信息管理系统、区域信息处理系统和相关飞行服务站。

低空空域开放后,在空域内飞行的航空器大多是轻型小飞机。它们配备的间隔主要是以目视为主,这就要求相应的管制单位增强自身的通信导航能力。在通用航空服务保障体系下,就可以利用网络技术在航空服务站、空中交通管理局和低空飞行用户之间,完成低空相关信息的交换,包括相应的低空告警信息,通常应用的技术为 ADS-B。ADS-B 技术使得管制员能及时准确地掌握区域内通用航空器的飞行动态,确保飞行安全。

3. 低空航空气象服务能力

加强低空气象观测信息的共享与服务,加强通用机场气象信息的收集和交换。建立与地方气象资源的共享交换机制,不断丰富完善低空气象信息获取渠道。促进基于互联网的低空气象服务,丰富气象信息共享与服务大数据平台,强化平台的产品供应和服务能力,提高气象信息获取的便捷性、及时性,提高低空天气预报预警的水平。不断改进和优化现有气象情报产品和服务流程,提升低空气象情报发布的针对性、准确性和及时性。

4. 飞行计划管理

飞行服务站应当建立与服务范围内有关空域管理部门、军民航管制部门、地方政府有关部门的工作联系,明确服务范围内各类低空空域的准入要求、飞行计划的报批报备要求,优化飞行计划管理流程。飞行计划可以通过电报、电传、网络以及专用系统等渠道提出,需要由民航提供管制服务空域的飞行活动,由民航管制单位按现行规定进行批复,其他飞行活动不进行审批。仅涉及监视空域和报告空域的飞行计划,通过飞行服务站向有关飞行计划管理部门报备后即可飞行。

7.5　面向通用航空的低空空域运行管理实践

7.5.1　国内低空开放管理试点区域的划设

在低空空域管理的试点阶段,在沈阳、广州飞行管制区试点研究了空域划设的标准,法律法规的制定情况,以及如何在保证安全的前提下提高工作效率为全面推广低空空域开放管理奠定基础。2015 年底,我国空域管理委员会已经完成在全国范围内的低空开放试点工作,同时在北京、济南、兰州、成都、南京等飞行管制区分类划设低空空域,进一步深化研究低空空域管理的运行模式,健全法律法规标准,逐步形成政府监管、市场化自由运作的全国一体化的低空空域服务保障和运行管理体系;完成《关于深化低空空域管理改革指导意见》的总目标,即通过 10 多年的深化改革和全面建设,逐步形成了一套符合中国特色的低空空域管理运作模式并且可以安全、有效地充分利用低空空域资源。

根据低空空域试点区运行的宝贵经验,我国针对低空空域的安全、有效运行进行了以下探索:

① 严格并分别划设空中飞行航路,建立安全的三维数字化空中走廊体系:

a. 将有人驾驶航空器与无人机飞行通道划分开,即分开设置。

b. 按飞行器速度(如飞艇类慢速飞行器)分别划设飞行通道。

c. 按飞行器种类限定不同的飞行高度层。

d. 开设双向航路,避免飞行器在空中飞行时相互碰撞。

② 充分利用城市绿化带上空与城市内江河流域包括水渠域上空开设空中航路,合理避开公路、轻轨、街道、高楼区、厂区、学校、商业广场等。考虑到这些航路相对安全,故将这些航路多用于空中通勤航路。这方面在城市整体规划建设中要预先考虑。

③ 城市低空空域飞行原则上要采取电瓶动力飞行器,以做到无噪声与零排放。

④ 充分考虑空中交通飞行起降点与地面交通枢纽相结合。可在地面交通枢纽处开设飞行起降平台,这方面在城市整体规划建设中要预先考虑。新建城市的规划设计不仅要设计地面建筑设施,还要统筹考虑立体利用空中交通通道,以实现配套最大安全有效利用价值。

⑤ 可考虑将城市高楼楼顶作为飞行器起降平台。这方面在建高楼时也应预先设计好、预留好。

⑥ 开发一些动力性强、承载容量大且有安全保障的飞艇作为城市上空交通运输的飞行器,以满足通勤、快递需求。

⑦ 多开发一些智能化的、直升无人机,以及可预置飞行速度和飞行路径的无人机,减少地面遥控飞行的随意性,这一点可以借鉴美国优步公司的做法:与汽车研制商、政府、社区利益相关者以及监管部门展开合作,共同推出垂直升降的用于在城市

空域飞行的通勤工具。

低空空域使用需要管控,管控是为了更好地应用。低空空域的应用原则和前提首先应该是确保空中安全有序。为确保空中安全有序,主要需做到以下 7 点:

① 建立安全的三维数字化空中走廊体系,即要科学规划、设计、建立城市低空空域交通飞行航路航道和空中安全走廊。

在已划设的城市中心、重要区域禁飞区基础上,再增加或者扩大一些空中交通管制禁飞区(因为城市部分低空空域被开放应用了),以确保城市核心区域的空中安全。其飞行通道划设既要有一定的政策支持和权限,也要依据一定的方法在符合城市功能区和建筑物实际的情况下选择最优通道。

因飞行区域边界模糊而需要通过可靠的地面建筑参考点予以界定,这是低空空域划设的特殊之处,因此 3D 城市模型成为低空飞行器活动通道划设的基础方法,这是一个综合运用空间信息技术、真实反映城市地物的平面位置关系和地物高程信息的应用模型,可直观进行城市内部空间分析和效果展示。针对城市区域空域资源的边界模糊性及地面建筑的复杂性,可以 3D 城市模型障碍栅格图方法为基础,进一步向最优函数地图方法演进,实现低空空域航空器活动最优通道的选择和协同管理。

② 量化飞行。量化飞行也可说成固化飞行,类似地铁、汽车的运行。它一方面是指严格登记注册(类似汽车牌照登记注册),进入城市低空空域飞行的飞行器;另一方面是指常态化固化飞行器的路线、飞行时间及起降地点,不得逾越。通俗地讲就是在特定的地点起降、特定的航道上按特定的时间飞行。一般取消小区域飞行,作小区域飞行的必须是经过登记注册特许的飞行活动,如急救、公安武警执行任务等飞行活动。

③ 地面全程监视可控。所有升空的大小飞行器必须一律能在地面管控中心全程监视得到,控制得到,在技术手段上要分片可靠建立监视系统,制约、管控违规飞行。

④ 净化升空飞行。飞行器本身、搭载飞行器的人和物品通过严格安检合格后,飞行器才能被准许升空。

⑤ 预置自律飞行智能系统。所有飞行器都要智能预置好固定的飞行时间、飞行区域、飞行航路的高度及航线,从而从飞行器自身起根本消除违规飞行。

⑥ 飞行员要取得相应的飞行驾驶证持证驾驶飞行器,无人机操控者也要取得驾驶证,持证上岗。

⑦ 建立完善的城市低空空域飞行体系法规标准,严格依照法规有序运行,并依照法规严惩"黑飞""危飞"行为。

7.5.2　低空空域管理建设成效分析

2018 年 12 月,四川省低空空域协同管理委员会办公室负责规划空域信息发布、通用航空计划申报、飞行动态监视等整套低空空域运行新流程,将为通用航空飞行提供全流程的管理和服务；正式发布四川省低空空域协同管理试点首批空域，并通报首批低空空域运行规则。首批空域包括"四点三片一通道"。四点：分布于成都周边的龙泉驿洛带、都江堰安龙、崇州豪芸、彭山江口四个通用航空机场。三片：为都江堰至崇州、洛带、彭山的三片空域。一通道：洛带—彭山低空目视通道。

　　四川省低空空域协同管理试点是第一片试验田，划设首批空域，重点就是要在这片试验田里验证全新的空域管理和运行模式，形成可复制可推广的低空空域管理的四川经验。

　　为应对通用航空市场的迫切需求，确保低空飞行安全、顺畅、有序，需要稳妥推进。首批空域锁定"四点三片一通道"是市场发展的需求，同时，它也是军民航飞行矛盾较小的区域。四川省目前的通用航空用户基本都分布于成都周边。但隔离管制下，各通用航空飞行空域是孤立的，无法连通。首批空域的"四点三片"环绕成都周边，目前已有相关通用机场和起降点等。创新划设的洛带—彭山低空目视通道，则能将两个孤立的空域连接起来，从而为低空空域实现联网成片找到可行的办法。按照规划，四川省低空空域协同管理试点空域划设将分三步走，实行点、片、环、网逐步推进。第一步是在首批空域"四点三片一通道"验证全新的空域管理和运行模式。第二步是力争在成都周边形成环路。第三步是要拓展到全四川省，以形成联网成片的低空飞行空域，并将无人机逐步纳入进来。

　　在低空空域管理的新模式和新技术支撑下，首批空域内飞行无需审批，只需向协同管理运行中心报备即可。流程简化，效率将大大提高。原则上，航空器在协同管理空域内飞行，仅需提前 1 小时完成飞行计划报备 1 个环节即可实施；而采用低空目视自主飞行，可使更多的航空器在同一空域中运行，空域使用效率将大幅提高；航空器驾驶员在目视飞行条件下，遵守相应的空域运行规则、接受管理、通过观察避让自主判断飞行条件，执行飞行任务，承担飞行安全责任。

第8章 通用航空维修保障与运行安全

航空器维修的目标是保障航空器满足适航性要求和处于安全运行中。通用航空飞行安全与公共运输航空飞行安全一样,需要实行恰当和合理的维修。维修管理是航空器持续适航管理的主要内容。随着通用航空产业的发展,通用航空维修业在迎来极大的发展和变革契机的同时,存在的弊端和问题也日渐凸显,如行业维修资源分散、企业自身维修体系不完善、法规指导性文件缺失等。由于行业安全事故概率持续走高,因此加强通用航空维修管理,保障运行安全,意义重大。

8.1 通用航空维修概述

8.1.1 通用航空维修行业的现状

根据中国民航局针对国内通用航空维修业现状进行调研后掌握的数据,截至2017年6月,中国有2776架通用航空器。包括固定翼飞机1808架、旋翼机903架、飞艇和热气球65架;截至2017年6月30日,获得民航局经营许可证的通用航空企业有345家。与此同时,国内通用航空企业中维修从业人员为4070名,其中从事一线维修工作的人员为3089人。

对相关通用航空企业的现状进行调研和分析可知,国内通用航空维修行业在维修能力、管控水平等方面均有很大的提升空间。当前,我国通用航空维修行业总体处于起步阶段,自身仍然存在不少问题和缺陷。我国通用航空器共涵盖190种机型,单一机型机队规模超百架的机型包括 Cessna 172R、DA40D、R44 和 Y5 四种。除此之外,通用航空器单一机型平均机队规模约为10架,仅有1架航空器的机型多达39种。在通用航空业快速发展的同时,通用航空飞行量的增长明显落后于通用航空机队的扩张,与飞行量息息相关的维修市场规模的增长乏力,通用航空维修业陷入了产能落后的发展困局,被动处于价值链低端。

8.1.2 通用航空维修工作的难度

在通用航空运营中,飞行安全是根本,而机务维修是飞行安全的基础。通用航空作业环境、任务复杂,同时机务维修设计的专业面广,工种复杂,技术难度大,质量要求高,因此这是一个高风险、高技术、高投入的技术密集型领域。目前,大多数通用航空公司由于机队规模以及机型、作业地点等因素,机务维修难度较大,甚至超过运输型航空公司。总的来看,我国通用航空机务维修发展的问题如下:

① 通用航空机型种类复杂,单一机型机队规模小。过多的机型不利于行业维修资源的共享和有效利用,也不利于行业内部的技术交流和合作,为通用航空维修业的发展带来了严峻的挑战,同时也给机务维修人员带来了任务分配不均的局面,造成生产力的暂时失效。

② 通用航空作业种类多,地点灵活多变。通用航空作业的突出特点就是地点灵活多变,这大幅度增加了维修管理的难度。国内通用航空企业的作业项目覆盖工业、农林、训练、公务飞行等多种业务,大部分作业类型都要根据市场需求频繁更换作业地点,这给通用航空企业的维修控制增加了难度。尤其是电力巡线、农化作业、航空护林、物探等作业地点多分布在偏远地区,生产控制都是直接交给随机机组自己完成,在计划性维修执行的及时性和效果方面难以监管。

③ 通用航空企业规模小。我国大部分通用航空企业的机队规模都较小,2016 年底,机队规模不超过两架的企业为 105 家,这些小微企业的资源配置相对不足,在单独面对 OEM 厂商想要获取技术支援时,缺乏话语权。另一方面,由于通用航空企业众多,使得局方的监管难度较大,因而局方很难考虑企业的个体需求,也很难综合通用航空企业的共同需求,从而很难获取到足够的信息持续推进监管体系的改进。维修设施设备在航空器维修过程中起着非常重要的作用,针对不同机型、不同项目,所需的维修设施设备也不尽相同,通用航空企业需要购置维保设备和专用工具,这导致企业成本大大增加,投入不足。

④ 通用航空行业维修能力不足。全球约有 5 000 家通过 CCAR - 145 部审定的维修单位,其中约 4 000 家在美国,我国现有的通用航空企业中约有 60 家取得了CCAR - 145 部审定的维修资质,近 20 家独立的通过 CCAR - 145 部审定的维修单位具备通用航空维修能力。《2014 年度国内通用航空企业维修体系调研报告》的调研数据表明,我国通用航空机队现有的国产航空器机型仅十余种,引进机型中只有PA44、AS350、AS332、EC155、AS365 等不超过 10 种机型可以实现在国内进行机体大修。发动机维修方面,仅涡轴 8,以及"莱康明""大陆"系列发动机的部分型号能实现国内翻修,甚至连运 - 5 的发动机在国内也找不到合适的翻修厂家。其他重要部件如直升机的传动部件、自驾组件等也需要到国外进行修理。由此导致配件以及维修资源匮乏,而对这方面的投入增长的速度远远跟不上通用航空产业的快速发展。此外,由于成本问题,许多通用航空企业不愿在机务人员培训和维修技能提高上进行投入,通用航空机务人员在工作中很少有在职培训和专业技能提升的机会,导致机务人员的维修技能在较低水平徘徊。

⑤ 通用航空维修人员紧缺。目前,我国通用航空维修从业人员数量少,尤其是成熟的机务维修人员紧缺,人员结构难以与快速扩张的通用航空机队规模相适应。人员短缺带来的负面效应就是维修队伍不稳定,人员流动大。现阶段,通用航空维修人员的来源主要是军转民、社会招聘和少量航空院校飞机维修专业毕业生。由于通用航空企业吸引力不高,难以留住优秀的人才资源,因而出现了严重的人员断层现

象。受到最近两年通用航空利好政策的刺激,各地纷纷筹建通用航空公司,使得机务人员短缺问题更为严重。由于机务人员的培养周期长、费用高,且短时间内难以解决这一问题,导致中国的通用航空机务人员少之又少。通用航空机务工作有范围广的特点且我国地区差异性大,这就要求通用航空机务人员有很强的专业技术,但现有的技术人员往往专业素质不高,技能水平较低,维修工作的完成程度不容乐观,这就导致了专业技术人员严重短缺的现象。

8.1.3　通用航空维修规章

目前适用于通用航空维修的主要规章有 CCAR - 91 部、CCAR - 66 部以及 CCAR - 43 部。这些规章的颁布与实施,规范了通用航空的运行和维修工作。2010 年,民航局飞标司针对近年来通用航空维修中出现的问题,颁布了《关于进一步加强通用航空维修管理的通知》,对规范通用航空维修工作起了积极作用。

民航局制定了运动类航空器维修人员执照管理办法,详细规定了维修人员的考试资格、执照申请条件、维修执照审查与颁发的程序,并明确了执照持有人的权利、执照的有效期和执照续签、补发的手续,推动了运动类航空器维修人员资质管理的规范化。

随着通用航空及公务航空的发展,为给客户提供更加便利的维修服务,各类维修单位在维修许可证主维修地点以外的地点从事维修服务的情况越来越多。民航局在借鉴国外异地维修有关法规要求以及过去几年民航局相关政策文件执行情况的基础上,结合行业发展需求和具体实践,编制了航空器异地维修的管理文件,旨在对 CCAR - 145 部规章的具体条款予以解释,并对维修单位的各种异地维修方式如何满足规章要求提供指导。

CCAR - 91 部 D 章的主要内容是按照 CCAR - 91 部运行通用航空运营人的维修要求,CCAR - 43 部是通用航空维修工作的基础性文件。但是至今未根据这两部与通用航空维修密切相关的规章颁布任何与维修工作相关的咨询通告。相比之下,根据针对运输类航空的 CCAR - 121 部规章颁布的维修类咨询通告有 18 个,根据与运输航空密切相关的 CCAR - 145 部规章颁布的咨询通告有 15 个。在民航局飞行标准司颁发的《持续适航监察员手册》中,对于与按照 CCAR - 135 部和 CCAR - 121 部运行的航空公司和 CCAR - 145 部审定的维修单位相关的维修审定要求和程序都做了详细的说明,而对于按 CCAR - 91 部运行的运营人的维修审定要求和程序至今却仍是空白。基于上述原因,适航监察员在对按 CCAR - 91 部运行的运营人进行审定和日常监察时,往往参照 CCAR - 135 部、CCAR - 121 部和 CCAR - 145 部的相关规定执行,这就会导致对通用航空企业的维修标准要求过高,增加按照 CCAR - 91 部对通用航空公司进行审定的难度,给通用航空企业的日常运行也带来了一定的困难。此外,相关规章的制定未能充分考虑到通用航空维修工作的特点,从而造成某些维修标准要求过于严格。通用航空维修领域应按照通用航空企业发展的需要制定更适合通用航空自身的标准。

8.2　通用航空维修管理

8.2.1　通用航空维修和改装

2018 年 11 月 9 日,交通部通过了《维修和改装一般规则》修改决定,放宽了对实施维修和改装的人员的资格要求,负责批准或认可的适航审定部门不再仅指民航局的部门,翻修和改装工作也不需要在民航局授权的监察人员的监督下实施。

CCAR - 43 部是一般维修规则,管理对象是维修行为,无论是通用航空企业运营的航空器还是运输航空公司运营的航空器,其维修都应当遵守本部规章的要求。在本部规章中还给出了重要修理和重要改装的判定标准和管理规范。

1. 第 43.7 条一般工作准则

任何人在对航空器或者航空器部件进行维修或改装工作时,都应当遵守如下准则:

(a) 使用航空器制造厂的现行有效的维修手册或持续适航文件中的方法、技术要求或实施准则。当使用其他方法、技术要求或实施准则时,应当获得局方批准,并且不得涉及航空器持续适航文件中规定的适航性限制项目。

(b) 使用保证维修和改装工作能按照可接受的工业准则完成所必需的工具和设备(包括测试设备);如果涉及制造厂推荐的专用设备,工作中应当使用这些设备。当使用制造厂推荐专用设备的替代设备时,应当获得局方批准。

(c) 使用能保证航空器或者航空器部件达到至少保持其初始状态或者适当的改装状态的合格航材(包括气动特性、结构强度、抗振及抗损性和其他影响适航的因素)。当使用航材的替代品时,应当获得局方批准。

(d) 工作环境应当满足维修或者改装工作任务的要求;当因气温、湿度、雨、雪、冰、雹、风、光和灰尘等因素影响而不能进行工作时,应当在工作环境恢复正常后开始工作。

对于按照 CCAR - 91、CCAR - 121、CCAR - 135 部获得批准的运营人,其获得批准的运行规范中包含的工作准则视为符合本条要求。

2. 第 43.11 实施维修和改装人员的资格

除按照 CCAR - 145 部批准的维修单位可以在其批准的维修范围内实施航空器和部件的维修和改装外,任何对本规则适用的航空器及其部件实施维修和改装的人员应当满足如下要求:

(a) 按照 CCAR - 66 部获得民用航空器维修人员执照的人员可以对相应型号的航空器实施下述工作:

(1) 按照航空器制造厂家提供的维修手册和持续适航文件进行的任何维修和改

装工作；

（2）按照 CCAR-91 部、CCAR-135 部要求的检查大纲进行的任何检查工作；

（3）按照局方批准的其他技术文件进行的任何维修和改装工作。

（b）按照 CCAR-66 部获得民用航空器部件修理人员执照的人员可以对相应项目的航空器部件实施下述工作：

（1）按照航空器部件制造厂家提供的维修手册和持续适航文件进行的任何维修和改装工作；

（2）按照局方批准的其他技术文件进行的任何维修和改装工作。

（c）除 CCAR-91 部要求的检查工作以外，不具备按照 CCAR-66 部颁发的维修人员执照的人员可以在持照人员的监督下实施持照人员允许范围内的维修和改装工作，但持照人员必须对可能影响维修和改装质量的任何工作进行现场监督并且随时提供咨询。

（d）除涉及民航管理的规章另有规定外，当满足下列全部条件时，持有按照 CCAR-61 部颁发驾驶员执照的飞行员可以对其所拥有和使用的航空器实施不涉及复杂工序的勤务、保养和简单更换工作。

（1）该航空器不涉及按照 CCAR-91 部商业非运输、私用大型航空器、航空器代管人运行和 CCAR-121 部、CCAR-135 部运行；

（2）获得该机型驾驶员执照的培训大纲中包括相关项目的培训课程；

（3）每一计划从事的工作项目都经过具备本条（a）所述资格人员的实际指导下的实际操作。

（e）制造厂家除了可以对其本身制造的航空器或者航空器部件进行任何的因设计或者制造问题引起的索赔修理或者改装外，在满足下列条件下，还可以依据其型号批准证件或者生产许可证件对其本身制造的航空器或者航空器部件实施维修和改装：

（1）该型号批准证件或者生产许可证件得到了适航审定部门的批准或者认可；

（2）维修和改装工作在其型号批准证件或者生产许可证件限定的地点实施。

3. 第 43.21 条缺陷和不适航状况报告

任何人在对航空器或航空器部件实施维修和改装过程中发现以下影响民用航空器安全运行和民用航空器或航空器部件适航性的重大缺陷和不适航状况时，应当在 72 小时之内向民航局或者民航地区管理局报告：

（a）航空器、发动机、螺旋桨或直升机旋翼系统结构的较大的裂纹、永久变形、燃蚀或严重腐蚀；

（b）发动机系统、起落架系统和操纵系统的可能影响系统功能的任何缺陷；

（c）任何应急系统没有通过试验或测试；

（d）维修差错造成的航空器或者航空器部件的重大缺陷或故障。

当认为是设计或者制造缺陷时，航空器的所有人或者使用人还应当将上述缺陷和不适航状况及时向有关的航空器或者航空器部件制造厂家通报。

8.2.2　通用航空维修单位管理

CCAR－145 部是对民用航空器维修单位的资格管理和安全管理,由 CCAR－145 部审定的维修单位实施的维修,可以视为符合 CCAR－43 部的一种方式。按照民用航空规章的要求,某些运行情况下的民用航空器必须由 CCAR－145 部审定的维修单位实施维修。

1. 维修单位管理部门

依据:《民用航空器维修单位合格审定规定》第 145.4 条。

民航总局统一颁发民用航空器维修许可证书。

民航总局负责民用航空器和航空器维修单位的合格审定与监督检查并负责国外和地区维修单位维修许可证书的签发与管理。

民航地区管理局负责主要管理和维修设施在本地区的国内维修单位维修许可证书的签发与日常监督、管理,并履行民航总局授权的其他维修单位的合格申请和监督检查职责。

2. 维修单位管理形式

依据:《民用航空器维修单位合格审定规定》第 145.5 条。

民航总局和民航地区管理局依据职责和授权对维修单位的维修实施审查和监督检查。审查和监督检查可以采用下列形式:

(a) 因维修单位申请颁发或变更维修许可而进行的审查;

(b) 对国内维修单位进行的年度检查和对国外或者地区维修单位进行的为延长维修许可证有效期而进行的审查;

(c) 主任适航监察员进行的定期和不定期检查或者抽查;

(d) 民航总局或者地区管理局组织的联合检查;

(e) 因涉及维修单位的维修工作质量和不安全事件而进行的调查;

(f) 民航总局或民航地区管理局认为必要的其他监督、检查或者调查工作。

3. 维修单位的等效安全情况

通用航空维修企业一般规模较小,在对维修单位进行管理的时候可以确定其等效安全情况。依据:《民用航空器维修单位合格审定规定》第 145.17 条。

维修规模较小或者在其他特殊情况下,维修单位在保证所维修的航空器或者航空器部件具有同等安全性的前提下,可以就本规定的某些条款向民航总局或者民航地区管理局提出如下等效的符合性方法:

(a) 规模较小的维修单位或者仅从事特种作业或者航线维修工作的维修单位,其责任经理、质量经理和生产经理可以由一人兼任;其《维修管理手册》和《工作程序手册》可以合并为一册;其自我质量审核可以委托其他经批准的第三方机构进行,但被委托单位应向民航总局或者民航地区管理局提供审核报告的复印件。

（b）航空营运人的维修单位基地以外的航线维修可以部分或者全部外委到不持有维修许可证的维修单位，但应当遵守下列规定：

（1）外委的维修单位应当在航空营运人的维修单位的质量系统的控制下工作，并由航空营运人对航线维修工作承担全部的责任。

（2）航空营运人应当与外委维修单位签订明确的维修协议，并至少包括下列内容：

（i）航空营运人提供的技术文件、资料和管理程序及控制有效性的说明；

（ii）航空营运人提供的工具、设备和器材的说明，包括对借用工具、设备或器材的说明；

（iii）航空营运人提供的培训的说明；

（iv）航空营运人委托工作范围及授权的说明；

（v）维修记录及报告方式；

（vi）其他有关说明。

（c）制造厂家的维修单位，如其生产管理系统能够满足本规定要求的，可以不再另设或者单独成立生产管理系统，但应当在其维修单位手册中明确说明。

（d）民航总局或者民航地区管理局认为可以接受的其他等效的符合性方法。

4. 维修工作准则

依据：《民用航空器维修单位合格审定规定》第145.31条。

维修单位实施维修工作，应当遵循下列维修工作准则：

（a）遵循符合适航性资料的维修工作实施依据文件进行。

（b）维修工作超出适航性资料标准，维修单位应当报告航空营运人，并通过航空营运人向民航总局或者民航地区管理局申请批准其修理或者改装方案。

（c）工具设备符合适航性资料和技术文件的要求并处于良好可用状态。其计量工具精度应当符合技术文件的要求。复杂的设备，应当进行必要的维护并有操作说明。

（d）维修中使用或将使用的器材应当具有有效的合格证件并处于良好可用状态；使用经本单位维修的以恢复安装为目的的可用件应当具有本单位的可用件挂签；外委修理的可用件应当按照外委厂家的证件要求提供相应的维修放行证明；维修现场存放的航空器部件应当具有明确的标识，可用件与不可用件应当隔离存放并且在运输过程中妥善保护。

（e）各类人员所从事的工作内容与其授权的工作范围相符，学徒和未经授权人员应当在具有相应工作授权人员的指导下工作。

（f）充分考虑维修人为因素对维修工作的影响，避免对维修人员提出正常能力范围以外的要求。

除非经劳动行政部门的批准，一般情况下，直接从事航空器或者航空器部件维修工作的维修人员的工作时间不应当超过每天8小时，每周的工作时间累计最多不应当超过40小时，特殊情况下可适当延长工作时间，但每天最多不得延长超过3小时，每月的加班时间累计不得超过36小时；维修单位还应当保证各类人员在工作时不受毒品、酒精、药物等神经性刺激因素的干扰。

　　（g）逐一及时记录维修工作的完成状态，以保证维修工作的连续性和完整性。

　　（h）采取下列措施防止外来物遗留在航空器或者航空器部件上：

　　（1）维修工作中涉及的装配工作及打开口盖区域，在装配工作完成后或关闭口盖前应当检查是否有外来物遗留在航空器或者航空器部件上；

　　（2）航线维修中每次放行前应当清点确认现场使用的工具没有遗留在航空器上。

8.2.3　通用航空维修单位异地维修

　　依据民航局发〔2010〕81 号文件《关于进一步加强通用航空维修管理的通知》，"对于实施通用航空运行的大型航空器，持有 CCAR‑145 部维修许可批准的维修单位可以在维修许可证限定的地点以外从事批准范围内（除翻修工作以外）的维修工作项目，但应当在其维修单位手册中说明其符合地区管理局的批准。维修单位首次在异地实施的定检工作应接受主管地区管理局的现场检查，并在确认符合经批准的标准和程序后方可正式实施。"

　　咨询通告 AC‑145‑FS‑2014‑16《维修单位异地维修》借鉴了国外异地维修有关法规要求以及过去几年民航局相关政策文件的执行情况，结合行业发展需求和具体实践研究编制，旨在对 CCAR‑145 部规章的具体条款予以解释，并对维修单位的各种异地维修方式如何满足法规要求提供指导。需要特别说明的是，维修单位应根据自身的经营特点和管理运作模式选择相适应的异地维修批准方式。

　　1. 异地维修的定义

　　根据 CCAR‑145 部规章《民用航空器维修单位合格审定规定》，维修单位可以在维修许可证主维修地点以外的地点从事局方批准维修能力范围内的维修工作，即通常所说的维修单位异地维修。异地维修包括维修单位从事一次性（包括航空器航线紧急情况处理）或短期重复性异地维修，以及长期异地维修。无论维修单位采取何种异地维修方式，均应先得到局方的批准。

　　当局方认为维修单位某地点的厂房、设施或人员等构成维修单位整体维修能力不可分割的一部分，且对于国内维修单位该地点在同一局方的辖区内，对于国外维修单位该地点在局方可接受的地域范围内且在同一国家，则在该地点实施的维修工作可不视为异地维修，但维修单位应在维修管理手册中阐明，并具有相应的管理控制程序，维修管理手册应先获得局方的批准。

　　2. 异地维修的分类

　　（1）一次性异地维修

　　一次性异地维修是指维修单位在维修许可证限定地点，一次性实施局方批准维修能力范围内的维修工作。一次性异地维修工作包括航空器航线紧急情况处理和有计划、一次性实施的维修工作，如飞机 AOG（Airplane on Ground）、调机、备降，以及局方接受的其他情况。

（2）短期重复性异地维修

短期重复性异地维修是指维修单位在维修许可证限定的地点以外的同一地点，短期（一般不超过 1 年）从事局方批准维修能力范围内的重复性维修工作。

（3）长期异地维修

长期异地维修是指维修单位在维修许可证主维修地点以外的地点，长期（一般超过 1 年）从事局方批准维修能力范围内的维修工作。

8.3　通用航空维修人为差错

8.3.1　人为因素与人为差错

1. 人为因素概述

人为因素是一门新兴的学科，世界各地对于人为因素的定义并不统一。一些国家和地区认为人类工程学就是人为因素。国际民用航空组织（ICAO）在 1986 年的咨询通告中将人为因素定义为：人为因素是关于人的学科；在工作中的自然人，人与环境及工作设备之间的关系，人与其他自然人的关系；人为因素包含在航空系统中工作的人的所有特征；它利用系统工程学框架结构，寻求人的最佳工作表现。其目标是安全和效率。人为因素是一门涉及生理学、心理学、工程学、人体测量学和医学等的学科，并具有很强的应用性，在航空维修中应用它的主要目的是解决维修工作中遇到的实际问题，将理论与工作实际相结合。

维修工作的任务是保持航空器固有的安全性和可靠性水平，当发现故障和缺陷时，通过维修恢复其原来的技术状态，或通过执行改装任务纠正原有的设计制造缺陷，提高其安全和可靠性水平。航空维修工作点多、面广，工种复杂，技术难度大，工作环境艰苦，时间紧、责任重，出差错的概率高。提高维修水平减少维修差错是提高航空安全水平，降低航空事故率，提高飞机利用率和航班可靠度，增加航空运输效益的重要有效手段之一。在世界航空界的人为因素研究中，最初忽略了对维修/检查中的人为因素的研究，这导致世界范围的维修人为因素问题逐步显现出来。

对于通用航空维修领域，人为因素研究的对象是通用航空作业活动中维修人员的表现，因为人是人、机、环境系统中最活跃、最易受到影响的主体；研究手段是系统工程的思想和方法，它对解决像通用航空系统这样的人机复杂系统等中的问题，达到系统的最佳整体效益十分有效；研究的最终目标是提高飞行安全和效益，通过研究、分析人为差错，寻求预防和克服的方法，保障飞行安全，并通过研究人与系统中的硬件、软件和环境的相互关系，改善设计、使用和维护人的表现，提高整个系统的效益。

2. 人为差错的形成机理

在工业系统中，随着设备（硬件和软件）的可靠性不断提高，由人的因素诱发的事故已成为最主要的事故源之一。一般的人为因素转化成人为差错的原因为：人的生理"弱点"是产生知觉差错、决策差错和技能差错的重要原因;人的心理"弱点"是产生习惯性违规和偶然性违规的重要原因;相关触发条件和环境因素是产生人为差错的直接诱因。

人为差错其实就是人为因素的具体表现,是人们在操作设备过程中,因为各种原因所造成的设备故障以及人身安全事故。维修差错一般表现为两种形式:第一种差错是在维修工作进行之前并不存在这些缺陷。对航空器所做的任何维修工作都是发生人为差错的机会,如航线更换件安装不正确、组装时忘记取下液压管上的堵头或在接近某处做工作时用脚踏坏了某条空气管路等。第二种差错是在对航空器进行定期或不定期的缺陷检查时,有一种不想要的或不安全的状态没有检查出来。例如:在日视检查时未发现结构裂纹,或由于诊断错误拆下了无问题的电子盒,而有故障的却留在了飞机上。执行任务时造成差错一般包含以下五种情况:

① 未执行分配给他的职能;

② 错误地执行了分配给他的职能;

③ 执行了未赋予的分外职能;

④ 按错误的程序或错误的时间执行了职能;

⑤ 执行职能不全面。

1942 年美国民航工程师墨菲提出一条著名定律:"If anything can do wrong, it will."(如果一件事可能做错,那么迟早会有人做错。)墨菲定律揭示了"凡是有可能出错的地方一定会有人做错,而且是以最坏的方式发生在最不利的时机。"导致一般维修人为差错的原因有以下几点。

(1) 维修人员的个人因素

部分维修人员对于自身的工作没有产生足够的认识,从而忽视了其重要性与严谨性,不仅忽视对理论知识的学习,对于维修技能的掌握也没有足够的重视,导致在实际工作中,自身的排除故障能力较低,排查工作也不够谨慎,从而导致人为差错的产生。另一方面,某些长期从事特定维修工作的老技术人员,在故障排查时,思想过于僵化,且盲目自信,从而忽视了某些已经存在的安全隐患,并导致人为差错的产生。

(2) 不安全的组织管理

一线维修人员的不安全行为是航空安全中人为差错产生的直接原因,但其中,导致差错产生的原因往往来自组织管理层的不作为与不重视。首先,管理层对于某些安全隐患不能进行有效的识别,从而使得航空器的危险因素排查工作完成得不够彻底;其次,在某些情况下,管理层的不作为,比如说,任由某些已知隐患存在而不做修整,从而增大了民用航空器事故产生的概率。再次,组织人员的日常管理不到位,对维修工作中所必需的工具、设备、材料等不能进行及时、充分的准备,忽视了对于维修人员的监管工作,或者是过多地对维修工作进行非专业的干预,从而增大了人为差错产生的概率。

（3）工作环境的影响

航空器维修人员,特别是通用航空维修人员的工作环境,一般都比较艰苦。夏季高温,冬季严寒,使得维修人员在生理和心理上承受着一定的压力。人为因素本就是航空安全中的不稳定因素,加之环境的影响,更加大了人为差错产生的概率。

航空器维修中人为差错的产生本身就具有必然性、互动的链接性、个体的差异性以及隐蔽的突发性。人为差错的基本特征本就决定了人为差错产生的可能性,再加之上述原因的影响,就使得现今航空安全中人为差错产生的比率逐渐提升。

8.3.2 人为差错模型

在人为差错研究领域,出现了许多模型用以解释人与环境、系统、程序以及其他人的关系。这些模型可以帮助研究人员以及相关人员更好地理解人与系统之间的关系。

1. SHEL 模型

SHEL 模型采用简化方法来认识复杂系统,SHEL 模型是 1972 年由爱德华兹教授提出的,1975 年由霍金斯提出修改框图(见图 8.1)。

图中:S 代表软件,H 代表硬件,E 代表环境,L 代表人。

SHEL 模型由软件、硬件、环境和人组成。它最突出的一点是将人作为该模型的中心因素,确保了整个复杂航空体系的安全、高效运行和使命实现。在该模型中,砌块边缘是复杂不规则的曲线形状,这体现了人的系统与其他系统的适应性。只有人与其他系统砌块之间以最良好的程度契合,才能避免产生人为差错。

2. 5M 模型

5M 模型(见图 8.2)是另一个与人为因素相关并受到广泛应用的航空安全模型,用于调查航空事故的致因。

图 8.1　SHEL 模型

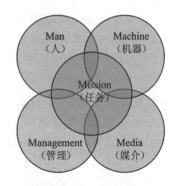

图 8.2　5M 模型

5M 模型包含了五个方面:Man(人,包括人的工作能力、身体心理条件等)、Machine(机器,执行任务所使用的工具)、Media(媒介,工作进行或事件发生的环境)、Management(管理,整个组织或文化,包括管理程序、政策等)和 Mission(任务,航空飞行任务的目的或使命就是安全有效地飞行）。在组织或系统内,各个部分相互作用,交叉重叠。

　　航空事故的发生并不是系统或组织中某一环节所导致的结果,而是涉及系统或组织中许多方面的问题,需要分析整个系统来发现某一环节或若干环节中的潜在风险,准确定位促使事故发生的事故链,以便在未来的飞行任务中采取相应的措施,减少事故的发生。5M 模型就是从这个角度出发,分析系统内不同组成成分之间的相互作用及事件成因。

3. Reason 模型

　　Reason 模型是在 1990 年由 James Reason 教授创建的,又称为"瑞士芝士模型"(Swiss Cheese Model),如图 8.3 所示。

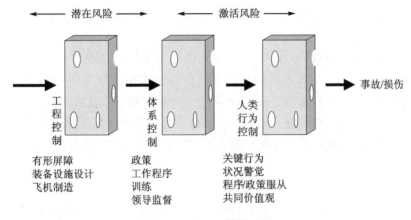

图 8.3　Reason 模型图例

　　Reason 模型在组织内部设置了多个用于防止失误发生的"屏障"。这些"屏障"即代表了不同管理阶层的决策、工程控制(飞机构型、工具和设备等)、体系控制(培训、程序、领导监督等)和人类行为。

　　Reason 模型的内在逻辑是:事故的发生不仅有一个事件本身的反应链,还同时存在一个被穿透的组织缺陷集,事故促发因素和组织各层次的缺陷(或安全风险)是长期存在的并不断自行演化的,但这些事故促发因素和组织缺陷并不一定造成不安全事件,当多个层次的组织缺陷在一个事故促发因子上同时或次第出现缺陷时,不安全事件就失去多层次的阻断屏障而发生了。

8.3.3　通用航空维修常见人为差错

1. 通用航空维修人为差错行为

　　在航空器维修过程中,机务人员要经过几个步骤完成维修任务,即获取信息、加工信息并决策、具体行动。在这一过程中任何一个步骤都会发生差错,即人员的不安全行为,具体如下:

① 信息感知错误。因工作环境差,如光线不足、噪声大、琐事打扰等所造成。

② 注意力分配不当。发生类似问题的原因可能是精神状态不佳导致在信息加工过程中出现认知的不准确性。

③ 决策错误。由于工作疲劳、压力过大、时间紧迫等造成决策失误。

④ 操作错误。一是由决策失误引起的,二是由于决策正确但执行不规范引起的。

2. 通用航空维修人为差错产生的原因

通用航空维修人为因素转化为人为差错的原因可以概括为:

(1) 违　规

维修人员操作违规表现在多个方面,包括:没有按照工作单的内容和要求对飞机进行检查,违反飞机维修的相关制度,违反航空作业中的相关标准规定等。

(2) 知识技能

作为通用航空维修的专业人员,具备专业的知识技能是保障安全工作的前提。在通用航空实际工作中,有些维修人员虽然具备完备的知识,但实践技能却非常匮乏。由于机型复杂,更新太快,一些维修人员对于航空设备及其内部构件了解得不够透彻,进而不能及时发现问题。还有一些维修人员只能解决简单的故障问题,而通用航空作业环境复杂,航空器出现的问题多种多样,如果不能及时采取措施应对,就会造成更为严重的后果。

(3) 计划监管

在通用航空维修工作中,人为差错中的"人"不仅仅是指直接参与维修的工作人员,还包括负责计划和监管的人员。由于他们没有履行好监督管理功能,导致差错没有及时发现和解决,最终也会造成飞机的故障。

(4) 维修文件

通常而言,通用航空维修人员都是根据维修文件的内容和要求对航空器进行维修,可以说维修文件是维修人员进行维修工作的主要参考依据,因此,维修文件的内容准确与否直接关系到维修人员工作质量的好坏。航空维修文件中常见的错误有:文字编译错误、维修内容不具体、描述的维修操作难度大等,这些错误会给维修人员造成极大困扰,而且经常出现人与软件不匹配的现象,导致差错的发生。

(5) 设备工具

在通用航空维修工作中,设备工具是必不可少的,然而,它也是造成故障的原因之一。有些设备工具本身存在安全隐患,这就给维修人员的工作造成了极大困扰,维修人员可能会为了保护自身安全而在工作中分心,没有合理使用设备工具,也就无法完全解除故障。此外,有时可能会遇见一些故障问题但是找不到合适的设备工具来维修,维修人员可能会借助其他类似工具进行维修,但是由于工具与实际操作不匹配,因而导致不能对故障进行完全修复。

（6）环境设施

想要更好地完成维修工作,就应该具备一个良好的工作环境。工作环境也是影响工作效率和质量的因素之一。通用航空维修工作环境比较恶劣,地点也往往比较复杂,维修人员受到照明不良或者环境恶劣的影响,心理和生理上会受到不良影响,就很容易出现人为差错。

8.3.4　通用航空维修人为差错的控制措施与管理

1. 人为差错的控制措施

人为差错产生的复杂性,决定了其预防策略的多样性,不可能有一种方法能杜绝一切人为差错。但从人为差错产生的根本原因和本质特征出发,分析世界航空界的经验做法,就可以总结出预控人为差错的基本途径,即减少差错、捕获差错和包容差错。

（1）减少差错

减少差错,是指直接介入差错源本身,运用系统工程的观点和方法,从不同的要素、环节入手,采取多种措施优化人与系统的关系界面,化解界面之间的系统缺陷和不相容,堵塞安全漏洞,减少差错来源,降低差错的发生概率。这是预防人为差错最直接最有效的方法,也是最复杂最艰巨的工作。安全工作中采取的许多措施,包括安全教育、安全训练、安全监督检查等,都是围绕减少差错而展开的,最终效果也将通过差错是否减少反映出来。所以,减少差错工作做得是否到位,将直接体现出一个单位的飞行安全水平。

（2）捕获差错

捕获差错,是假设差错已经存在或者差错事实已经存在,为了防止其进一步发展蔓延,产生传导效应,给其他相关要素造成不良影响,并引发连锁反应,最终导致问题或事故的发生而采取的寻找、识别和确认的措施。捕获差错的目的是在差错还没有导致不利后果之前,就发现并掌控它。捕获差错是预防人为差错的重要环节,是落实安全工作关口前移、贯彻预防为主方针的具体措施。捕获差错需要充分发挥人的主观能动性,围绕"人–机–环–管"各要素及相互组成的关系界面,查找、识别人与硬件、人与软件、人与环境、人与人等不同关系界面之间不匹配不相容的地方。捕获差错与减少差错不同,它不直接减少或消除差错,只是预防差错、消除差错的前提,如果不能及时有效地发现、捕获差错,减少差错就成了无源之水、无本之木,安全措施就不可能有针对性,预防人为差错就无法取得实效。

（3）包容差错

包容差错,是指系统在不出现严重后果的前提下承受差错的能力,也就是系统自身具有对差错的容忍、吸收、阻断、屏蔽能力。它主要依靠科技进步、人机工效设计和系统功能完善等方法,通过提高装备自身的安全可靠性来实现。但是包容差错也存在较大的局限性。航空装备由于受飞机安装控件、能源供给、重量限制等因素的制约,不可能过多地增加差错的包容手段。这就需要发挥人的主观能动性,加强安全知识学习,强化安全意识,加强安全训练,提高操作技术水平,最大限度地减少人为差错的发生。

2. 通用航空维修差错管理

通用航空维修差错管理的基本途径是减少差错、捕获差错和包容差错。即直接介入差错源以降低差错的发生率,如提高维修人员的技术能力、开展对人的因素方面的知识的学习和维修资源管理训练、改善工作条件、提高工作卡的可操作性等;强调在差错发生后及时捕获,或尽可能地降低其后果的严重性,如加强交叉检查和测试、严格遵循操作程序等。民用航空器人为差错的预防措施如下:

(1) 提高对航空维修地位和作用的认识

民用航空器的维修与管理是以保障航空安全为主要目标的规范性管理,同时,由于民用航空器的维修工作贯穿航空器使用的整个过程,因此,对航空器的维修与管理是保证航空器严谨设计、严格维修等的必要措施与方式。落实民用航空器维修安全管理是航空安全的保障。民用航空器的维修是以人为根本的重要工作,其对人为因素有着强烈的依赖性,因此,有效的维修管理制度是约束维修人员、防止人为差错,切实保证航空安全的有力手段。

(2) 树立航空维修中的人为因素意识

以"可靠性"为中心的维修思想是保证航空器持续适航的基础,只有树立了正确的关于维修工作的指导思想,才能有效地避免维修人员因为个人因素而产生的人为差错。首先,要对维修人员的个人行为准则以及维修质量评判标准进行统一,制定科学完善的"管理手册"或"管理程序",从维修人员的角度出发,以航空安全为唯一原则,最大限度地降低维修人员人为差错的产生概率,切实提高民用航空器的维修质量,保证航空安全。

(3) 营造和谐的工作环境,构建良好的企业文化

科学合理的管理机制是预防人为差错产生的第一道防线,营造出和谐的工作环境,是战略方面的统筹防御。首先,应建立"以人为本"的管理机制。人是保证民用航空器维修质量的关键因素,其不稳定性使得管理层要实施"以人为本"的管理机制,通过对人际关系的巧妙处理,合理配置和利用人力资源,构建良好的企业文化,以有效具体的激励方法来提高人的积极性与活跃性,在保证维修质量与航空安全的基础上,进一步提高维修人员的工作效率与工作热情。

(4) 提高机务维修人员的综合素质

为了促进我国通用航空事业的发展,保证航空安全,必须加大对航空器维修人员的培训力度,从而最大限度地降低人为差错产生的概率。首先,航空维修管理的管理层要以自身的发展现状为基础,脚踏实地,增加对维修人员的专业素质与技能培训,加大对各个部门培训的资金投入。其次,科学、有效的培训与考核体系,是考察维修人员专业技能、心理素质等各项必备素质的有效方式。同时,管理层不仅要重视对维

修人员专业技能的培训,对于维修人员的心理与身体素质等也要给予足够的重视,以最大限度地稳定人为因素对维修质量与航空安全的影响。

（5）强化现场监督检查

对航空器维修现场进行严格地监督与故障审查,是预防人为差错、切实保护航空安全的最后防线。所以,对现场维修工作的监督检查,要严格进行科学的规划与管理。一是加强维修工作的规划组织,明确个人责任,从而合理配置和利用人力资源,并科学地控制个人工作强度,以保证维修人员工作时精神集中。二是保证维修人员工作的持续性,即在工作中尽量做到专人专项,避免因为交接工作所引起的维修疏忽,从而产生人为差错。三是组织者要提高自身的专业技能,以确保自身对危险因素的辨识,从而进一步提高维修工作的质量,切实保证航空安全。

8.4　通用航空维修安全管理

8.4.1　通用航空维修企业安全管理

现阶段,通用航空企业建立的维修系统较简单,系统的管控有效性较差。通用航空企业的管控能力和运作水平直接关系到中国通用航空业未来的发展,而通用航空企业的维修系统更是其发展过程中不可或缺的重要元素,因此通用航空企业维修系统管理应具有如下特点:

① 要具有风险管理意识,能利用有效手段主动查找系统漏洞和潜在危险源;

② 维修责任人要具有较强的综合能力,具备良好的法规知识和遵章守法意识,能明确维修体系建设的方向且具有较强的管控能力,并能通过发挥主观能动性带动整个维修系统持续、健康发展;

③ 建立一支法规意识强、具备实战经验、专业和技术水平达标的维修从业人员队伍,重视培训,并建立起规范、长期的人员培养机制;

④ 能利用有效的技术手段对整个维修环节进行闭环管理和控制。

8.4.2　通用航空维修系统安全管理

通用航空维修系统具备专业的团队。过硬的资质、完备的专业以及强大的航材保障体系可以提供标准化、高质量的维修服务。

1. 工程技术管理

工程技术管理工作主要包括:负责航空器构型评估和加改装方案的制定;对航空器维修保留工作项目、航空器维修方案偏离进行审批;对发动机性能进行监控;为维修机组提供技术支援。

2. 生产计划和维修控制管理

生产计划和维修控制管理工作主要包括:负责制订机队维修计划、部件维修计划以及航空器的飞行计划;根据航空器维修计划,制订工具设备/航材计划、定检工作包,做好生产准备工作,分配生产任务;负责协调整个机队的运行情况,负责航线维修、定检维修工作的组织协调和指挥,收集维修信息,采集、整理、录入维修数据,确保录入数据及时、准确、完整。

3. 质量管理

质量管理工作主要包括:负责航空器技术档案和维修记录管理;与局方保持联络,及时通报航空器在维修过程中出现的重要情况,确保航空器持续适航;对航空器的使用、维修以及保持和恢复适航性进行监督,保证航空器符合民航总局的法规要求和各种使用限制;协调适航部门完成航空器适航年检、停机坪检查等各种检查工作。

4. 航材管理

航材管理工作主要包括:建设航材专用仓库,对航材供应商进行评估,确保采购用于航空器上的航材必须有适航许可或厂家评估;在航材框架协议指导下进行器材的采购、送修、索赔、运输、报关等工作;充分、及时地做好航空器维修工作所需的航材保障工作。

8.4.3　通用航空维修人员安全管理

1. 维修人员培训

目前,很多通用航空维修人员都缺乏安全管理知识和经验。由于缺乏专业知识,在航空器适航状态、人员资格、天气条件、机场条件等确保安全运行的关键要素低于规章标准时,很多企业仍然开展飞行任务或是不按照适航规章的要求以及制造厂家适航性资料的要求维修航空器,结果导致航空器在运行过程中出现物理性缺陷、对某些关键功能失效所作的应急处置不当,致使航空器撞到障碍物,失控坠毁。因此,对维修人员的培训应做到以下几点:

① 为保障当前通用航空安全运行和快速发展,应将培训重点放在人力资源的素质提升方面,包括适航意识与实际能力的提高和训练。

② 航空院校可以在专业设置和课程设计上适当向通用航空倾斜,注重专业知识广度和安全文化教育,使毕业生进入通用航空维修行业后能较快进入状态,为通用航空的岗位培训及人员缩短成熟周期打下良好基础。

③ 由于机型培训资源的短缺已造成通用航空放行人员补充与增长困难,因此建议通用航空行业共同讨论、研究机型通用维修技术的合法性和适用性,鼓励培训机构拓宽通用航空培训能力并提高培训量,增加合格通用航空维修人员的数量输出,降低人员培训成本。

④ 对于通用航空的在岗培训,建议鼓励并支持具有较强岗位培训能力的大中型通用航空运营单位与院校联合办学,建立代培制度,促进通用航空维修人员在实际工作中积累维修经验并快速成熟。

2. 合理务实降低通用航空维修考试难度

目前,我国通用航空运营机型种类繁多,要求对维修基本技能的掌握较为全面。为解决目前部分企业反映的考试题目偏难问题,已经组织编写了针对通用航空常见机型的考试大纲及试题分析,合理降低通用航空常见机型的基础维修执照考试难度,使考试更加符合我国目前的通用航空维修实际。

8.4.4　通用航空维修生产计划的制订

制订维修计划的目的是最大限度地利用通用航空企业现有的维修资源、缩短航空公司投入资本周转周期、在单位时间内获取最大利润,同时,合理安排维修人员的工作任务,确保维修工作的质量以及效率,保证每架飞机在适航管理条例规定的期限内完成检修排故工作,确保航空器满足中国民用航空总局适航管理条例的要求。一般流程为:制订维修计划,进行维修计划优化,组织维修计划实施,对维修计划进行闭环管理。维修生产计划能否发挥其在飞机维护中的核心以及窗口作用,主要取决于承担制订维修计划任务的部门的综合素质,而其综合素质在于能否全面了解企业维修资源和维修任务,同时通过有效的组织将维修资源与维修任务有机结合起来。

1. 对例行工作的控制以及维修计划的制订

例行工作是指特定飞机需要完成的既定维修项目,目的是对飞机系统部件进行正常维护,同时检查特定飞机结构、系统等有无可能产生的故障(如结构腐蚀、疲劳裂纹等),以便在这些故障发展到危及飞机安全之前进行修理。例行工作在飞机维修总工作量中占据了很大比例,生产计划制订不当会造成极大的资源浪费,因此需要提前合理分配劳动力,正确估计例行工作的工时,根据实际工作问题,适当调整生产计划,包括工时以及工作顺序。

2. 对非例行工作的控制以及维修计划的制订

非例行工作是指执行例行工作时对检查发现的故障进行的修理或者排故工作。非例行工作的不确定性使其成为影响生产计划的最主要因素,难点集中在对非例行工作的控制以及维修计划的制订上。掌握非例行工作涉及的损伤规律以及修理要求,对准备航材、工具和设备等具有重要作用。

3. 维修资源的充分利用

制订维修计划的目的是最大限度地利用本企业现有的维修资源、缩短企业投入资本周转周期、在单位时间内获取最大利润。只有了解企业的实际维修资源,才能制订合适的维修计划对这些资源加以充分利用。

4. 维修计划的组织管理

作为维修计划的核心的管理者的职责是在对企业维修资源以及维修任务全面了解的前提下,组织并充分利用本部门的资源,制订合理的维修计划。维修计划部门的管理者还要了解部门员工的综合素质,合理分配和利用人员资源。

第9章　通用航空安全监管

通用航空所使用的航空器机型繁多,飞行任务时间不定,并且飞行高度差异较大,飞行任务多样化;加之我国通用航空保障条件和作业环境较差,安全管理体系不健全,因此我国通用航空飞行事故和事故征候高于运输航空。随着通用航空规模的不断发展,安全问题将成为通用航空可持续稳定发展的焦点问题。为了使我国通用航空业又好又快地发展,建立一套行之有效的解决现有安全问题的监管体系就成为通用航空业所面临的突出问题。根据《国务院办公厅关于促进通用航空发展的指导意见》提出的"分类管理,放管结合,以放为主",更需要充分发挥安全监管的作用。

9.1　通用航空安全监管概述

9.1.1　通用航空安全监管面临的问题

我国的通用航空产业在过去十年内有了较大程度的发展与提高,但是,与需求量增大相对应的一个问题是怎样保障其运行安全,只有在保障通用航空安全的前提下,我国的通用航空事业才能有进一步的发展和提升。我国现阶段的航空经济建设以及航空消费需求迫切需要有安全监管的行业标准为通用航空安全提供更为广泛、完善的保障和服务。目前,我国通用航空安全监管体系还不够完整和系统,结构也不尽合理,在现行的由中国民用航空局颁布的近一百多部民用航空规章中,涉及通用航空安全监管的文件较少。通用航空安全监管缺乏针对性和实效性,其技术运行标准和要求大多是参考公共航空运输的标准,运行管理的严密性和运行标准的专业性与实际通用航空安全保障需求相差甚远,并且与国际民航组织的要求仍存在差距。伴随着极速发展,安全监管的压力也会越来越大,例如,未经批审的"黑飞"现象也呈攀升趋势。可见,我国通用航空的安全监管与通用航空的整体实力、安全水平以及安全状况十分不协调,与通用航空业较发达的国家存在着较大的差距。以美国为例:美国作为航空强国,其安全水平一向很高。但与机载设备先进、勤务保障条件完善、规章标准齐全及训练严格的商业航空相比,其通用航空的事故率也相对较高。据了解,美国几年前针对通用航空的调查结果显示,其通用航空每10万飞行小时的事故率为1.19。尽管如此,美国通用航空的安全水平与火车、汽车相比,仍然要高很多。近年来,为提高美国的通用航空安全水平,美国联邦航空局与航空器所有人和驾驶员协会(AOPA)、国家公务航空协会、通用航空制造商协会以及国家运输安全委员会的代表共同组成了通用航空联合指导委员会,对通用航空事故进行分析,研究解决通用航的安全问题。此外,联邦航空局还与业界共同促进"FAA/业界训练标准(FITS)计划"的实施。该训练计划包括"风险意识"、"情景意识"、"单一驾驶舱资源管理"、"航空决策"及案例培训等内容。与同行发达国家相比较,我国通用航空的安全监管能力仍然有待提高,通用航空的安全飞行状态面临着极大挑战和压力。所以,解决通用航空安全监管的难题到了不可回避的状态。

我国通用航空安全监管存在问题的根本就是没有一套与通用航空发展相匹配的安全监管制度,自身的监管体系不成熟、不完善。这主要表现在以下几个方面。

1. 安全监管法规和体系标准的缺失

适合于通用航空的飞行标准和飞机适航法规不健全,大多零散而不成体系,不利于实施,是造成安全监管体系滞后的重要原因。通用航空现行的许多规章或是和运输航空管理的混在一起,或是参照运输航空管理的规章,缺乏单独针对通用航空特点的内容。通用航空法律法规的不健全阻碍了通用航空的发展 ,更不利于通用航空的安全监管。

2. 安全监管模式规范性的缺失

我国通用航空安全监管工作的核心部分,应该是安全监管模式的建立,以及规范性的执行。在规范的安全监管模式中,包含三个环节:事前监管、事中监管以及事后监管。以往我国通用航空安全监管注重的是事前监管和事后的处罚,而这不符合"放管结合、以放为主"的政策思想。因此,我国迫切需要建立一套与促进通用航空发展相符合的通用航空安全监管模式与范式。

9.1.2 美国通用航空安全监管

美国通用航空产业行业监管职能隶属于美国联邦航空局(FAA),在行业监管上始终坚持宽严结合的原则。通用航空作为美国航空运输的重要组成部分,与运输航空共同构成了美国最便捷、最安全的航空运输系统,它们虽然彼此各自独立,但是在运输作用上相互配合。

1. 通用航空安全监管原则

在运行和安全方面,FAA 实行严格监管,包括以下内容:

① 根据所制定的《联邦航空条例》实施空中交通管制,进行安全培训,确保运输安全;

② 为通用航空产品颁发型号合格证、生产许可证和适航证;

③ 对机场和各类航空设施进行定期检查并颁发合格证;

④ 为通用飞机维护、地面保障等进行监督、控制和管理。

而在行政许可和市场监管方面,FAA 却十分慎重。FAA 认为,过多的行政审批和市场监管可能扼杀通用航空产业的发展,关键是要找到政府和市场的平衡点,让监管促进和保证通用航空产业健康运行。

2. 通用航空安全监管体系

与商业航空的安全管理相同,美国通用航空的安全监管主要通过三级管理机构、规章标准制定及通用航空监察员的监督检查实施。

(1) 管理机构

除总部外,联邦航空局在全国设有 9 个地区管理局,其中 8 个地区管理局设有飞行标准部门,全国设有 108 个现场办公室及 13 个认证办公室。总部负责规章标准的制定,地区管理局和现场办公室负责监督检查,既包括商业航空,又包括通用航空。

(2) 规章标准

美国现有的通用航空规章标准,虽不如商业航空的规章标准严格,但也十分完善,基本涵盖通用航空飞行、维修、监察员的执照培训、各类通用航空的运行以及维修机构和训练学校的资质认证等。此外,还拥有大量规范性文件支持规章,指导通用航空监察员履行职责及实施日常监察。如《飞行标准组织手册》(1100.1 令)明确了通用航空监察员的职责;《国家飞行标准工作计划指南》(1800.56G)指导年度监察工作计划的制订与实施;《飞行标准国家训练计划》(3140.20A)规范了监察员训练计划的制订与实施程序;《通用航空运行监察员手册》(8700.10 令)规范了通用航空监察员的监察程序;《航空器及有关部件的适航认证》(8130.2F 令)对自制飞机的飞行明确了飞行限制和具体要求。

(3) 通用航空监察员

全美现有 4 800 名监察员,其中运行监察员 1 400 名,适航监察员 2 000 名。现有的监察员中有的兼管通用航空监察工作,有的则是专职的通用航空监察员。通用航空监察员主要来源于通用航空公司、商业航空公司、航校及军方。现有通用航空监察员分 3 类,即运行监察员、维修监察员和航空电气监察员。

1) 运行监察员

运行监察员负责从事娱乐、空中出租、工业及农业飞行的单发飞机及起飞全重在 1.25 万(约 5 670 千克)磅以上的多发飞机的运行监督检查。其主要职责一是对通用航空驾驶员、教员进行执照考核;二是对通用航空人员的训练大纲、训练设备/设施进行评估;三是对空中出租及类似商业飞行设施、设备、程序及管理进行评估;四是对有关通用航空(含按 135 部飞行的企业)的事故、事故征候及违章事件进行调查。

2) 维修监察员

维修监察员负责对从事娱乐活动、空中出租业务、工业及农业作业的单发和多发飞机的监察。其主要职责一是评估维修人员执照和维修单位的初始及持续认证;二是评估维修人员的训练计划;三是检查通用飞机及有关设备的适航性;四是调查及报告事故、事故征候及违章事件。

3) 航空电气监察员

航空电气监察员负责所有通用飞机电气系统的监察。其主要职责一是对空中出租飞机的电气部分进行监控;二是对电气工程师及维修单位的工作质量进行评价;三是对从事空中出租、旅游俱乐部飞行的飞机的电气维修大纲进行评价；四是检查飞机及相关设备的适航性；五是调查和报告事故、事故征候及违章事件。

　　联邦航空局对通用航空监察员的录用资格与培训有明确的要求和规定。新录用的监察员必须到联邦航空局航空学院接受附加训练课程的培训。此外在正式从事监察工作前，还应进行含有知识、理解及实际操作三部分内容在内的为期 1～3 个月的岗位培训（OJT）。

　　联邦航空局对其监察员有具体的年度监察工作计划和要求，其完成情况将被录入计算机系统，总部可随时掌握监察员的实际工作情况。

9.1.3　加拿大通用航空安全监管

　　加拿大通用航空的监管模式主要是政府监管与自律监管相结合。加拿大是国际民航组织（ICAO）总部的所在国，加拿大民航监管机构的监管水平在国际上也是一流的，其监管主要采取政府监管与自律监管相结合的模式。

　　从 20 世纪 60 年代开始，加拿大政府为加强通用航空监管工作颁布了大量的通用航空法律法规，其法律法规主要包括《交通运输法》、《航空法》、《加拿大航空规章》和各种相关的标准。加拿大民航监管机构为使监察人员在执法实践中准确运用法律和规章，还制定了各类非常详细的监察员手册，如《航空执法政策手册》等。

　　加拿大民航监管机构主要包括：运输部及驻各地区机构、民航局及民航局地区办公室（大西洋地区办公室、魁北克地区办公室、安大略地区办公室、北方地区办公室和太平洋地区办公室），以及设在各地区办公室之下的共计 50 多个加拿大交通服务中心。其民航行政执法人员则是由民航专业监察员和民航执法监察员组成。加拿大民航监管机构的监管理念是以相互合作、自愿守法为前提，以公正而严格的执法为后盾。为了加强对通用航空运输企业的经济监管，加拿大政府还设立了独立于运输部的机构——加拿大运输委员会，它主要负责实施加拿大《交通运输法》《航空法》中关于经济和商业规制方面的职责，并有权制定涉及通用航空运输业的商业性法规，审查和颁发通用航空运营人国内营业执照。

9.2　通用航空安全监管体系构建

9.2.1　通用航空安全监管体系建设思路

　　加强安全监管体系建设，促进通用航空安全有序发展，需做到以下几点。

1. 始终坚持"安全第一"的原则

　　"安全第一"是民航发展的底线和生命线。无论通用航空还是运输航空，都要牢固树立"安全第一"的理念，处理好安全与发展的关系。

　　① "安全第一"是通用航空企业生存发展的基础和前提。通用航空企业普遍规

模较小,抗风险能力较低,出现一次飞行事故就可能停产歇业。

②"安全第一"是行业运行特点的必然要求。通用航空作业环境复杂、飞行技术要求高、服务保障条件也不完备,需要更加关注各个环节的运行安全。

③"安全第一"是产业持续健康发展的有力保障。在社会各界发展通用航空热情日益高涨的情况下,更要坚持安全底线,为通用航空发展营造良好的外部环境。

④"安全第一"是市场培育的根基。如果安全事故频发,通用航空市场就难以扩大。我们要切实重视安全能力建设,在发展中系好"安全带",让通用航空飞得更稳更高更远。

2. 建立区别于运输航空的安全规章标准体系

坚持"安全第一"的发展理念,不等于用管运输航空安全的方式管通用航空安全,而是要加快形成区别于运输航空的安全规章标准体系并严格执行。

一是明确"分级分类"的安全管理思路。要区分任务性质是载人运输还是作业飞行;区分作业地点是城市上空还是野外田间;区分航空器类型是较大型还是轻小型;区分航空器的用途是自用还是取酬。要根据上述情况,分类评估风险,逐步建立一套适合通用航空各类作业特点的安全规章标准体系。

二是积极推进立法进程。加快修订与通用航空运行紧密相关的 CCAR - 91 部、CCAR - 135 部等规章及相关规范性文件中不符合通用航空运行特点的限制性条款。针对无人机等"低慢小"航空器的安全运行管理,要抓紧完善相关法规、标准,加强对驾驶员的培训和管理,确保安全,保障无人机健康有序发展。

三是严格落实规章要求。既要严格执行规章,依规运行、依规监管,也要防止出现过度监管、上限监管和越位监管。

3. 加快建设通用航空安全监管平台

《关于促进通用航空业发展的指导意见》提出,要强化通用航空全程安全监管,并明确各部门应承担的职责。民航局的职责是加快建设通用航空安全监管平台,将通用航空安全监管纳入 FSOP 运行管理框架。

一是要充分利用移动互联网、大数据等现代信息技术,提升对通用航空器地面和空中活动的监控和追踪能力,实现飞行动态实时监控。

二是鼓励以多种方式建设无人机等"低慢小"航空器监管平台,不断提升以信息技术手段保障安全的能力。

三是加强对批准运行的第三方无人机云平台的监管,维护市场秩序,保证公平有序竞争。

4. 加大企业经营活动监管力度

加大企业经营活动监管力度要从以下几个方面着手。

第一,要规范市场准入退出制度。要严格把好人员资质、经营条件"准入关",这既是依法行政的要求,也是前移运行安全关口的有效手段。要建立退出机制,清理"僵尸"企业,对长期未开展实际运行或整改后仍不符合持续运行条件的企业,要强制退出市场。

　　第二,加大"黑飞"查处力度。"黑飞"既存在较大的安全隐患,又扰乱市场秩序,一直是监管的重点和难点。要按照《关于促进通用航空业发展的指导意见》确定的职责边界,加强与工信、军方、地方公安等有关部门的协调配合和协同监管,严厉打击各类"黑飞"活动,确保低空飞行安全有序。

　　第三,要组建专业监察队伍。目前,行业内没有通用航空专职监察员,各监管局没有设置通用航空处,大量监管任务均由运输处市场类监察员兼任,运输航空与通用航空无法兼顾的矛盾突出,要通过通用航空管理的体制机制改革,逐步研究解决这个问题,体现通用航空的专业性和独立性。

　　第四,建立诚信体系。通过公布企业诚信记录的方式,强化行业自律,鼓励诚信经营,培育一批具有核心竞争力的通用航空企业,逐步形成统一规范、竞争有序的通用航空市场。

9.2.2　通用航空安全监管目标与建设内容

1. 通用航空安全监管的目标

　　通用航空安全监管的目标是确保运行安全。通过建立跨部门、跨领域的通用航空联合监管机制,形成全过程、可追溯的安全监管体系,由国务院、中央军委空中交通管制委员会办公室、民航局牵头,按照"地面管控为主、空中处置为辅"的原则,分类分级、各司其职,实施通用航空器运行安全监管。民航局负责建设通用航空安全监管平台,充分运用移动互联网、大数据等现代信息技术,提升对通用航空器地面和空中活动的监控与追踪能力,实现飞行动态实时监控。工业和信息化部负责民用无人机无线电频率规划管理。军队负责查证处置空中违法违规飞行活动,公安部门负责"落地查人",严厉打击"黑飞"等违法违规行为,确保低空飞行安全有序。

　　到 2020 年,建立起相对完备的中国民航航空安全方案和成熟的行业安全体系,以风险管理为手段,以体系监管为核心,以资源配置为保障,充分发挥企业的安全管理主体职责和政府安全监管职能,实现规章符合性基础上的安全绩效管理,步入人文内涵式管理阶段。

2. 通用航空安全监管的建设内容

　　① 加强通用航空安全评估与调查。建立通用航空安全评估机制,根据业务类别进行监管定级,对通用航空企业、监管人员等开展定期或动态跟踪检查和绩效评估。建立通用航空安全信息平台,规范和完善通用航空生产经营活动,提高监管能力和工作效率,为通用航空安全评估提供信息保障。加强通用航空作业事故调查体系建设,完善作业事故调查处理机制,提升事故调查能力。

　　② 优化安全监管手段和方式。采取联合检查、交叉检查、专项检查等方式,提升通用航空持续监管及执行保障能力。优化监管手段,建设通用航空安全监管平台,提升通用航空器机载安全设备的安全普及率,提升信息化安全监管能力。强化运营人

的安全主体责任,提高通用航空企业安全自律意识及法律法规执行力度,分类引导通用航空企业建立安全管理体系。

③ 通过基于安全风险排序的监管资源配置,实施信息驱动的对重点领域的安全监管;通过强化市场监管,发挥市场管理对安全管理的促进作用和联动作用,实现安全关口前移;通过完善内部评审制度,持续改进中国民航航空安全方案,提高中国民航安全监管能力和行业安全绩效水平。

④ 重点加强对企事业单位安全管理体系运行有效性的监管,为企事业单位安全管理体系充分发挥自我审核、自我完善、保障运行安全的作用创造环境。加强对行政主体的执法监察,促进行业安全监管体系与行政监察体系的知识、业务和信息交流。发展安全生产中介服务体系,经政府授权,代表政府执行部分职能,以弥补政府监察力量的不足。

9.2.3　通用航空安全监管机构

1. 中国通用航空安全监管体系

从国家层面而言,航空安全的监管主体可分为两部分,一部分是依据《中华人民共和国安全生产法》,对国家所有行业实施安全生产监管的应急管理部及各省(区、市)应急管理局;另一部分即我们通称的"民航主管部门",即主要依据《民用航空法》的规定:由国务院民用航空主管部门对全国民用航空活动实施统一监督管理;国务院民用航空主管部门设立的地区民用航空管理机构依照国务院民用航空主管部门的授权,监督管理该地区的民用航空活动。鉴于民用航空的特殊性和专业性,目前对民航的安全监管主要是由民航主管部门实施的。实际操作中,中国民航安全监管并没有依据航空活动的性质划分为公共航空运输(简称"运输航空")安全监管和通用航空安全监管。整个民航安全监管适用的是一套组织结构,即"两级政府"(民航局、民航地区管理局)"三级管理"(民航局、民航地区管理局和地区管理局的派出机构——民航安全监督管理局)的安全监管体系,如图9.1所示。

作为通用航空安全监管机构,要加快建立和健全通用航空准入与运行的安全监管法规体系,要求各通用航空企业建立内部安全监管规章制度和程序;从通用航空国家行政机构层面加大专业通用航空安全监管队伍建设和培训建设;明确对通用航空监察员的录用资格与培训的要求和规定,实现安全监管员监管年度监察工作计划和要求信息跟踪,掌握监察员的实际工作情况。

2. 中国通用航空安全监管职能划分

我国通用航空安全监管体制在历史沿革、组织结构、机构职责分工、监察员制度和执法要求上与运输航空并无明显区别。横向看,各监管机构内既有专业监管职能部门(如适航监管部门、飞行标准监管部门、机场等),也有综合性的以安全信息管理、事故调查为主的一般安全监管部门(航空安全办公室)。综合来看,部门职责划分既有垂直的领导关系,亦有横向的合作和监督关系。这即是说,由各专业职能部门根据

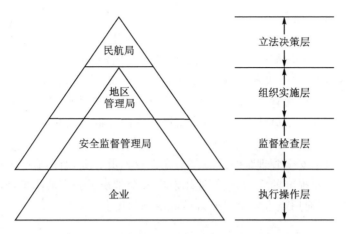

图 9.1　我国民航安全监管组织体系结构

各自的专业法规、规章、规范性文件、标准等,依据级别对辖区内通用航空活动所涉的诸要素进行专业监管,同时上级监管机构对下级监管机构进行领导;各机构内又设有航空安全办公室,负责通用航空安全信息管理及事故调查。

　　为规范通用航空市场准入,促进通用航空发展,地区管理局设立了通用航空处,负责对辖区内通用航空市场实施监督管理,负责通用航空企业的经营许可及非经营性通用航空登记,并组织协调辖区内重大、特殊、紧急通用航空抢险救灾工作。其上级归口管理单位为民航局运输司内设的通用航空处。通用航空处仅对通用航空市场(经济活动)进行管理、引导和促进,不实施通用航空运行安全方面的监管。

　　图 9.2 以民航局西南地区管理局及四川安全监督管理局机构为例,说明相关机构之间的业务领导和管理关系。

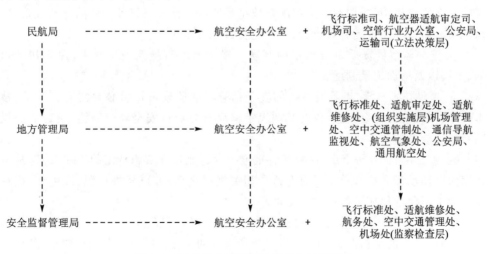

图 9.2　航空安全监管部门组织结构及职能

3. 航空安全监察员

具体负责监管工作的是民用航空监察员，即民用航空行政执法人员。目前，我国并没有设置专门的通用航空监察员，民航局颁布实施的《中国民用航空监察员规定》(CCAR-18R2)中，根据民航专业特点划设了航空安全、飞行标准、航空器适航、机场、安全保卫、空中交通管理、航空市场、综合执法等类别的监察员。实际操作中，各地区监察员依据其监察员证书类别对指定区域内的运输航空和通用航空行使监督检查的职能。

我国通用航空安全管理最终还要落实在专业人员身上，通用航空飞行员的知识、结构水平也存在需提升的空间，这给通用航空安全带来了一定的隐患，所以应该采取措施，加大对我国通用航空安全专业人员的培训力度。

9.3　通用航空安全监管的实施

9.3.1　通用航空安全监管制度的建立

民航局建立安全监管制度，以保证安全监管全面、有效开展。安全监管制度的建立主要包括以下方面的内容。

① 加强基本民用航空法律和法规建设。加强航空立法，以使安全监管活动得到充分的法律保障，实现依法治理。

② 依法制定行业运行规章，以实现民用航空生产运行标准化、规范化管理，防范风险管理。

③ 明确安全监管机构、人员及职能。建立与民用航空运行规模和复杂程度相适应的安全监管机构，协调有关部门配备数量足够的合格人员以及必要的财政经费，以保证安全监管职能得到有效履行、安全监管目标得以实现。

④ 建立监察员资质审查和培训制度。规定监察员最低资格要求，建立初始培训、复训以及培训记录制度。

⑤ 提供技术指导、工具及重要的安全信息。向监察员提供必要的监管工具、技术指导材料、关键安全信息，以使其按规定程序有效履行安全监管职能；向行业提供执行相关规章的技术指导。

⑥ 颁发执照、合格审定、授权或者批准。通过制定并实施特定的程序，确保从事民用航空活动的人员和单位只有在符合相关规章之后，方可从事执照、许可证、授权或者批准所包含的相关民用航空活动。

⑦ 严格监察。通过制定并实施持续的检查、审计和监测计划，对民用航空活动进行监察，确保航空执照、许可证、授权或者批准的持有人持续符合规章要求，其中包括对民航行政机关指定的代其履行监督职能的人员进行监察。

⑧ 解决安全问题。指定并使用规范的程序，用于采取包括强制措施在内的整改

行动,以解决查明的安全问题;通过对整改情况的监测和记录,确保查明的安全问题得到及时解决。

9.3.2　通用航空安全监管实施路径

1. 运输航空安全监管的借鉴

通用航空安全监管,应该借鉴运输航空安全监管的思路,按照直接适用、矫正适用、变化适用和抵制适用等渐进的方式展开。

第一,直接适用,即将公共航空的安全监管措施不做任何修正地直接应用于通用航空——主要在通用航空和公共航空具备绝对共同属性的领域,多集中于技术性规范领域,采用后不会产生任何“水土不服”或“抗体免疫”危险。

第二,矫正适用,即将公共航空的某些既定监管措施通过合乎智性地修正后应用于通用航空,主要适用于不完全对等的但具有交叉、包含等共通属性的范围。

第三,变化适用。公共航空的某些监管措施并不符合通用航空的性质需求,直接应用会导致灾难性后果且其属性又不适合矫正,但仍有可供借鉴的合理有益成分,便可尽最大可能地剔除不适合的部分,将存留部分转化形式或调整到其他措施中,从而达到适用的可行性。

第四,抵制适用,即完全排他地拒绝适用于公共航空而不符合通用航空的安全监管措施——主要是基于不可调和的固有隔阂属性,因此在通用航空安全监管领域不再适用。

2. 通用航空安全监管实施思路

未来,针对通用航空,应在规范行业监管工作的基础上,按照精准监管的要求,坚持分类监管的总体原则,开展不同方式、不同频率、不同强度的监管。

一是根据活动的不同风险类型,采用“双随机”监管与重点监管相结合的方式,对于从事其他活动的通用航空公司实行“双随机”监管,确保监管对象全覆盖。

二是根据安全类事项和经济类事项的不同特点,尤其是经济类事项的不同特点,在通用航空领域减少事前管理方式,而以企业自我管理为主,行政机关依托法定自查、信用手段实施事中事后管理。

三是根据企业自我管理意愿和能力的强弱实施不同力度和频率的监管,对于自我管理意愿弱、能力低的企业,行政机关要加大监管力度和监管频率,以督促和帮助企业落实主体责任。

9.3.3　通用航空安全监管模式

1. 全程监管模式

要通过准入初始审批监管、运行持续安全监督,构建一套完整的通用航空安全监管体系。

（1）初始安全监管

通用航空企业准入必须要完全满足国家及民航局的企业运行审定，包括基本的运营许可证及运营规范安全许可证。其中安全审批许可证的审核内容至少应涵盖拟成立企业的主营业务、资质审查、运行文件及安全设备。

1）明确主营业务

明确主营业务是从事工业农业作业还是文化教育等，有助于评估和控制风险，把握安全监管内容和监管力度。

2）人员资质审核

在通用航空市场准入方面，要对拟成立的通用航空企业的主要管理人员的资质进行审查。针对运行操作人员，应严格审查其学习培训记录的真实可信度，考核其是否胜任当前工作。

3）审查运行文件及安全设备

在通用航空市场准入方面，应严格审查其有关运行的规章文件是否齐全，对于安全运行方面的设备是否投入，并验证其可靠性。

（2）持续安全监管

针对通用航空运行的持续监管，应结合日常监察、专项监察和综合监察方式，重点检查运行过程是否遵循规章程序，发现和排查运行过程中的风险。

要通过法规的约束和运行监察员的严格执法，确保各通用航空企业落实安全责任、规范运行。拟定通用航空飞行标准及管理规章制度，对通用航空器的运营人（含在国内的外国运营人）实施运行合格审定和持续监督检查，编制运行监察员手册，建立监察员档案系统，开展公司监督人员绩效考核，逐步建立、完善运行科学监察系统。要完善通用航空安全监督系统，拟定通用航空安全政策和规章制度，组织、协调通用航空行业系统安全管理，监督、检查航空安全工作，组织对航空事故的调查，收集、分析、发布航空安全信息，发布航空安全指令，指导通用航空安全教育和安全文化建设，指导安全科学技术和安全管理研究工作。制定通用航空安全信息规范和信息报告程序。在强制性、自愿性和保密性的基础上，全面收集和利用安全信息资源。制定通用航空器维修政策、法规、标准、程序，对承修在中国注册航空器的维修机构进行合格审定及持续监督，对通用航空器维修人员进行资格和执照管理。收集通用航空器使用困难报告及有关信息，审批通用航空器维修方案、可靠性方案，制定特殊装机设备运行要求并进行符合性检查。

2. 监管方式的转变

随着通用航空产业的快速发展，出现了大量的通用航空企业。只有转变传统安全监管方式，采取"监察、指导、服务"的闭环式监管方法，加强通用航空事先预防与风险分析，制定有效的措施，才能实现通用航空的安全控制与管理，实现通用航空持续安全运行的目标。

通过系列监察活动，掌握和了解企事业单位的安全生产状况，确定国家、民航局的法律、法规、规章、标准是否在运行中得到贯彻和落实。行业管理部门要通过指导的方式督促企业积极发挥安全生产管理的核心作用,开展企业安全目标控制,采取合理有效的安全措施组织生产运行,帮助通用航空企业协调、解决安全问题。从这个角度讲,安全监管也就是"服务"。通过监察职能,奠定企业安全生产的运行基础;通过指导职能,为企业持续安全发展指明方向;通过服务职能,帮助企业消除发展阻碍。这种闭环式安全监管模式,有利于隐患排查和提升安全监管质量。

9.4　通用航空安全管理体系建设

9.4.1　通用航空安全管理体系概述

通用航空安全管理体系(Safety Management System,SMS)由安全政策、风险管理、安全保证和安全促进四部分构成。航空运营人通过 SMS 的建设,可以科学地制定安全政策与目标,明确组织机构及安全责任,实施风险管理、安全保证、安全促进等管理策略,有效配备资源,运用系统的安全管理方法持续提高安全运行水平。

根据 ICAO 对缔约国实施 SMS 的要求,中国民用航空局在全行业推进 SMS 建设,是推动民航系统各单位落实安全生产主体责任的重要载体,这有利于实现安全管理从事后到事前、从开环到闭环、从个人到组织、从局部到系统的转变。目前,我国具备 CCAR - 91 部运行资质的通用航空企业有 500 家左右。这些企业中普遍存在未建立 SMS 或建立的 SMS 不完善、不适用、无建设标准、无审核标准等情况,亟须针对这类通用航空企业的 SMS 建设开展研究。

航空安全风险管理是中国民用航空局控制安全风险、实现安全目标的重要手段,通过对民航生产经营单位 SMS 提出要求和对民航生产经营单位 SMS 安全绩效认可两个方面来实现基于安全绩效的安全管理。中国民用航空局将根据行业安全水平、每个单位具体运行环境的复杂程度以及单位的具体情况,与每个单位就其 SMS 安全绩效达成一致。

SMS 是进行安全管理的系统化方法,包括必要的组织机构、责任、政策和具体程序。根据国际民航公约附件 1、6、8、11、13、14、18 和 19,中国民用航空局要求已获批准的航空运营人、维修单位、空中交通管理运行单位和取得许可证的机场建立符合 ICAO 要求并符合通用航空企业特点的 SMS,实施主动的安全风险过程管理,且至少应具备下列功能:

① 对影响安全的危险源能够及时识别;

② 保证采取必要的纠正措施,保持经民航行政机关认可的安全绩效;

③ 对安全绩效进行持续的监督和定期评估;

④ 持续改进 SMS 的整体绩效。

中国民用航空局制定了对民航生产经营单位实施 SMS 的要求,对民航生产经营单位如何查明进行危害和管理安全风险进行规范。中国民用航空局将对这些要求进行定期评审,确保其切合民航生产经营单位的实际。同时,中国民用航空局将为安全绩效的持续监督和定期评估提供相应的法律保障。

中国民用航空局制定了《民用航空安全管理规定》(CCAR-398)(草案),其中"安全管理体系"一节规定了对民航生产经营单位 SMS 建设的最低要求。中国民用航空局于 2007 年制定并下发了《中国民用航空安全管理体系建设总体实施方案》(民航发〔2007〕136 号)。按照该实施方案,中国民用航空局通过修订有关民航规章,对中国境内登记的公共航空运输企业、持有有效使用许可证的民用机场、空管单位和维修单位的安全管理体系提出了要求;民航生产经营单位应根据民航局颁布的有关规定和咨询通告实施安全管理体系建设。实施方案还包括了安全管理与责任、安全管理体系的认可和安全管理体系的基本要素。

9.4.2　通用航空安全管理体系特点分析

针对通用航空企业普遍存在未建立 SMS 或建立的 SMS 不完善、不适用、无建设标准、无审核标准等情况,亟须针对这类通用航空企业的 SMS 建设开展研究。通用航空企业与运输类航空企业的 SMS 建设之间主要存在以下差异。

1. 安全目标与系统评价标准有所区别

我国民航安全统计指标主要包括事故和事故征候的数量、死亡人数、万小时率、万架次率以及客公里死亡数。其中,运输航空和通用航空会根据飞行量的不同,在上述指标的基础上有相应的变化,如百万小时、十万架次等。该指标体系既包含了公众比较关心的绝对数量指标,如事故及事故征候的数量和死亡人数,也包含了能够反映运行特点、能和国际标准衔接的相对数量指标,如万小时事故率、万架次事故率以及客公里死亡率。目前,通用航空企业 SMS 建设在设定安全目标时,主要沿用行业管理部门的万架次事故率来表征通用航空事故和事故征候。通用航空飞行活动类型多样,企业运行特点各有不同,以飞行架次来统计,小时数的差距往往差别很大,不能客观反映具有不同运行特点的通用航空企业的各类飞行活动的真实运行状态,在行业安全监管、企业间安全能力比对以及与国际安全标准对接等方面参考意义均不大。此外,从安全评价标准来看,通用航空的特点决定了其事故和事故征候的评价标准与运输航空不同。

2. 危险源识别和风险评估重点不同

风险管理是 SMS 的核心,风险管理过程的信息获取依赖于危险源识别,而对潜在后果的严重性和可能性,也就是风险的描述和评估,也依赖于危险源识别。民航从"人机料法环"的五个方面辨别影响安全的危险源,并描述、评估风险发生的可能性和严重性。但由于通用航空和运输航空在运行特点及本质特性上不同,因此在危险源形成环境、促发因素、潜在危害程度、定义分类等方面也均有不同,再加上风险认知具有感性与理性混杂结合的特点,因而导致风险发生的可能性;另外,两者对结果导致的严重程度及后果的预判也有很大区别。

3. 航空安全数据与处理存在差距

自 2009 年在航空公司推行 SMS 以来，航空公司运用数据化、精细化、智慧化和预测化的手段实施安全管理，建立了较为健全规范的安全数据收集机制，在数据的完整性、可用性、信息化先进程度及数据处理手段水平等方面均得到了较大提升。通用航空企业在安全数据收集与处理方面表现出了三个特点：一是用于开展飞行活动的通用航空器的航电系统功能不够先进和精密，航空安全数据采集与处理不够及时、快速、全面和准确，影响了通用航空企业和专业人员对安全问题和隐患的分析及正确判断；二是大部分通用航空企业所涉及的航空安全信息仅仅是围绕与航空器、飞行中机组安全相关的安全信息，航空安全数据收集范围不够全面，影响了航空安全信息数据的利用价值；三是在信息化建设方面，除少数通用航空企业外，大部分通用航空企业中都存在尚未建立相应安全信息管理系统，或者建立的安全信息管理系统功能不够完善的情况，这导致安全信息数据收集渠道管理不够规范，影响了安全信息数据收集、汇总、分析与处理、共享等过程，不利于通用航空企业进一步对安全问题和隐患进行评价管理。

9.4.3　通用航空 SMS 构成

我国通用航空安全管理体系构建应包括政策、基础保障、运营环境和支持服务环境四个方面。与运输航空相比，通用航空运行环境复杂，影响因素多，保障设施薄弱，从业人员不足，且局方针对通用航空的监督较少，甚至在很多时候难以监察，事件报告不稳定或滞后，这些决定了通用航空在安全管理操作的难度上大于运输航空。这也是建立通用航空 SMS 时需要考虑的。

安全管理体系包括政策、风险管理、安全保证和安全促进四个组成部分。

1. 政　策

所有的管理体系都必须有明确的政策、程序、组织结构以实现目标。

（1）安全政策

安全政策反映了运营人的安全管理理念以及对安全的承诺，是建立安全管理体系的基础，并为建设积极的安全文化提供了清晰的导向。

安全政策必须符合国家的相关规定，同时必须由最高管理者批准，并传达给全体员工。在制定安全政策的过程中，高层管理人员应与影响安全的相关领域的关键人员广泛协商，以确保员工与安全政策密切相关。

（2）安全策划

安全策划是安全管理的一部分，致力于制定安全目标并具体规定必要的运行过程和相关资源以实现安全目标。

运营人在制定本单位的安全目标时，应注意：安全目标不应低于局方的要求，应适合本单位的类型、规模和安全水平，且是可测量的。

（3）组织机构及其职责

运营人应清晰地界定整个组织内的安全责任,包括高层管理人员的安全直接责任。最高管理者是安全管理的第一责任人,也是建立、实施并保持安全管理体系的最终责任人,应计划、组织、指导、控制员工的活动,分配安全相关活动所需的资源,以确保安全控制的有效性,并对整个组织的安全管理体系定期进行管理评审。虽然最高管理者必须对安全运行全面负责,但所有员工也都必须清楚自己的责任,并被准许参与安全事务。

安全总监作为建立、实施并保持有效的安全管理体系的负责人兼协调人,应独立于运行的组织和管理之外,直接向最高管理者汇报。

（4）与法规和其他要求的符合性

法规和其他要求中的信息直接或间接影响运营人的安全管理体系,因此,运营人应建立正式的信息获取渠道,适时掌握现行有效的法规和其他要求,识别和了解运营人的安全管理体系受到哪些相应法规和其他要求的影响,建立与安全相关法规和其他要求相符合的方法。

（5）程序与控制

程序与控制是系统的两个关键属性,安全政策必须转化成程序才能得以落实,而且控制必须到位以保证关键步骤按设计完成。运营人应开发程序,将程序文件化,并保持程序以落实安全政策、实现安全目标。而且,监察控制必须对程序的完成进行监视。

（6）应急准备和响应

有效的应急响应方案可能会减轻事件和事故等不安全情况造成的后果,保证有序和有效地从正常过渡到紧急运行,并恢复至正常运行。应急响应方案以书面形式规定了不安全事件一旦发生后,运营人应该做什么,以及每个行动由谁来负责。为了确保应急响应方案在实际运行时有效,应进行定期的训练和演练。进行演练还有助于验证方案的有效性,找出方案的不足,并进行改进。

（7）文件及记录管理

文件的价值在于沟通意图,统一行动。因此,应对文件的批准、评审与更新、标识、分发、作废等进行控制,确保文件的适宜性、充分性和有效性。运行及安全管理中会生成大量的记录,这些记录可以提供符合要求和安全管理体系有效运行的证据。

SMS包括安全政策、安全目标、安全管理体系的要求,安全管理体系的程序和过程,安全管理体系的程序和过程所涉及的职责及权限,安全管理体系的程序和过程间的相互作用或接口。它是一个反映安全管理体系当前状态的、不断更新的文件,可以将运营人的安全管理做法传达给整个机构。

2. 风险管理

风险管理是将风险控制在可接受水平或其以下。

风险管理过程常用于分析运营人的运行功能及其运行环境,以识别危险源、分析评价相关风险。风险管理过程处于运营人提供运输服务的过程中,不是一个独立的或特殊的过程。

(1) 系统和工作分析

风险管理始于系统设计。系统由组织结构、过程和程序,以及完成任务的人员、设备和设施构成。系统和工作分析应充分说明组成系统的硬件、软件、人员、环境相互间的影响,并详细到足以识别危险源和进行风险分析。系统需文件化,但没有特定的格式要求。系统文件一般包括运营人的手册系统、检查单、组织结构图和人员岗位说明等。建议将运营人的运行及其支持过程分为以下几个部分:

① 飞行运行;

② 运行控制;

③ 维修;

④ 客舱安全;

⑤ 地面服务;

⑥ 货运;

⑦ 训练等。

系统和工作分析只要详细到可用来进行危险源识别和风险分析即可。

(2) 危险源识别

系统及其运行环境中存在的危险源必须被识别、记录和控制。确定危险源的分析过程应考虑系统的组成部分,在对系统及其运行的分析中,需要的关键问题是“如果……,会发生什么?”与系统和工作分析一样,问题的详尽程度应适当。尽管识别出每一个可能的危险源是不现实的,但运营人仍应在识别与其运行有关的重大的、可合理预见的危险源方面尽到应尽的责任。危险源样例如下:

● 航图中有些标注离所标注的点距离较远;

● 驾驶员持有现行有效的体检合格证,但执行飞行前其心理或生理状态较差;

● 航行情报发放现场的资料管理混乱;

● 装卸工缺乏危险品装卸知识;

● 机务维修人员遗忘工具;

● 搬运工装卸时装错舱位;

● 车辆在机坪超速行驶。

(3) 风险分析和评价

风险分析和评价是采用传统的方法将风险分解为有害结果出现的可能性和该后果的严重性。风险分析常用的工具是风险矩阵,图 9.3 是这种矩阵的一个样例。运营人应当建立一个最能体现其运行环境的矩阵,也可以为短期运行和长期运行分别建立具有不同风险接受标准的矩阵。

矩阵的定义和最终结构将由运营人自行设计,每个后果严重性和发生可能性等级的界定应以适用于具体运行环境的方式来确定,以保证每个运营人的决策工具与其运行和运行环境相关联。后果严重性和发生可能性等级的界定样例如表 9.1 所列。各运营人对后果严重性和发生可能性等级的界定可以是定性的,但在可能的情况下,应尽量定量。

表 9.1　后果严重性和发生可能性等级界定的样例

后果严重性			发生可能性		
严重性等级	定　义	参考值	可能性等级	定　义	参考值
灾难性的	设备损坏,多人伤亡	5	频繁的	可能会发生许多次	5
特别严重的	安全系数大大下降,身体压力或工作负荷已达到使操作人员无法精确或完全履行其任务的程度; 一定数量的人员严重损伤或死亡; 主要设备损坏	4	偶尔的	可能会发生几次	4
严重的	安全系数严重下降,操作人员因工作负荷增加,或因影响其效率的条件,应付不利条件的能力下降;严重事件,人员受伤	3	极少的	不大可能,但或许会发生	3
轻微的	小麻烦;操作限制;启动应急程序;较小的事件	2	不太可能的	很不可能发生	2
可忽略的	几乎没什么影响	1	极不可能	几乎不能想象事件会发生	1

运营人应制定风险接受程序,包括可接受标准以及风险管理决策中的权力和责任的分配。风险可接受程度可以使用风险矩阵(如图 9.3 所示)进行评估。示例矩阵说明了可接受程度的 3 个区域:不可接受的(黑色区域)、可接受的(白色区域)和缓解后可接受的(黑色区域)。

1) 不可接受的(黑色区域)

如果风险处于黑色区域,则该风险是不可接受的,必须采取进一步干预措施来消除相关危险源,或控制可能导致更大风险(可能性或严重性)的因素。

2) 可接受的(白色区域)

如果风险处于白色区域,则该风险是可以接受的,不需进一步采取行动。但是,风险管理的目标应是无论评价显示风险是否在可接受范围内,都要将风险尽可能降至最低,这是持续改进的基本原则。

3) 缓解后可接受的(灰色区域)

如果风险处于灰色区域,则在特定的缓解条件下该风险是可接受的,这种情况的一个例子就是对一个在最低设备清单中列明的失效航空器组件影响的评估。如果实施 MEL 中定义的操作（"O"）或维修（"M"）程序，就可以使该风险从不可接受转变为可接受，则指定 MEL 中的操作（"O"）或维修（"M"）程序就构成缓解行动。这些情况还应该在安全保证功能中特别地持续加以关注。

基于《ICAO 安全管理体系手册》的内容，参考民航机场、航空公司和空管 SMS 构建方法和内容，结合通用航空的特点，利用 PDCA（计划、执行、检查和实施）理论、安全目标管理以及管理的系统论，考虑通用航空易受到多种因素的制约，SMS 的建立应有所侧重。通用航空安全管理体系的内容可划分为基础、运行、监督、改进四个模块，这四大模块共同构成一个闭合循环运行系统，随着时间的推移，这个系统会得到不断完善和改进。其通用航空 SMS 模块结构运行示意图如图 9.3 所示。

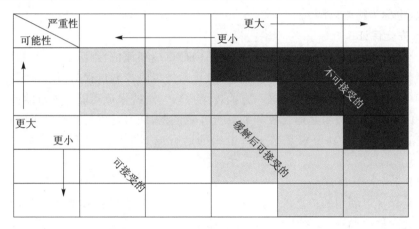

图 9.3　风险矩阵

其他一些风险评价工具也可用于飞行或运行的风险评价，如某些专业组织开发的用于飞行运行、运行控制和地面操作的风险评价方法。

（4）原因分析

风险分析不仅应注重对严重性和可能性等级的界定，还应明确为何确定这些特定的等级，这也就是通常所说的"根原因分析"，这是制定有效控制措施，将风险降至更低等级的第一步。一些已开发好的软件系统可用于根原因分析。然而，在很多情况下，运营人的驾驶员、维修人员或签派员以及其他经验丰富的专家一起进行头脑风暴会议也有可能是寻找降低风险途径的最有效和经济的方法。

（5）风险控制

在完成以上步骤并充分了解危险源和风险后，应进行风险控制措施的设计与实施。风险控制措施可以是增加或改变程序，增加新的监督控制措施，增加组织及软硬件的辅助，改进培训，增加或改装设备，调整人员或对系统所做的任何其他变化。

选择和设计控制措施的过程应以结构化的方式进行，系统安全技术和实践提供了根据控制措施的有效性由高到低分级的方式。根据被彻查的危险源及其辅助程度，可采用的控制措施或策略可能不止一个。而且，根据必要措施的迫切性以及制定

更有效措施的复杂性,可以在不同的时间实施这些控制措施。控制措施的分级包括:

① 从设计上消除危险源——修改系统(其中包括有危险源存在的硬件、软件系统和组织系统);

② 物理防护或屏障——减少在危险源中的暴露或降低后果的严重性;

③ 关于危险源的警告、通告或提示;

④ 为避开危险源或降低相关风险的可能性或严重性而做的程序修改;

⑤ 为避开危险源或降低相关风险的可能性而进行的培训。

即使采用了有效的控制措施,完全消除风险也几乎是不可能的。在这些控制措施设计完成后,系统投入使用前,必须评估控制措施是否有效及是否会给系统带来新危险源(也称为衍生风险)。

3. 安全保证

安全保证功能运用质量保证技术(包括内部审核和评估)判断设计于运营人的风险控制是否被实施并按计划运行,以确保设计后的风险控制过程与要求持续相符,并在保持风险处于可接受水平内这一方面持续有效。这些保证功能也为持续改进打下了基础。质量保证技术是通过收集和分析客观证据,证实过程的要求是否已被满足。在安全管理体系中,其要求是基于对组织的运行或其生产的产品的风险的评价之上的。

(1) 用于决策的信息

安全保证可利用的信息源较广泛,包括日常活动过程的持续监控、审核和评估、安全相关事件的调查,以及来自员工安全报告和反馈系统的信息。由于各种信息源在各运营人中的存在形式有所不同,因此应标明不同信息的获取来源。这些信息源属于功能性要求,允许个别组织依据自身规模和类型进行调整。

(2) 持续监控

运营人应对数据进行持续监控。持续监控还可提供识别危险源、证实已采取的风险控制措施的有效性和持续评估系统绩效的方法。应监控运行的信息应来自飞行记录器、值班日志、机组报告、工作卡和处理表单等。

(3) 生产运行部门内部审核

安全管理的主要责任落实在负责运营人技术过程的人员身上,通过直接监管控制措施及资源分配能将风险降至可接受水平。内部审核可以为生产运行部门提供有计划的、有条理的评审和查证,其周期一般不应超过一年;当识别出不利趋势时,应及时增加专项审核。

1) 管理者的责任

生产运行部门的经理对质量控制和确保其职责范围内的过程与设计一致直接负责。而且,生产运行部门拥有大量技术专家,他们对自己的技术过程最了解。因此,运营人应通过内部审核和评估大纲赋予生产运行部门的经理监控这些过程、定期评价风险控制措施状况的职责。

2）审核工具

为促进体系的一体化，减少不必要的重复，运营人可考虑使用可用的技术系统的审核工具，例如局方的监察工具。

（4）内部评估

内部评估必须包含对运营人技术过程和安全管理体系特定功能的评估。为此目的实施的审核，必须由功能上独立于被评估的技术过程的个人或组织进行。通常，内部评估可以由安全部门或最高管理者领导的其他下属机构来完成。对生产运行部门技术过程的评估可建立在生产运行部门内部审核基础上，除对生产运行部门内部审核大纲进行评估外，还应对其内部审核过程和结果进行评估和分析。内部评估需要审核和评估安全管理功能（政策制定、风险管理、安全保证及安全促进）。

内部评估的周期不应超过一年，当识别出不利趋势时，应及时增加专项评估。

（5）外部审核

当有外部审核时，其审核结果也应作为信息输入并进行分析、评价。对安全管理体系的外部审核可以由局方、独立的第三者等来进行。相对于运营人的内部审核，这些审核可以提供第二层安全保证系统。

（6）调　查

调查是一个以事故预防为目的的过程，调查的结果也应作为信息输入并进行分析、评价。调查应从关注找出"责任人"转向鼓励相关人员进行合作，找出系统和组织中的缺陷等。

（7）员工安全报告和反馈系统

员工安全报告和反馈系统是获取信息的主要渠道之一，该系统不应只限于报告不安全事件，更应该用于报告安全相关问题，它还可帮助运营人识别运行中的危险源。

员工对报告系统的信任是保证所报告的数据的质量、精确度和实用性的基础。这种信任建立起来需要较长的时间，一旦遭到破坏就可能长期损害系统的有效性。要建立必要的信任，运营人就应在安全政策中鼓励员工报告，表明其对公开和自由地报告安全问题的态度，并明确说明可予接受或不可接受的工作表现，包括减免惩罚的条件。

（8）分析和评价

只有将信息整理成为有意义的形式并得出结论，持续监控、审核、评估、调查和其他信息获取活动才能对管理起到作用。安全保证过程的首要目的是对风险控制措施的持续有效性进行评价。

（9）纠正措施

安全保证过程应包括能保证对审核和评估中发现的问题制定纠正措施，并校验该纠正措施是否及时有效执行的程序。制定和实施纠正措施的职责应由被审核和评估证实存在问题的运行部门承担。如果发现新的危险源，应使用风险管理过程判断是否需要制定新的风险控制措施。

（10）监测环境

作为安全保证功能的一部分，分析和评估功能应能提醒组织注意运行环境的重大变化，保持有效的风险控制所必需的系统改变需求，并根据评价结果启动安全风险管理过程。

（11）管理评审

最高管理者应按规定的时间间隔对风险管理的输出、安全保证的输出以及安全经验教训进行管理评审，评价是否需要改进运行过程和安全管理体系。管理评审的周期通常不应超过一年。

4. 安全促进

如果只是机械地实施政策，那么运营人对于安全促进的努力仅靠强制命令是无法获得成功的。组织的文化将影响组织中每个员工对待问题的态度和行为。组织的文化包括组织成员的价值观、信念、使命、目标和责任感。文化填补组织政策、程序和过程的空隙，提供对安全促进努力方向的共识。

（1）安全文化

文化包括心理的（人们是如何思考、感受的）、行为的（人们或群体是如何行动、实施的）以及结构的（大纲、程序和组织机构）元素。尽管安全管理体系的政策、风险管理和安全保证部分中详细规定的许多过程为结构元素提供了框架，运营人仍必须建立能让员工间及员工与管理层间进行沟通的渠道，尽全力就其目的、目标以及组织的行动和重大事件的现状进行沟通。同样，运营人应在开放的环境中提供自上而下的沟通手段。

（2）沟　通

系统安全理论强调"沟通文化"的重要性，组织必须尽全力培养员工为组织的知识库作贡献的意愿；系统安全理论强调"工作文化"的必要性，员工有信心当他们对自己的行为负责任时，组织会公平对待他们。

运营人应保证所有人完全了解安全管理体系，传达重要的安全信息，对为什么采取特殊的安全行动、为什么采取安全程序及相关修改做出解释。

（3）培　训

运营人应制定并保持安全培训大纲，保证人员得到相应的培训并能有效履行安全管理体系规定的职责。

（4）组织学习

组织安全文化的特征是基于学习的文化。如果不加以学习，就无法通过报告、调查及其他数据等提取有价值的信息加以借鉴。组织学习与安全保证过程密切相关，学习的过程同时还是一个分析、预防和制定纠正措施的过程，尤其是当环境变化或出现新的危险源时，应具有针对新危险源控制措施的渠道。

参考文献

[1] 中华人民共和国国务院办公厅. 关于促进通用航空业发展的指导意见[R],2016.

[2] 中国民用航空局. 通用航空发展"十三五"规划[R], 2016.

[3] 中国民用航空局. 中国民航航空安全方案[R], 2015.

[4] 中国民用航空局. 中国民用航空安全规划纲要 2011—2020 年[R], 2011.

[5] 中国民用航空局航空安全办公室. 中国民航安全信息统计分析报告(2012 年)[R],2013.

[6] 中国民用航空局航空安全办公室. 中国民航安全信息统计分析报告(2013 年)[R],2014.

[7] 中国民用航空局航空安全办公室. 中国民航安全信息统计分析报告(2014 年)[R],2015.

[8] 中国民用航空局航空安全办公室. 中国民航安全信息统计分析报告(2015 年)[R],2016.

[9] 中国民用航空局. 低空飞行服务保障体系建设总体方案[R],2018.

[10] FAA. SMS Rule for Part 121 carries[R], 2011.

[11] NTSB. Aviation Statistics 2015[R],2016.

[12] EASA. Annual Safety Review 2015[R],2016.

[13] GAMA. 2013 GENERAL AVIATION Statistical Databook & Industry Outlook[R],2014.

[14] EASA. Annual Safety Review 2017[R],2017.

[15] 福瑞天象航空产业. 从美国通航看我国通航未来发展[EB/OL]. (2017 - 07 - 29)[2018 - 03 - 10]. http://www.sohu.com/a/160708949_468748.

[16] 中华人民共和国交通运输部. 民用航空安全管理规定[S], 2018.

[17] 中国民用航空局航空器适航审定司. 民航局适航司关于改进通用航空适航审定政策实施细则[S],2018.

[18] 中国民用航空局. 正常类、实用类、特技类和通勤类飞机适航规定(CCAR - 23 - R3)[S],2004.

[19] 中国民用航空局. 民用航空产品和零部件合格审定规定(CCAR - 21 - R4)[S], 2017.

[20] 中国民用航空局. 一般运行和飞行规则(CCAR - 91 - R4)[S],2018.

[21] 中国民用航空局航空器适航审定司. 型号合格证持有人持续适航体系的要求

　　　　(AC－21－AA－2013－19)[S],2013.

[22] 中国民用航空局. 维修单位的安全管理体系(AC－145－15)[S],2009.

[23] 中国民用航空局飞行标准司. CCAR－91部运行合格审定程序[S],2015.

[24] 中国民用航空局.通用机场分类管理办法[S],2018.

[25] 中国民用航空局空管行业管理办公室.通用机场空管运行保障管理办法(AP－
　　　83－TM－2013－01)[S],2013.

[26] 国家质量技术监督局.通用机场设备设施(GB/T17836—1999)[S],2000.

[27] 中国民用航空局. 通用机场建设规范(MH/T－5026－2012)[S],2012.

[28] 交通运输部. 关于修改《民用航空器驾驶员学校合格审定规则》的决定(CCAR－
　　　141－R2)[S],2018.

[29] 中国民用航空局空管行业管理办公室. 民航空中交通管理评估管理办法
　　　[S], 2011.

[30] 中国民用航空局空管行业管理办公室.民用航空监视技术应用政策[S],2018.

[31] 中国民用航空局飞行标准司. 关于航空运营人安全管理体系的要求(AC－121/
　　　135－FS－2008－26)[S],2008.

[32] 中国民用航空局飞行标准司. 维修单位异地维修(AC－145－FS－2014－
　　　16),2014.

[33] FAA. Special Airworthiness Certificate (8310－7)[S],2017.

[34] EASA . Certification Specifications for Normal-Category Aeroplanes (CS－23
　　　Amendment 4) [S],2015.

[35] EASA. Certification Specifications for Normal-Category Aeroplanes (CS－23
　　　Amendment 5) [S],2017.

[36] ASTM. Standard Specification for Normal Category Aeroplanes Certification
　　　(F3264－2018)[S],2018.

[37] 耿建华,王霞,谢钧,等. 通用航空概论[M]. 北京:航空工业出版社,2007.

[38] 史勇胜,王霞,耿建华. 通用航空运营与管理[M]. 北京:航空工业出版
　　　社,2007.

[39] 许东松,张兵. 中国通用航空中长期发展展望[M]. 北京:航空工业出版
　　　社,2016.

[40] 尤祖光,陈大吾.低空空域监视与通用航空管理[M].上海:上海科学技术出版
　　　社,2014.

[41] 史永胜.通用航空运营与管理[M]. 北京:航空工业出版社,2007.

[42] 赵越让.适航理念与原则[M].上海:上海交通大学出版社,2013.

[43] 端木京顺,等.航空事故预测预警预防理论方法[M].北京:国防工业出版
　　　社,2013.

[44] 王华伟,吴海桥.航空安全工程[M].北京:科学出版社,2014.

[45] 王霞，陈兆鹏，王莎莎. 通用航空的基石——FBO[M]. 北京:航空工业出版社,2014.

[46] 徐浩军.航空器适航性概论[M]. 西安:西北工业大学出版社,2012.

[47] 朱晓云. 我国通用航空安全管理体系建设研究[D]. 昆明:云南大学，2014.

[48] 金沙舟. 通用航空飞行服务站系统设计和低空综合监视仿真研究[D]. 广汉:中国民用航空飞行学院,2012.

[49] 石鹏. 中国民航低空空域开放管理问题研究[D].济南:山东大学，2016.

[50] 欧阳彦美. 欧美促进通用航空产业发展的法律与政策及其对中国的启示[D]. 北京:北京理工大学,2015.

[51] 龚文璐，卢小玲，汪盈. 浅析中国通用航空安全的重要性[J]. 企业管理，2017，22:115-116. DOI:10.16661/j. cnki. 1672 – 3791. 2017. 22. 115.

[52] 李寿平，欧阳彦美. 美国通用航空产业发展的法治经验及对中国启示[J]. 时代法学,2015，13(1):94-103.

[53] 刘从园. 推进低空开放 加强民航空管保障[J]. 空中交通管理，2014，(5)69-71.

[54] Helland E A, Tabarrok A. Product Liability and Moral Hazard: Evidence from General Aviation[J]. Journal of Law and Economics，2012，（3）593-630.

[55] Simoncini M. Governing Air Traffic Management in the Single European Sky: the Search for Possible Solutions to Safety Issues. European Law Review, 2013(38): 209-228.

[56] 王文芳.我国通用航空政策法规发展趋势及对通用航空发展的影响分析[J].中国管理信息化,2018,21(16):172-173.

[57] 陈勇刚.我国通用航空安全管理体系建设研究[J]. 中国安全生产科学技术，2012, 8(6):216-220.

[58] 薛宇敬阳,傅贵. 通用航空飞行事故不安全动作原因作用路径的统计分析[J]. 安全与环境工程,2018,25(2):131-138.

[59] 闫增军.影响通用航空飞行安全的因素分析与解决措施[J].中国民航飞行学院学报,2018,29(1):26-29.

[60] 杨昌其,安伟连. 浅论我国通用航空的安全监管[C]//中国科学技术协会,天津市人民政府.第十三届中国科协年会第22分会场中国通用航空发展研讨会论文集.北京:中国科学技术协会学术部,2011.